U0326046

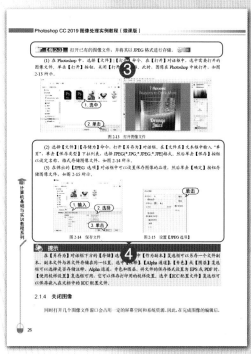

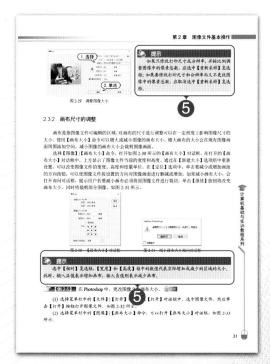

① 导读与重点：

以言简意赅的语言表述本章介绍的主要内容和教学重点。

② 教学视频：

列出本章有同步教学视频的操作案例，让读者随时扫码学习。

③ 实例概述：

简要描述实例内容，同时让读者明确该实例是否附带教学视频。

④ 操作步骤：

图文并茂，详略得当，让读者对实例操作过程轻松上手。

⑤ 技巧提示：

讲述软件操作在实际应用中的技巧，让读者少走弯路、事半功倍。

[配套资源使用说明]

▶▶ 观看二维码教学视频的操作方法

本套丛书提供书中实例操作的二维码教学视频，读者可以使用手机微信中的"扫一扫"功能，扫描本书前言中的"扫一扫，看视频"二维码图标，即可打开本书对应的同步教学视频界面。

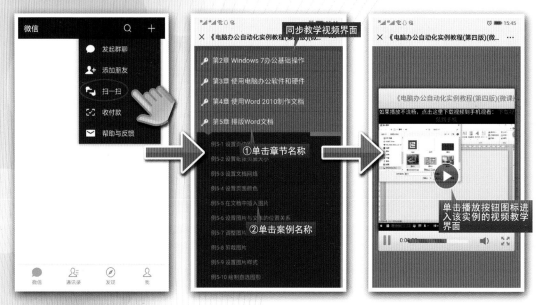

▶▶ 推送配套资源到邮箱的操作方法

本套丛书提供扫码推送配套资源到邮箱的功能，读者可以使用手机微信中的"扫一扫"功能，扫描本书前言中的"扫码推送配套资源到邮箱"二维码图标，即可快速下载图书配套的相关资源文件。

制作网站导航页

在网页中使用表格

Dreamweaver CC 2019启动界面

新建网页文档

使用HTML结构化元素

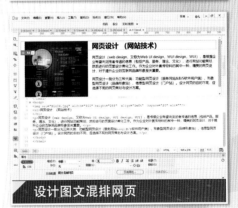

设计图文混排网页

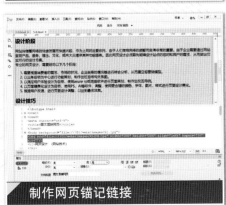

制作网页锚记链接

制作图像热点链接

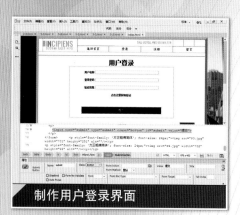

制作用户登录界面

设置音乐播放按钮

在画布上绘制图片

制作伸缩菜单

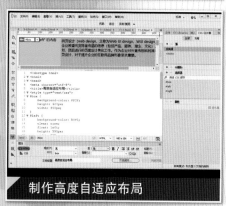

制作高度自适应布局

在网页中使用行为

Dreamweaver设计视图

Dreamweaver代码视图

计算机基础与实训教材系列

Dreamweaver CC 2019网页制作实例教程 (微课版)

于莉莉　刘越　苏晓光 编著

清华大学出版社

北京

内 容 简 介

本书由浅入深、循序渐进地介绍 Adobe 公司最新推出的 Dreamweaver CC 2019 的使用方法和技巧。全书共分 12 章，分别介绍 Dreamweaver CC 2019 概述，HTML5 基础知识，设计网页文本内容，设计网页图像效果，建立超链接，创建表单，使用表格，使用多媒体，使用 HTML5 绘制图形，使用 CSS，制作 HTML+CSS 页面以及使用行为等内容。

本书内容丰富、结构清晰、语言简练、图文并茂，具有很强的实用性和可操作性，是一本适用于高等院校的优秀教材，也可用作广大计算机初、中级用户的自学参考书。

本书对应的电子课件、实例源文件和习题答案可以到 http://www.tupwk.com.cn/edu 网站下载，也可通过扫描前言中的二维码下载。

本书封面贴有清华大学出版社防伪标签，无标签者不得销售。

版权所有，侵权必究。侵权举报电话：010-62782989　13701121933

图书在版编目(CIP)数据

Dreamweaver CC 2019 网页制作实例教程：微课版 / 于莉莉，刘越，苏晓光 编著. —北京：清华大学出版社，2019.11

计算机基础与实训教材系列

ISBN 978-7-302-54088-5

Ⅰ.①D…　Ⅱ.①于…　②刘…　③苏…　Ⅲ.①网页制作工具—教材　Ⅳ.①TP393.092.2

中国版本图书馆 CIP 数据核字(2019)第 241997 号

责任编辑：胡辰浩
装帧设计：孔祥峰
责任校对：牛艳敏
责任印制：杨　艳

出版发行：清华大学出版社

网　　　址：http://www.tup.com.cn，http://www.wqbook.com
地　　　址：北京清华大学学研大厦 A 座　　　　邮　　编：100084
社 总 机：010-62770175　　　　　　　　　　邮　　购：010-62786544
投稿与读者服务：010-62776969，c-service@tup.tsinghua.edu.cn
质 量 反 馈：010-62772015，zhiliang@tup.tsinghua.edu.cn

印 装 者：清华大学印刷厂
经　　销：全国新华书店
开　　本：190mm×260mm　　　印　　张：19.75　　彩　插：2　　字　数：518 千字
版　　次：2019 年 11 月第 1 版　　　印　　次：2019 年 11 月第 1 次印刷
印　　数：1～3000
定　　价：59.00 元

产品编号：078763-01

编审委员会

丛书序

计算机已经广泛应用于现代社会的各个领域，如何快速地掌握计算机知识和使用技术，并应用于现实生活和实际工作中，已成为新世纪人才迫切需要解决的问题。基于以上因素，清华大学出版社组织一线教学精英编写了这套"计算机基础与实训教材系列"丛书，以满足大中专院校、职业院校及各类社会培训学校的教学需要。

一、丛书特色

◉ 选题新颖，教学结构科学合理，为计算机教学量身打造

本套丛书注重理论知识与实践操作的紧密结合，全面贯彻"理论→实例→上机→习题"4阶段教学模式，在内容选择、结构安排上更加符合读者的认知习惯，从而达到老师易教、学生易学的目的。丛书完全以大中专院校、职业院校及各类社会培训学校的教学需要为出发点，紧密结合学科的教学特点，由浅入深地安排章节内容，循序渐进地完成各种复杂知识的讲解，使学生能够一学就会、即学即用。

◉ 教学视频，一扫就看，配套资源丰富，全方位扩展应用能力

本套丛书提供书中实例操作的教学视频，读者使用手机微信、QQ 以及浏览器中的"扫一扫"功能，扫描前言里的二维码，即可观看本书对应的同步教学视频。此外，本书配套的素材文件、电子课件和习题答案等资源，可通过在 PC 端的浏览器中下载后使用。

◉ 提供在线服务，方便老师定制教学教案

本套丛书精心创建的技术交流 QQ 群(101617400)为读者提供便捷的在线交流服务和免费教学资源。老师也可以登录本丛书支持网站(http://www.tupwk.com.cn/edu)下载图书对应的教学课件。

二、读者定位和售后服务

本套丛书为所有从事计算机教学的老师和自学人员而编写，是一套适用于大中专院校、职业院校及各类社会培训学校的优秀教材，也可用作计算机初、中级用户和计算机爱好者学习计算机知识的自学参考书。

为了方便教学，本套丛书提供精心制作的电子课件、素材、源文件和习题答案等，可在网站上免费下载，也可发送电子邮件至 22800898@qq.com 索取。

此外，如果读者在使用本系列图书的过程中遇到疑惑或困难，可以在丛书支持网站(http://www.tupwk.com.cn/edu)的互动论坛上留言，本丛书的作者或技术编辑会及时提供相应的技术支持。咨询电话：010-62796045。

《Dreamweaver CC 2019 网页制作实例教程(微课版)》是"计算机基础与实训教材系列"丛书中的一本，该书从教学实际需求出发，合理安排知识结构，由浅入深、循序渐进地讲解 Dreamweaver CC 2019 的基本知识和使用方法。全书共分 12 章，主要内容如下。

第 1、2 章介绍 Dreamweaver CC 2019 基本设置和 HTML5 的新增功能及语法特点。

第 3 章介绍定义网页段落、段落文字以及在网页中插入水平线和列表的方法。

第 4、5 章介绍网页图像路径和网页超链接的相关知识和使用方法。

第 6 章介绍表单和表单元素的基础知识，以及使用 Dreamweaver 制作表单网页的方法。

第 7 章介绍网页表格的基本结构，以及使用 Dreamweaver 创建、调整、编辑表格的方法。

第 8 章介绍使用 Dreamweaver 制作多媒体网页的方法与技巧。

第 9 章介绍使用 HTML5 绘制各种图形的方法与技巧。

第 10 章介绍使用 Dreamweaver 在网页中创建、编辑与应用 CSS 样式的方法。

第 11 章介绍 Div 与盒模型，以及使用 Dreamweaver 制作常用 Div+HTML 网页的方法。

第 12 章介绍使用各种 Dreamweaver 内置行为的方法。

本书图文并茂、条理清晰、通俗易懂、内容丰富，在讲解每个知识点时都配有相应的实例，方便读者上机实践。同时，为了方便老师教学，我们免费提供本书对应的电子课件、实例源文件和习题答案下载。

本书配套素材和教学课件的下载地址如下。

http://www.tupwk.com.cn/edu

本书同步教学视频的二维码如下。

扫一扫，看视频

扫码推送配套资源到邮箱

本书共 12 章，佳木斯大学的于莉莉编写了第 2、3、6、12 章，刘越编写了第 1、4、8、9 章，苏晓光编写了第 5、7、10、11 章。由于作者水平所限，本书难免有不足之处，欢迎广大读者批评指正。我们的邮箱是 huchenhao@263.net，电话是 010-62796045。

编　者

2019 年 6 月

推荐课时安排

章　名	重点掌握内容	教 学 课 时
第 1 章　Dreamweaver CC 2019 概述	熟悉 Dreamweaver CC 2019 的工作界面、编码环境，了解 Dreamweaver 编码工具和辅助工具	2 学时
第 2 章　HTML5 基础知识	了解 HTML5 的新增功能和语法特点，掌握 HTML5 常用元素、属性和事件的使用方法	3 学时
第 3 章　设计网页文本内容	掌握定义段落文字和标题文字的方法，学会设置文字格式，熟悉网页水平线和网页文字列表的设置方法	3 学时
第 4 章　设计网页图像效果	了解网页图像路径的相关知识，学会在网页中插入图像、排列图像，掌握利用 Dreamweaver 编辑网页图像、设置网页背景图像以及制作鼠标经过图像的方法	2 学时
第 5 章　建立超链接	了解超链接的类型和路径，学会使用 Dreamweaver 在网页中建立各类超链接	1 学时
第 6 章　创建表单	掌握表单与表单元素的基础知识，学会使用 Dreamweaver 制作表单网页	2 学时
第 7 章　使用表格	了解网页表格的基本结构，学会使用 Dreamweaver 创建表格，掌握调整表格、设置表格背景、排列单元格内容等设置表格的方法	3 学时
第 8 章　使用多媒体	学会在网页中使用 audio、video 标签的方法，掌握在网页中添加 FLV、SWF、插件等元素的方法	3 学时
第 9 章　使用 HTML5 绘制图形	学会使用 HTML5 在网页中绘制图形	3 学时
第 10 章　使用 CSS	掌握在网页中创建、编辑、应用 CSS 样式的方法	3 学时
第 11 章　制作 HTML+CSS 页面	了解 Div 与盒模型，掌握使用 Dreamweaver 设计常用 Div+HTML 网页的方法	3 学时
第 12 章　使用行为	掌握使用各种 Dreamweaver 内置行为的方法	2 学时

注：1. 教学课时安排仅供参考，授课教师可根据情况做调整；

　　2. 建议每章安排与教学课时相同时间的上机练习。

目录

第1章　Dreamweaver CC 2019 概述 ······· 1

1.1　工作界面 ····················· 2

1.2　编码环境 ····················· 7

　1.2.1　代码提示 ················ 8

　1.2.2　代码格式化 ············ 10

　1.2.3　代码改写 ·············· 10

1.3　编码工具 ··················· 11

　1.3.1　快速标签编辑器 ········ 11

　1.3.2　【代码片段】面板 ····· 11

　1.3.3　优化网页代码 ·········· 12

1.4　辅助工具 ··················· 14

　1.4.1　标尺 ·················· 15

　1.4.2　网格 ·················· 15

　1.4.3　辅助线 ················ 16

1.5　自定义设置 ················· 17

　1.5.1　常规设置 ·············· 17

　1.5.2　不可见元素设置 ········ 18

　1.5.3　网页字体设置 ·········· 19

　1.5.4　文件类型/编辑器设置 ··· 19

　1.5.5　界面颜色设置 ·········· 19

1.6　实例演练 ··················· 20

1.7　习题 ······················· 22

第2章　HTML5 基础知识 ············· 23

2.1　HTML5 简介 ················ 24

2.2　HTML5 文件的基本结构 ······· 24

　2.2.1　文档类型声明 ·········· 25

　2.2.2　主标签 ················ 25

　2.2.3　头部标签 ·············· 26

　2.2.4　主体标签 ·············· 28

2.3　HTML5 文件的编写方法 ······· 28

　2.3.1　手动编写 HTML5 代码 ··· 28

　2.3.2　使用 Dreamweaver
　　　　生成 HTML5 代码 ······ 29

2.4　HTML5 元素 ··············· 31

　2.4.1　结构元素 ·············· 31

　2.4.2　功能元素 ·············· 33

　2.4.3　表单元素 ·············· 36

2.5　HTML5 属性 ··············· 36

　2.5.1　表单属性 ·············· 37

　2.5.2　链接属性 ·············· 37

　2.5.3　其他属性 ·············· 37

2.6　HTML5 全局属性 ············ 38

　2.6.1　contenEditable 属性 ····· 38

　2.6.2　contextmenu 属性 ······ 39

　2.6.3　data-*属性 ············ 40

　2.6.4　draggable 属性 ········· 41

　2.6.5　dropzone 属性 ········· 43

　2.6.6　hidden 属性 ··········· 43

　2.6.7　spellcheck 属性 ········ 44

　2.6.8　translate 属性 ········· 44

2.7　HTML5 事件 ··············· 45

　2.7.1　window 事件 ·········· 45

　2.7.2　form 事件 ············· 45

　2.7.3　mouse 事件 ··········· 46

　2.7.4　media 事件 ··········· 46

2.8　实例演练 ··················· 47

2.9　习题 ······················· 48

第3章　设计网页文本内容 ············ 49

3.1　定义段落文字 ··············· 50

　3.1.1　使用段落标签 ·········· 50

　3.1.2　使用换行标签 ·········· 51

3.2　定义标题文字 ··············· 51

3.3　设置文字格式 ··············· 52

　3.3.1　设置文字字体 ·········· 52

　3.3.2　设置文字字号 ·········· 53

　3.3.3　设置文字颜色 ·········· 55

　3.3.4　设置字体效果 ·········· 56

　3.3.5　设置上标与下标 ········ 57

　3.3.6　设置字体风格 ·········· 58

　3.3.7　设置文字粗细 ·········· 59

3.3.8 设置文字复合属性 ············ 60
3.3.9 设置阴影文本 ·············· 61
3.4 设置网页水平线 ·············· 62
3.4.1 添加水平线 ·············· 62
3.4.2 设置水平线的宽度和高度 ····· 63
3.4.3 设置水平线的颜色 ·········· 64
3.4.4 设置水平线的对齐方式 ······· 64
3.4.5 消除水平线的阴影 ·········· 65
3.5 建立网页文字列表 ············ 66
3.5.1 建立无序列表 ············· 66
3.5.2 建立有序列表 ············· 68
3.5.3 建立嵌套列表 ············· 69
3.5.4 建立自定义列表 ··········· 70
3.6 设置段落格式 ··············· 71
3.6.1 设计单词间隔 ············· 71
3.6.2 设置字符间隔 ············· 72
3.6.3 设置文字修饰 ············· 73
3.6.4 设置垂直对齐方式 ·········· 73
3.6.5 设置水平对齐方式 ·········· 75
3.6.6 设置文本缩进 ············· 76
3.6.7 设置文本行高 ············· 76
3.6.8 设置留白 ················ 77
3.6.9 设置文本反排 ············· 78
3.7 实例演练 ················· 79
3.8 习题 ···················· 80

第4章 设计网页图像效果 ············ 81

4.1 网页图像简介 ··············· 82
4.1.1 网页支持的图片格式 ········ 82
4.1.2 图像中的路径 ············· 82
4.2 在网页中插入图像 ············ 84
4.3 编辑网页中的图像 ············ 86
4.3.1 设置网页图像的高度和宽度 ··· 86
4.3.2 设置网页图像的提示文字 ····· 87
4.3.3 在 Dreamweaver 中编辑
图像效果 ················ 88
4.3.4 在 Photoshop 中编辑
图像效果 ················ 90

4.4 设置网页背景图像 ············ 91
4.5 排列网页中的图像 ············ 92
4.6 创建鼠标经过图像效果 ········· 92
4.7 实例演练 ················· 94
4.8 习题 ···················· 96

第5章 建立超链接 ················ 97

5.1 超链接的基础知识 ············ 98
5.1.1 超链接的类型 ············· 98
5.1.2 超链接的路径 ············· 98
5.2 创建网页超链接 ············· 99
5.2.1 创建文本链接 ············· 99
5.2.2 创建图像链接 ············ 101
5.2.3 创建下载链接 ············ 102
5.2.4 设置电子邮件链接 ········· 103
5.2.5 设置以新窗口打开超链接 ···· 103
5.2.6 使用相对路径和绝对路径 ···· 104
5.3 创建浮动框架 ·············· 106
5.4 创建热点区域 ·············· 107
5.5 实例演练 ················ 110
5.6 习题 ··················· 112

第6章 创建表单 ················· 113

6.1 表单简介 ················ 114
6.2 基本表单元素 ·············· 115
6.2.1 单行文本框 ············· 115
6.2.2 多行文本框 ············· 116
6.2.3 密码输入框 ············· 117
6.2.4 单选按钮 ··············· 119
6.2.5 复选框 ················ 120
6.2.6 下拉列表框 ············· 121
6.2.7 普通按钮 ··············· 123
6.2.8 提交按钮 ··············· 123
6.2.9 重置按钮 ··············· 124
6.3 HTML5 增强输入类型 ········· 125
6.3.1 url 类型 ··············· 125
6.3.2 email 类型 ·············· 125

6.3.3　date 和 time 类型 ······· 126

6.3.4　number 类型 ············· 127

6.3.5　range 类型 ·············· 128

6.3.6　search 类型 ············· 129

6.3.7　tel 类型 ················ 130

6.3.8　color 类型 ·············· 130

6.4　HTML5 input 属性 ············ 131

6.4.1　autocomplete 属性 ········ 131

6.4.2　autofocus 属性 ·········· 133

6.4.3　form 属性 ··············· 135

6.4.4　height 和 width 属性 ····· 135

6.4.5　list 属性·············· 136

6.4.6　min、max 和 step 属性 ····· 137

6.4.7　pattern 属性 ··········· 138

6.4.8　placeholder 属性 ········ 138

6.4.9　required 属性 ··········· 139

6.4.10　disabled 属性 ········· 140

6.4.11　readonly 属性 ·········· 140

6.5　HTML5 新增控件 ············· 141

6.5.1　datalist 元素 ·········· 141

6.5.2　keygen 元素 ············· 141

6.5.3　output 元素 ············· 142

6.6　HTML5 表单属性 ············· 143

6.6.1　autocomplete 属性 ········ 143

6.6.2　novalidate 属性 ········· 143

6.7　实例演练 ················· 144

6.8　习题 ···················· 148

第7章　使用表格 ············ 149

7.1　表格的基本结构 ············· 150

7.2　创建表格 ················· 151

7.2.1　创建带标题的表格 ········ 151

7.2.2　定义表格边框类型 ········ 153

7.2.3　定义表格的表头 ········· 154

7.2.4　定义表格单元格间距 ······· 155

7.2.5　定义表格单元格边距 ······· 156

7.2.6　定义表格宽度 ··········· 157

7.3　调整表格 ················· 157

7.3.1　调整表格大小············· 158

7.3.2　添加行与列 ············· 158

7.3.3　删除行与列 ············· 158

7.3.4　合并单元格 ············· 159

7.3.5　拆分单元格 ············· 161

7.3.6　设置单元格高度与宽度······· 161

7.4　设置表格背景 ·············· 162

7.4.1　定义表格背景颜色 ········ 162

7.4.2　定义表格背景图片 ········ 163

7.4.3　定义表格单元格背景 ······· 163

7.5　排列单元格内容 ············· 164

7.6　设置单元格内容不换行 ········· 166

7.7　实例演练 ················· 167

7.8　习题 ···················· 170

第8章　使用多媒体 ·········· 171

8.1　使用网页音频标签<audio> ······ 172

8.1.1　<audio>标签简介 ········· 172

8.1.2　audio 标签的属性 ········· 172

8.1.3　音频解码器 ············· 173

8.1.4　设置网页音频文件 ········ 173

8.2　使用网页视频标签<video> ······ 175

8.2.1　<video>标签简介 ········· 175

8.2.2　<video>标签的属性 ········ 175

8.2.3　视频解码器 ············· 176

8.2.4　设置网页视频文件 ········ 176

8.3　在网页中添加插件 ··········· 179

8.4　在网页中添加 SWF 文件········ 180

8.5　在网页中添加 FLV 文件 ······· 182

8.6　在网页中添加滚动文字 ········· 184

8.6.1　设置网页滚动文字 ········ 184

8.6.2　应用滚动方向属性 ········ 184

8.6.3　应用滚动方式属性 ········ 185

8.6.4　应用滚动速度属性 ········ 185

8.6.5　应用滚动延迟属性 ········ 186

8.6.6　应用滚动循环属性 ········ 187

8.6.7　应用滚动范围属性 ········ 187

8.6.8　应用滚动背景颜色属性······· 187

计算机基础与实训教材系列

8.6.9 应用滚动空间属性·········188

8.7 实例演练·····················189

8.8 习题···························190

第9章 使用 HTML5 绘制图形·········191

9.1 canvas 简介··················192

9.2 绘制基本图形··················192

9.2.1 绘制矩形·················193

9.2.2 绘制圆形·················194

9.2.3 绘制直线·················196

9.2.4 绘制多边形···············198

9.2.5 绘制曲线·················199

9.2.6 绘制贝济埃曲线···········200

9.3 绘制渐变图形··················202

9.3.1 绘制线性渐变············202

9.3.2 绘制径向渐变············204

9.4 设置图形样式··················205

9.4.1 设置线型·················205

9.4.2 设置不透明度············209

9.4.3 设置阴影·················210

9.5 操作图形······················211

9.5.1 清除绘图·················211

9.5.2 移动坐标·················212

9.5.3 旋转坐标·················213

9.5.4 缩放图形·················214

9.5.5 组合图形·················215

9.5.6 裁切路径·················217

9.6 绘制文字······················219

9.6.1 绘制填充文字············219

9.6.2 绘制轮廓文字············220

9.6.3 设置文字属性············221

9.7 实战演练······················222

9.8 习题···························224

第10章 使用 CSS·····················225

10.1 CSS 样式表简介··············226

10.1.1 CSS 样式表的功能········226

10.1.2 CSS 样式表的规则········226

10.1.3 CSS 样式表的类型·········227

10.2 创建 CSS 样式表··············229

10.2.1 创建外部样式表··········229

10.2.2 创建内部样式表··········230

10.2.3 附加外部样式表··········231

10.3 添加 CSS 选择器··············232

10.4 编辑 CSS 样式效果············240

10.4.1 CSS 类型设置···········240

10.4.2 CSS 背景设置···········242

10.4.3 CSS 区块设置···········244

10.4.4 CSS 方框设置···········245

10.4.5 CSS 边框设置···········246

10.4.6 CSS 列表设置···········248

10.4.7 CSS 定位设置···········248

10.4.8 CSS 扩展设置···········250

10.4.9 CSS 过渡设置···········251

10.5 实例演练·····················252

10.6 习题··························254

第11章 制作 HTML+CSS 页面·········255

11.1 Div 与盒模型简介·············256

11.1.1 Div······················256

11.1.2 盒模型··················256

11.2 理解标准布局·················257

11.2.1 网页标准················257

11.2.2 内容、结构、表现和行为···258

11.3 使用 Div+CSS················258

11.4 插入 Div 标签················259

11.5 常用 Div+CSS 布局方式········262

11.5.1 高度自适应布局··········262

11.5.2 网页内容居中布局········263

11.5.3 网页元素浮动布局········266

11.6 实例演练·····················269

11.7 习题··························272

第12章 使用行为·····················273

12.1 行为简介·····················274

12.1.1 行为的基础知识 ············· 274

12.1.2 JavaScript 代码简介 ········ 274

12.2 调节窗口 ····················· 275

12.2.1 打开浏览器窗口 ·········· 275

12.2.2 转到 URL ················ 277

12.2.3 调用 JavaScript ··········· 278

12.3 应用图像 ····················· 279

12.3.1 交换与恢复交换图像 ······· 279

12.3.2 拖动 AP 元素 ············· 282

12.4 显示文本 ····················· 284

12.4.1 弹出信息 ················ 284

12.4.2 设置状态栏文本 ·········· 285

12.4.3 设置容器的文本 ··········· 287

12.4.4 设置文本域文本 ··········· 288

12.5 加载多媒体 ··················· 289

12.5.1 检查插件 ················ 289

12.5.2 显示-隐藏元素 ············ 291

12.5.3 改变属性 ················ 292

12.6 控制表单 ····················· 293

12.6.1 跳转菜单、跳转菜单开始···· 293

12.6.2 检查表单 ················ 296

12.7 实例演练 ····················· 298

12.8 习题 ························· 300

计算机基础与实训教材系列

第1章

Dreamweaver CC 2019

概述

　　Dreamweaver 是 Adobe 公司开发的集网页制作和网站管理于一身的所见即所得的网页编辑器。在技术日新月异的今天，Dreamweaver 集设计和编码功能于一体，无论是网页设计师还是前端工程师，熟练掌握 Dreamweaver 软件的使用方法，都能有效提高工作效率。

 本章重点

- ● Dreamweaver 的工作界面与编码环境
- ● Dreamweaver 的编码工具与辅助工具
- ● Dreamweaver 的自定义设置

 二维码教学视频

【例 1-1】 创建与管理站点

1.1 工作界面

在计算机中安装并启动 Dreamweaver CC 2019 后，将打开如图 1-1 所示的工作界面，该界面由菜单栏、浮动面板组、属性面板、工具栏、文档工具栏、状态栏，以及包括设计视图和代码视图的文档窗口组成。

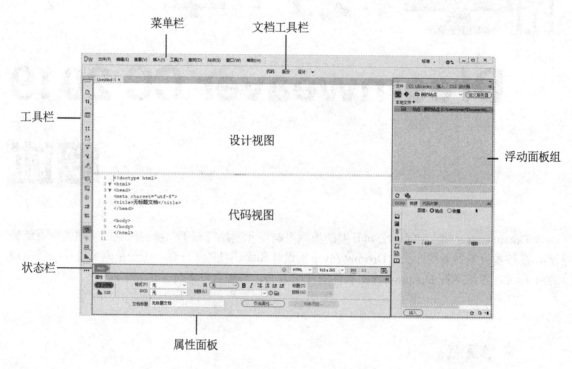

图 1-1　Dreamweaver CC 2019 的工作界面

1. 菜单栏

菜单栏提供了各种操作的标准菜单命令，它由【文件】【编辑】【查看】【插入】【工具】【查找】【站点】【窗口】和【帮助】9 个菜单组成。选择任意一个菜单项，都会弹出相应的菜单，使用菜单中的命令基本上能够实现 Dreamweaver 所有的功能。例如，选择【文件】|【新建】命令，将可以使用打开的【新建文档】对话框创建一个新的网页文档；选择【文件】|【打开】命令，在打开的对话框中选择一个网页文件后，单击【打开】命令，可以使用 Dreamweaver 将其打开；选择【文件】|【保存】命令或选择【文件】|【另存为】命令，可以将当前 Dreamweaver 中打开的网页文件保存，如图 1-2 所示。

2. 文档工具栏

文档工具栏主要用于设置文档窗口在不同的视图模式间进行快速切换，其包含【代码】【拆分】(如图 1-1 所示为拆分视图模式)和【设计】3 个按钮，单击【设计】按钮，在弹出的列表中还包括【实时视图】选项，如图 1-2 所示。

打开文档

通过文档工具栏切换至设计视图

文件管理

自定义工具栏

菜单命令

文档窗口

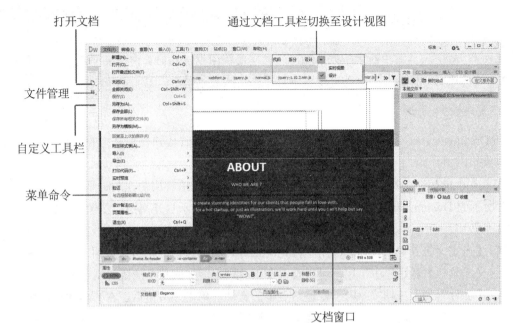

图 1-2　菜单栏和文档工具栏

3. 文档窗口

文档窗口是 Dreamweaver 进行可视化编辑网页的主要区域，可以显示当前文档的所有操作效果，例如，插入文本、图像、动画，或者编辑网页代码。通过文档工具栏用户可以设置文档窗口显示如图 1-1 所示的拆分视图(即上半部分显示设计或实时视图，下半部分显示代码视图)，如图 1-2 所示的设计视图，如图 1-3 所示的实时视图，或者如图 1-4 所示的代码视图。

快速属性检查器

编辑 HTML 属性

图 1-3　实时视图下的文档窗口

> 🔖 **提示**
>
> 实时视图使用一个基于 Chromium 的渲染引擎，可以使 Dreamweaver 工作界面中网页的内容看上去与 Web 浏览器中的显示效果相同。在实时视图中选择网页内的某个元素，将显示如图 1-3 所示的快速属性检查器，在其中可以编辑所选元素的属性或设置文本格式。

4. 工具栏

在 Dreamweaver CC 2019 工作界面左侧的工具栏中，允许用户使用其中的快捷按钮，快速调整与编辑网页代码。

工具栏上的按钮是特定于视图的，并且仅在适用于当前所使用的视图时显示。例如，在如图 1-2 所示的 Dreamweaver 代码视图中，工具栏中默认只显示打开文档、文件管理和自定义工具栏 3 个按钮。

▽ 【自定义工具栏】按钮⋯：用于自定义工具栏中的按钮，单击该按钮，在打开的【自定义工具栏】对话框中，用户可以设置在工具栏中增加或减少按钮的显示。

▽ 【文件管理】按钮⊌：用于管理站点中的文件，单击该按钮后，在弹出的列表中包含获取、上传、取出、存回、在站点定位等选项。

▽ 【打开文档】按钮⬚：用于在 Dreamweaver 中已打开的多个文件之间相互切换。单击该按钮后，在弹出的列表中将显示已打开的网页文档列表。

而在如图 1-4 所示的代码视图中，则显示更多的按钮。

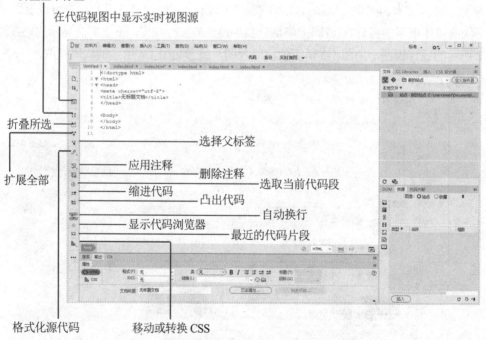

图 1-4 代码视图下的工具栏

图 1-4 中各按钮的功能说明如下。

▽ 折叠整个标签▣：将鼠标光标插入代码视图中单击该按钮，将折叠光标所处代码的整个标签(按住 Alt 键单击该按钮，可以折叠光标所处代码的外部标签)。折叠后的标签效果如图 1-5 所示。

▽ 折叠所选▣：折叠选中的代码。

▽ 扩展全部▼：还原所有折叠的代码。

▽ 选择父标签▼：可以选择放置了鼠标插入点的那一行的内容以及两侧的开始标签和结束标签。如果反复单击该按钮且标签是对称的，则 Dreamweaver 最终将选择最外部的<html>和</html>标签，如图 1-6 所示。

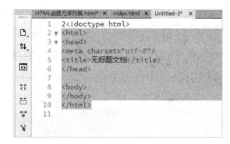

```
15    </head>
16 ▶  <body> <div class="wrapper...</html>
```

图 1-5　折叠代码标签　　　　　　　　　　　　图 1-6　选择父标签

▽ 选取当前代码段▣：选择放置了插入点的那一行的内容及其两侧的圆括号、大括号或方括号。如果反复单击该按钮且两侧的符号是对称的，则 Dreamweaver 最终将选择文档最外面的大括号、圆括号或方括号。

▽ 应用注释▣：在所选代码两侧添加注释标签或打开新的注释标签，如图 1-7 所示。

▽ 删除注释▣：删除所选代码的注释标签。如果所选内容包含嵌套注释，则只会删除外部注释标签。

▽ 格式化源代码▣：将先前指定的代码格式应用于所选代码。如果未选择代码块，则应用于整个页面。也可以通过单击该按钮并从弹出的下拉列表中选择【代码格式设置】选项来快速设置代码格式首选参数，或通过选择【编辑标签库】选项来编辑标签库，如图 1-8 所示。

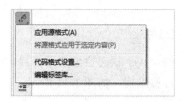

图 1-7　为代码添加注释　　　　　　　　　图 1-8　【格式化源代码】下拉列表

▽ 缩进代码▣：将选定内容向右缩进，如图 1-9 所示。

▽ 凸出代码▣：将选定内容向左移动。

▽ 显示代码浏览器▣：单击该按钮，打开如图 1-10 所示的代码浏览器。代码浏览器可以显示与页面上特定选定内容相关的代码源列表。

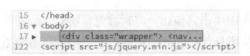

图 1-9　代码缩进效果　　　　　　　　　　图 1-10　显示代码浏览器

▽　最近的代码片段▣：可以从【代码片段】面板中插入最近使用过的代码片段。

▽　移动或转换 CSS▤：可以转换 CSS 行内样式或移动 CSS 规则。

5. 浮动面板组

浮动面板组位于 Dreamweaver 工作界面的右侧，用于帮助用户监控和修改网页，其中包括插入、文件、CSS 设计器等默认面板。用户可以通过在菜单栏中选择【窗口】菜单中的命令，在浮动面板组中打开设计网页所需的其他面板，例如，选择【窗口】|【资源】命令，可以在浮动面板组中显示【资源】面板，如图 1-11 所示。

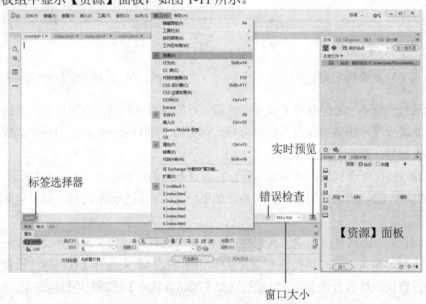

图 1-11　在 Dreamweaver 工作界面中显示面板

6. 状态栏

Dreamweaver 状态栏位于工作界面的底部，其左侧的【标签选择器】用于显示当前网页选定内容的标签结构，如图 1-11 所示。

状态栏的右侧包含【错误检查】【窗口大小】和【实时预览】3 个图标，其各自的功能说明如下。

▽　【错误检查】图标：显示当前网页中是否存在错误，如果网页中不存在错误显示⊘图标，否则显示⊗图标。

▽　【窗口大小】图标：用于设置当前网页窗口的预定义尺寸，单击该图标，在弹出的列表中将显示所有预定义窗口尺寸。

▽ 【实时预览】图标：单击该图标，在弹出的列表中，用户可以选择在不同的浏览器或移动设备上实时预览网页效果。

7. 【属性】面板

在菜单栏中选择【窗口】|【属性】命令，可以在 Dreamweaver 工作界面中显示【属性】面板。在【属性】面板中用户可以查看并编辑页面上文本或对象的属性，该面板中显示的属性通常对应于状态栏中选中标签的属性，如图 1-12 所示。更改属性通常与在【代码】视图中更改相应的属性具有相同的效果。

图 1-12 【属性】面板

提示

【属性】面板中的选项根据选中的网页元素的不同而不同。例如，在图 1-12 中选中的是图像，【属性】面板中显示与图像属性相关的选项。

1.2 编码环境

每一种可视化的网页制作软件都提供源代码控制功能，即在软件中可以随时调出源代码进行修改和编辑，Dreamweaver 也不例外。在 Dreamweaver CC 2019 的【文档】工具栏中单击【代码】按钮，将显示代码视图，如图 1-4 所示，在该视图中以不同的颜色显示 HTML 代码，可以帮助用户处理各种不同的标签。

1.2.1　代码提示

在 Dreamweaver 中选择【编辑】|【首选项】命令,打开【首选项】对话框,在【分类】列表中选择【代码提示】选项,在显示的选项区域中选中【启用代码提示】复选框,并单击【应用】按钮即可启用"代码提示"状态,如图 1-13 所示。开启 Dreamweaver 的代码提示功能能够提高代码编写速度。

1. HTML 代码提示

在 Dreamweaver 代码视图中编写网页代码时,用户按下键盘上的"<"键开始键入代码后,软件将显示有效的 HTML 代码提示,包括标签提示、属性名称提示和属性值提示 3 种类型。

标签提示

当在 Dreamweaver 代码视图中键入"<"时,将弹出菜单显示可选标签名称列表。此时,用户只需要输入标签名称的开头部分而不必输入标签名称的其余部分,即可从列表中选择标签以将其输入在"<"之后,如图 1-14 所示。

图 1-13　【首选项】对话框

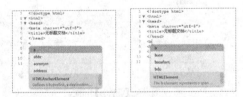

图 1-14　基本 HTML 标签提示

属性名称提示

在 Dreamweaver 代码视图中输入网页代码时,软件还会显示标签的相应属性。键入标签名称后,按下空格键即可显示标签能够使用的有效属性名称,如图 1-15 所示。

属性值提示

Dreamweaver 的属性值提示可以是静态的,也可以是动态。大部分属性值提示是静态的。以目标属性值为例,它在本质上是静态的,因此提示也是静态的,如图 1-16 所示。

图 1-15　属性名称代码提示

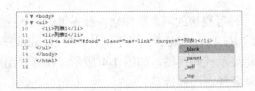

图 1-16　静态属性值提示

此外，Dreamweaver 对需要动态代码提示的属性值(如 id、target、src、href 和 class)也显示动态代码提示。例如，如果在 CSS 文件中定义了 id 选择器，当用户在 HTML 文件中输入 id 时，Dreamweaver 显示所有可用 id，如图 1-17 所示。

2. CSS 代码提示

Dreamweaver 代码提示功能可用于@规则、属性、伪选择器和伪元素、速记等不同类型的 CSS 输入提示(代码提示也适用于 CSS 属性)。

CSS 代码提示@规则

Dreamweaver 可以显示所有@rules 的代码提示以及 CSS 规则的说明，如图 1-18 所示。

图 1-17　动态代码提示　　　　　　　　图 1-18　CSS @rules 代码提示

CSS 属性提示

当在 Dreamweaver 代码视图中输入 CSS 属性、冒号时，将显示代码提示以帮助用户选择一个有效值。例如，在如图 1-19 所示代码中，当输入 font-family: 时，Dreamweaver 将显示有效字体集。

伪选择器和伪元素

用户可以添加 CSS 伪选择器至选择器以定义元素的特定状态。例如，当使用"：悬停"时，用户将鼠标悬停在选择器指定的元素上时，将应用该样式。当输入 ":" 时，若鼠标光标在该符号的右侧，Dreamweaver 将显示一系列有效的伪选择器，如图 1-20 所示。

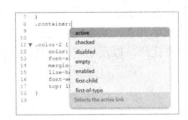

图 1-19　CSS 属性的代码提示　　　　　　图 1-20　伪选择器代码提示

CSS 速记提示

速记属性为 CSS 属性，使用户可以同时设置几个 CSS 属性值。CSS 速记属性的一些实例具有背景和字体属性。如果用户输入 CSS 速记属性(比如背景)，在输入空格之后，Dreamweaver 将显示：

▽　关联命令中的适当属性值；

▽　必须使用的必填值(例如，如果使用字体，则字体大小和字体类型是必填的)；

▽ 针对该属性的浏览器扩展。

当输入完成 CSS 速记属性时，代码提示也显示已输入的属性值。

1.2.2 代码格式化

在 Dreamweaver 中选择【编辑】|【首选项】命令，打开【首选项】对话框，在该对话框的【分类】列表框中选择【代码格式】选项，在显示的选项区域中，用户可以自定义代码格式和标签库设置，如图 1-21 所示。

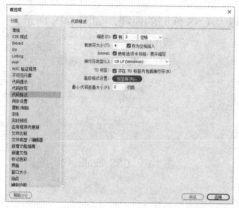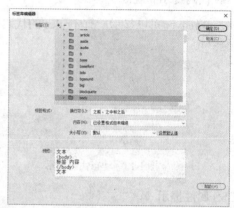

图 1-21　通过【代码格式】选项区域自定义代码格式和标签库

此后，当代码视图中代码输入格式混乱时，单击工具栏中的【格式化源代码】按钮，从弹出的列表中选择【应用源格式】选项(或选择【编辑】|【代码】|【应用源格式】命令)，即可格式化网页代码，如图 1-22 所示。

1.2.3 代码改写

在 Dreamweaver 中选择【编辑】|【首选项】命令，打开【首选项】对话框，在该对话框的【分类】列表框中选择【代码改写】选项，在显示的选项区域中，用户可以指定在打开文档、复制或粘贴表单元素，或者在使用例如【属性】面板设置网页属性值和 URL 时，Dreamweaver 是否修改网页代码，以及如何修改代码，如图 1-23 所示。

图 1-22　格式化代码　　　　　　图 1-23　设置代码改写

提示

在 Dreamweaver 代码视图中编辑 HTML 代码或脚本时，以上首选项参数不起作用。

1.3 　编码工具

在 Dreamweaver 中，用户可以使用编码工具编辑并优化网页代码。

1.3.1 　快速标签编辑器

在制作网页时，如果用户只需要对一个对象的标签进行简单的修改，那么启用 HTML 代码编辑视图就显得没有必要了。此时，可以参考下面介绍的方法使用快速标签编辑器。

(1) 在【设计】视图中选中一段文本作为编辑标签的目标，然后在【属性】面板中单击【快速标签编辑器】按钮，打开如图 1-24 所示的标签编辑器。

(2) 在快速标签编辑器中输入<h1>，按下回车键确认，即可快速编辑文字标题代码。

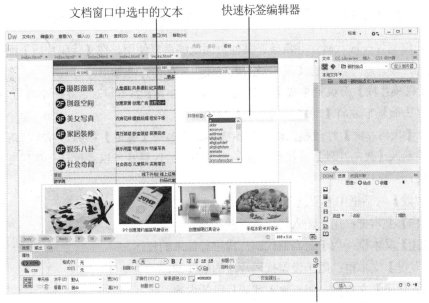

图 1-24　使用快速标签编辑器

1.3.2 　【代码片段】面板

在制作网页时，选择【窗口】|【代码片段】命令，可以在 Dreamweaver 工作界面右侧显示如图 1-25 所示的【代码片段】面板。

在【代码片段】面板中，用户可以存储 HTML、JavaScript、CFML、ASP、JSP 等代码片段，当需要重复使用这些代码时，可以很方便地调用，或者利用它们创建并存储新的代码片段。

在【代码片段】面板中选中需要插入的代码片段，单击面板下方的【插入】按钮，即可将代码片段插入页面。

在【代码片段】面板中选择需要编辑的代码片段，然后单击该面板下部的【编辑代码片段】按钮，将会打开如图 1-26 所示的【代码片段】对话框，在此可以编辑原有的代码。

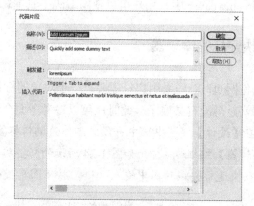

图 1-25 【代码片段】面板   图 1-26 【代码片段】对话框

如果用户编写了一段代码，并希望在其他页面能够重复使用，在【代码片段】面板创建属于自己的代码片段，就可以轻松实现代码的重复使用，具体方法如下。

(1) 在【代码片段】面板中单击【新建代码片段文件夹】按钮，创建一个名为 user 的文件夹，然后单击面板下方的【新建代码片段】按钮。

(2) 打开【代码片段】对话框，设置好各项参数，单击【确定】按钮，即可将用户自己编写的代码片段加入【代码片段】面板中的 user 文件夹中。这样就可以在设计任意网页时随时取用该代码片段。

【代码片段】对话框中主要选项的功能说明如下。

▽ 【名称】文本框：用于输入代码片段的名称。

▽ 【描述】文本框：用于对当前代码片段进行简单的描述。

▽ 【触发键】文本框：用于设置代码片段的触发键。

▽ 【插入代码】文本框：用于输入代码片段的内容。

1.3.3　优化网页代码

在制作网页的过程中，用户经常需要从其他文本编辑器中复制文本或一些其他格式的文件，而在这些文件中会携带许多垃圾代码和一些 Dreamweaver 不能识别的错误代码，这不仅会增加文档的大小，延长网页载入时间，使网页浏览速度变得很慢，甚至还可能会导致错误。

此时，可以通过优化 HTML 源代码，从文档中删除多余的代码，或者修复错误的代码，使 Dreamweaver 可以最大限度优化网页，提高代码质量。

计算机基础与实训教材系列

1. 清理 HTML 代码

在菜单栏中选择【工具】|【清理 HTML】命令，可以打开如图 1-27 所示的【清理 HTML/XHTML】对话框，辅助用户选择网页源代码的优化方案。

【清理 HTML/XHTML】对话框中各选项的功能说明如下。

▽ 空标签区块：例如<font color="F0000"> </font>就是一个空标签，选中该复选框后，类似的标签将会被删除。

▽ 多余的嵌套标签：例如，在 "<i>HTML 语言在</i>快速普及</i>" 这段代码中，选中该复选框后，内层<i>与</i>标签将被删除。

▽ 不属于 Dreamweaver 的 HTML 注解：选中该复选框后，类似<!—begin body text-->这种类型的注释将被删除，而类似<!--#BeginEditable"main"-->这种注释则不会被删除，因为它是由 Dreamweaver 生成的。

▽ Dreamweaver 特殊标记：与上面一项正好相反，选中该复选框后，只清理 Dreamweaver 生成的注释，这样模板与库页面都将会变为普通页面。

▽ 指定的标签：在该选项文本框中输入需要删除的标签，并选中该复选框即可删除。

▽ 尽可能合并嵌套的<font>标签：选中该复选框后，Dreamweaver 将可以合并的<font>标签合并，一般可以合并的<font>标签都是控制一段相同文本的。例如，""<fontsize "6" ><fontcolor="#0000FF" >HTML 语言</font></font>标签就可以合并。

▽ 完成时显示动作记录：选中该复选框后，处理 HTML 代码结束后将打开一个提示对话框，列出具体的修改项目。

在【清理 HTML/XHTML】对话框中完成 HTML 代码的清理方案设置后，单击【确定】按钮，Dreamweaver 将会用一段时间进行处理。如果选中对话框中的【完成时显示动作记录】复选框，将会打开如图 1-28 所示的清理提示对话框。

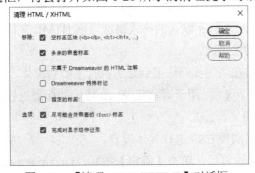

图 1-27 【清理 HTML/XHTML】对话框

图 1-28 代码清理提示信息

2. 清理 Word 生成的 HTML 代码

Word 是最常用的文本编辑软件，很多用户经常会将一些 Word 文档中的文本复制到 Dreamweaver 中，并运用到网页上，因此不可避免地会生成一些错误代码、无用的样式代码或其他垃圾代码。此时，可以在菜单栏中选择【工具】|【清理 Word 生成的 HTML】命令，打开如图 1-29 所示的【清理 Word 生成的 HTML】对话框，对网页源代码进行清理。

【清理 Word 生成的 HTML】对话框中包含【基本】和【详细】两个选项卡，【基本】选项卡用于进行基本参数设置；【详细】选项卡用于对移除 Word 特定的标记和清理 CSS 进行设置，如图 1-30 所示。

图 1-29　【清理 Word 生成的 HTML】对话框　　　　图 1-30　【详细】选项卡

【清理 Word 生成的 HTML】对话框中比较重要的选项功能说明如下。

▽ 清理的 HTML 来自：如果当前 HTML 文档是用 Word 97 或 Word 98 生成的，则在该下拉列表框中选择【Word 97/98】选项；如果 HTML 文档是用 Word 2000 或更高版本生成的，则在该下拉列表框中选择【Word 2000 及更高版本】选项。

▽ 删除所有 Word 特定的标记：选中该复选框后，将清除 Word 生成的所有特定标记。如果需要有保留地清除，可以在【详细】选项卡中进行设置。

▽ 清理 CSS：选中该复选框后，将尽可能地清除 Word 生成的 CSS 样式。如果需要有保留地清除，可以在【详细】选项卡中进行设置。

▽ 清理<font>标签：选中该复选框后，将清除 HTML 文档中的<font>语句。

▽ 修正无效的嵌套标签：选中该复选框后，将修正 Word 生成的一些无效 HTML 嵌套标签。

▽ 应用源格式：选中该复选框后，将按照 Dreamweaver 默认的格式整理当前 HTML 文档的源代码，使文档的源代码结构更清晰，可读性更高。

▽ 完成时显示动作记录：选中该复选框后，将在清理代码结束后显示执行了哪些操作。

▽ 移除 Word 特定的标记：该选项组中包含 5 个选项，用于对移除 Word 特定的标记进行具体设置。

▽ 清理 CSS：该选项组包含 4 个选项，用于对清理 CSS 进行具体设置。

在【清理 Word 生成的 HTML】对话框中完成设置后，单击【确定】按钮，Dreamweaver 将开始清理代码，如果选中了【完成时显示动作记录】复选框，将打开结果提示对话框，显示执行的清理项目。

1.4　辅助工具

标尺、网格和辅助线是用户在 Dreamweaver 设计视图中排版网页内容的三大辅助工具。

1.4.1　标尺

使用标尺，用户可以查看所编辑网页的宽度和高度，使网页效果能符合浏览器的显示要求。在 Dreamweaver 中，选择【查看】|【设计视图选项】|【标尺】|【显示】命令，即可在设计视图中显示标尺，如图 1-31 所示。

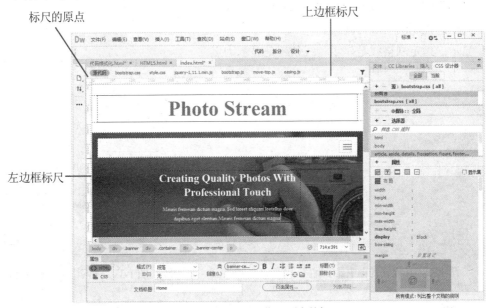

图 1-31　Dreamweaver 工作界面中的标尺

如图 1-31 所示，标尺显示在文档窗口的左边框和上边框中，用户可以将标尺的原点图标拖动至页面中的任意位置，从而改变标尺的原点位置(若要将它恢复到默认位置，可以选择【查看】|【设计视图选项】|【标尺】|【重设原点】命令)。

1.4.2　网格

网格在文档窗口中显示为一系列的水平线和垂直线。它对于精确地放置网页对象很有用。用户可以让经过绝对定位的页面元素在移动时自动靠齐网格，还可以通过指定网格设置更改网格或控制靠齐功能(无论网格是否可见，都可以使用靠齐功能)。

1. 显示或隐藏网格

在 Dreamweaver 中选择【查看】|【设计视图选项】|【网格设置】|【显示网格】命令，即可在设计视图中显示网格，如图 1-32 所示。

2. 启用或禁用靠齐

选择【查看】|【设计视图选项】|【网格设置】|【靠齐到网格】命令，可以启用靠齐功能(再次执行该命令可以禁用靠齐功能)。

计算机基础与实训教材系列

3. 更改网格设置

选择【查看】|【设计视图选项】|【网格设置】|【网格设置】命令，将打开如图 1-33 所示的【网格设置】对话框，在该对话框中用户可以更改网格的颜色、间隔和显示等设置。

▽ 颜色：指定网格线的颜色。

▽ 显示网格：使网格显示在"设计"视图中。

▽ 靠齐到网格：使页面元素靠齐到网格线。

▽ 间距：控制网格线的间距。

▽ 显示：指定网格线是显示为线条还是显示为点。

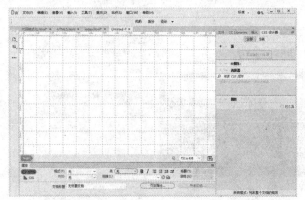

图 1-32　在设计视图中显示网格　　　　　　　图 1-33　【网格设置】对话框

1.4.3　辅助线

辅助线用于精确定位网页元素，将鼠标指针放置在左边或上边的标尺上，按住鼠标左键拖动可以拖出辅助线，如图 1-34 所示。拖出辅助线时，鼠标光标边会显示其所在位置距左边或上边的距离。

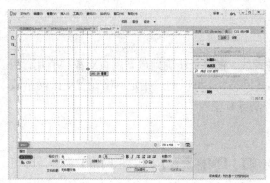

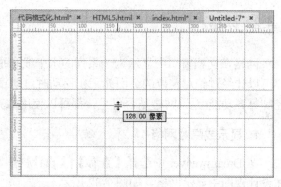

图 1-34　拖出辅助线

要删除设计视图中已有的辅助线，只需要将鼠标指针放置在辅助线之上，按住鼠标左键将其拖至左边或上面的标尺上即可。

计算机基础与实训教材系列

1.5　自定义设置

使用 Dreamweaver 虽然可以方便地制作和修改网页文件，但根据网页设计的要求不同，需要的页面初始设置也不同。此时，用户可以通过在菜单中选择【编辑】|【首选项】命令，打开【首选项】对话框进行设置。

1.5.1　常规设置

Dreamweaver 的常规环境设置可以在【首选项】对话框的【常规】选项区域中设置，分为【文档选项】和【编辑选项】两部分，如图 1-35 所示。

1. 文档选项

如图 1-35 所示【文档选项】区域中，各个选项的功能说明如下。

▽ 【显示开始屏幕】复选框：选中该复选框后，每次启动 Dreamweaver 时将自动弹出开始屏幕。

▽ 【启动时重新打开文档】复选框：选中该复选框后，每次启动 Dreamweaver 时都会自动打开最近操作过的文档。

▽ 【打开只读文件时警告用户】复选框：选中该复选框后，打开只读文件时，将打开如图 1-36 所示的提示对话框。

▽ 【启用相关文件】复选框：选中该复选框后，将在 Dreamweaver 文档窗口上方打开源代码栏，显示网页的相关文件。

▽ 【搜索动态相关文件】：用于针对动态文件，设置相关文件的显示方式。

▽ 【移动文件时更新链接】：移动、删除文件或更改文件名称时，决定文档内的链接处理方式。可以选择【总是】【从不】和【提示】3 种方式。

▽ 【插入对象时显示对话框】复选框：设置当插入对象时是否显示对话框。例如，在【插入】面板中单击 Table 按钮，在网页中插入表格时，将会打开显示指定列数和表格宽度的 Table 对话框。

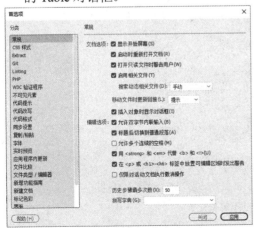

图 1-35　【常规】选项区域

图 1-36　打开只读文件时的提示

2. 编辑选项

如图 1-35 所示【编辑选项】区域中,各选项的功能说明如下。

▽ 【允许双字节内联输入】复选框:选中该复选框后即可在文档窗口中更加方便地输入中文。

▽ 【标题后切换到普通段落】复选框:选中该复选框后,在应用<h1>或<h6>等标签的段落结尾处按下回车键,将自动生成应用<p>标签的新段落;取消该复选框的选中状态,则在应用<h1>或<h6>等标签的段落结尾处按下回车键,会继续生成应用<h1>或<h6>等标签的段落。

▽ 【允许多个连续的空格】复选框:用于设置 Dreamweaver 是否允许通过空格键来插入多个连续的空格。在 HTML 源文件中,即使输入很多空格,在页面中也只显示插入了一个空格,选中该复选框后,可以插入多个连续的空格。

▽ 【用<strong>和<em>代替<b>和<i>(U)】复选框:设置是否使用<strong>标签来代替<b>标签、使用<em>标签来代替<i>标签。制定网页标准的 3WC 提倡的是不使用<b>标签和<i>标签。

▽ 【在<p>或<h1>-<h6>标签中放置可编辑区域时发出警告】复选框:选中该复选框,当<p>或<h1>-<h6>标签中放置的模板文件中包含可编辑区域时,发出警告提示。

▽ 【历史步骤最多次数】文本框:用于设置 Dreamweaver 保存历史操作步骤的最多次数。

▽ 【拼写字典】按钮:单击该按钮,在弹出的列表中可以选择 Dreamweaver 自带的拼写字典。

1.5.2 不可见元素设置

当用户通过浏览器查看在 Dreamweaver 中制作的网页时,所有 HTML 标签在一定程度上是不可见的(例如,<comment>标签不会出现在浏览器中)。在设计页面时,用户可能会希望看到某些元素。例如,调整行距时打开换行符
可见性,可以帮助用户了解页面的布局。

在 Dreamweaver 中打开【首选项】对话框后,在【分类】列表框中选择【不可见元素】选项,在显示的选项区域中允许用户控制 13 种不同代码(或是它们的符号)的可见性,如图 1-37 所示。例如,可以指定命名锚记可见,而换行符不可见。

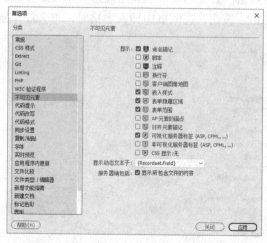

图 1-37　设置网页不可见元素

1.5.3　网页字体设置

将计算机中的西文属性转换为中文一直是一个非常烦琐的问题，在网页制作中也是如此。对于不同的语言文字，应该使用不同的文字编码方式。因为网页编码方式直接决定了浏览器中的文字显示。

在 Dreamweaver 中打开【首选项】对话框后，在【分类】列表框中选择【字体】选项，如图 1-38 所示，用户可以对网页中的字体进行以下设置。

- ▽　【字体设置】列表框：用于指定在 Dreamweaver 中使用给定编码类型的文档所用的字体集。
- ▽　【均衡字体】选项：用于设置普通文本(如段落、标题和表格中的文本)的字体，其默认值取决于系统中安装的字体。
- ▽　【固定字体】选项：用于设置<pre>、<code>和<tt>标签内文本的字体。
- ▽　【代码视图】选项：用于设置代码视图和代码检查器中所有文本的字体。

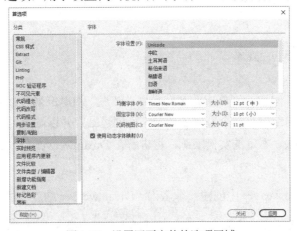

图 1-38　设置网页字体的选项区域

1.5.4　文件类型/编辑器设置

在【首选项】对话框的【分类】列表框中选择【文件类型/编辑器】选项，将显示如图 1-39 所示的选项区域。

在【文件类型/编辑器】选项区域中，用户可以针对不同的文件类型，分别指定不同的外部文件编辑器。以图像为例，Dreamweaver 提供了简单的图像编辑功能。如果需要进行复杂的图像编辑，可以在 Dreamweaver 中选择图像后，调出外部图像编辑器进行进一步的修改。在外部图像编辑器中完成修改后，返回 Dreamweaver，图像会自动更新。

1.5.5　界面颜色设置

在【首选项】对话框的【分类】列表框中选择【界面】选项，在显示的选项区域中，用户可以设置 Dreamweaver 工作界面和代码的颜色，如图 1-40 所示。

图 1-39　设置文件和外部编辑器

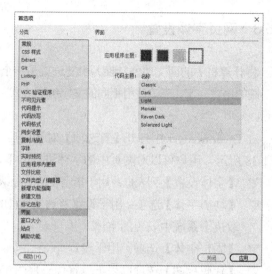

图 1-40　设置 Dreamweaver 界面颜色

1.6　实例演练

在 Dreamweaver 中，对同一网站中的文件是以"站点"为单位来进行组织和管理的，创建站点后用户可以对网站的结构有一个整体的把握，而创建站点并以站点为基础创建网页也是比较科学、规范的设计方法。本章的实例演练，将讲解在 Dreamweaver CC 2019 中创建与编辑站点的方法。

【例 1-1】在 Dreamweaver 中创建一个名为"Dreamweaver 站点"的本地站点。🎥视频

(1) 选择【站点】|【新建站点】命令，打开【站点设置对象】对话框，在【站点名称】文本框中输入"Dreamweaver 站点"，然后单击【本地站点文件夹】文本框右侧的【浏览文件夹】按钮📁，如图 1-41 所示。

(2) 打开【选择根文件夹】对话框，选择一个用于创建本地站点的文件夹后，单击【选择文件夹】按钮，如图 1-42 所示。

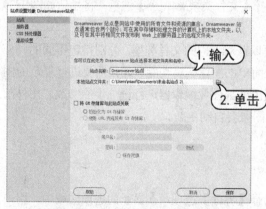

图 1-41　【站点设置对象】对话框

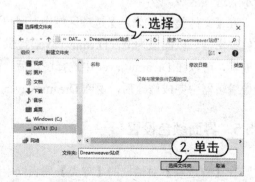

图 1-42　【选择根文件夹】对话框

（3）返回【站点设置对象】对话框，单击【保存】按钮，完成站点的创建。此时，在浮动面板组的【文件】面板中将显示站点文件夹中的所有文件和子文件夹，如图 1-43 所示。

（4）在菜单栏中选择【站点】|【管理站点】命令，可以打开图 1-44 所示的【管理站点】对话框。

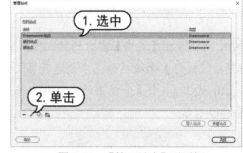

图 1-43　在【文件】面板中显示站点　　　　图 1-44　【管理站点】对话框

（5）在【管理站点】对话框中选中需要编辑的站点后，单击对话框左下角的【编辑选定站点】按钮，可以打开【站点设置对象】对话框，在该对话框中用户可以对站点的各项设置进行修改，如图 1-45 所示。

（6）在【管理站点】对话框中选中需要删除的站点后，单击对话框左下角的【删除当前选中的站点】按钮，在弹出的对话框中单击【是】按钮，可以将选中的站点删除，如图 1-46 所示。

图 1-45　【站点设置对象】对话框　　　　　　图 1-46　删除站点

（7）单击【管理站点】对话框中的【完成】按钮，返回 Dreamweaver 工作界面，按下 F8 键显示【文件】面板，单击该面板中的【站点名称】下拉按钮，从弹出的列表中，用户可以切换至当前站点，如图 1-47 所示。

（8）在【文件】窗口的站点根目录上右击，在弹出的菜单中选择【新建文件夹】命令，可以通过【文件】面板在站点中创建文件夹，如图 1-48 所示。

图 1-47　切换站点

图 1-48　新建文件夹

(9) 同样，在【文件】窗口的站点根目录上右击，在弹出的菜单中选择【新建文件】命令，可以通过【文件】面板在站点中创建网页文件。

(10) 选中【文件】面板中的文件或文件夹，单击鼠标，可以重命名站点中的文件或文件夹，如图 1-49 所示。

图 1-49　重命名站点中的文件夹

(11) 选中【文件夹】面板中的文件或文件夹后，右击鼠标，从弹出的菜单中选择【编辑】|【删除】命令，然后在打开的对话框中单击【是】按钮，可以将选中的文件或文件夹删除。

(12) 右击【文件】面板中的网页文件，从弹出的菜单中选择【在浏览器中打开】命令，在显示的子菜单中用户可以选择使用一种具体的浏览器(例如 IE 浏览器、360 浏览器)显示网页内容。

1.7　习题

1. 简述 Dreamweaver 工作界面中各元素的作用。

2. Dreamweaver 中的标尺、网格和辅助线有什么作用？

3. 使用 Windows 系统自带的记事本工具创建一个 HTML 网页，然后通过输入 HTML 代码创建一个划分了网页文本段落的 HTML 网页。

4. 在本地计算机中安装 Dreamweaver 软件，并尝试使用 Dreamweaver 创建一个空白网页。

5. 在 Dreamweaver 中创建一个名为"DW 站点"的本地站点，指定本地站点的根目录，并在其中创建网页文件和文件。

第2章

HTML5基础知识

在制作网页的过程中，无论使用何种软件，最后都是将所设计的网页转化为 HTML 语言。HTML 语言(目前最新版本是 HTML5)是用来描述网页的语言，该语言是一种标记语言(即一套标记标签，HTML 使用标记标签来描述网页)，而不是编程语言，它是制作网页的基础语言，主要用于描述超文本中内容的显示方式。

➡ 本章重点

- ● HTML5 的新增功能和语法特点
- ● HTML5 文件的基本结构
- ● HTML5 元素
- ● HTML5 属性
- ● HTML5 全局属性
- ● HTML5 事件

➡ 二维码教学视频

【例 2-1】 使用记事本编写 HTML 文件
【例 2-2】 使用 Dreamweaver 制作网页
【例 2-3】 使用 HTML5 语义化标签
【例 2-4】 使用 contenEditable 属性
【例 2-5】 使用 contextmenu 属性
【例 2-6】 使用 data-*属性
【例 2-7】 使用 draggable 属性
【例 2-8】 使用 hidden 属性
【例 2-9】 使用 HTML 结构化元素

2.1　HTML5 简介

目前最新版本的 HTML5 语言是用于取代 1999 年所制定的 HTML4.01 和 XHTML1.0 标准的 HTML 标准版本，现在仍处于发展阶段，但大部分浏览器已经支持某些 HTML5 技术。

1. HTML5 的新增功能

相较以往版本的 HTML 语言，当前 HTML5 对多媒体的支持功能更强，它新增了以下功能：

▽ 新增语义化标签，使文档结构明确；　　　▽ 文档编辑；

▽ 新的文档对象模型(DOM)；　　　▽ 拖放；

▽ 实现 2D 绘图的 Canvas 对象；　　　▽ 跨文档消息；

▽ 可控媒体播放；　　　▽ 浏览器历史管理；

▽ 离线存储；　　　▽ MIME 类型和协议注册。

2. HTML5 的语法特点

HTML5 最大的优势是语法结构非常简单。它具有以下几个特点。

▽ HTML5 编写简单。即使用户没有任何编程经验，也可以轻易使用 HTML 来设计网页，HTML5 的使用只需要将文本加上一些标记(Tags)即可。

▽ HTML 标记数据有限。在 W3C 所建议使用的 HTML5 规范中，所有控制标记都是固定的且数目是有限的。固定是指控制标记的名称固定不变，且每个控制标记都已被定义过，其所提供的功能与相关属性的设置都是固定的。由于 HTML 中只能引用 Strict DTD、Transitional DTD 或 Frameset DTD 中的控制标记，且 HTML 并不允许网页设计者自行创建控制标记，所以控制标记的数目是有限的，设计者在充分了解每个控制标记的功能后，就可以设计 Web 页面了。

▽ HTML 语法较弱。在 W3C 制定的 HTML5 规范中，对于 HTML5 在语法结构上的规格限制是较松散的，如<HTML>、<Html>或<html>在浏览器中具有相同的功能，是不区分大小写的。另外，HTML5 也没有严格要求每个控制标记都要有相对应的结束控制标记，例如标记<tr>就不一定需要它的结束标记</tr>。

提示

HTML5 最基本的语法是<标记符></标记符>。标记符通常都是成对使用，有一个开头标记和一个结束标记。结束标记只是在开头标记的前面加一个斜杠"/"。当浏览器收到 HTML 文件后，就会解释里面的标记符，然后把标记符相对应的功能表达出来。

2.2　HTML5 文件的基本结构

一个完整的 HTML5 文件包括标题、段落、列表、表格、绘制的图形及各种嵌入对象，这些对象统称为 HTML 元素。

一个 HTML5 文件的基本结构如下：

```
<!doctype html>
<html>
<head>
  <meta charset="utf-8">
  <title>标题</title>
</head>
<body>
  <p>实例教程</p>
</body>
</html>
```

以上代码中所用标签的说明如表 2-1 所示。

表 2-1　HTML5 文件基本结构中各标签的说明

标　　签	说　　明	标　　签	说　　明
<!doctype html>	文档类型声明	<title>	标题标签
<html>	主标签	</body>	主体标签
<head>	头部标签	<p>	段落标签
<meta>	元信息标签		

从上面的代码可以看出，在 HTML 文件中，所有的标记都是相对应的，开头标记为< >，结束标记为</ >，在这两个标记中可以添加内容。

2.2.1　文档类型声明

<!doctype>类型声明必须位于 HTML5 文档的第一行，也就是位于<HTML>标签之前。该标记告知浏览器文档所使用的 HTML 规范。<!doctype>声明不属于 HTML 标记，它是一条指令，告诉浏览器编写页面所用的标记的版本。

HTML5 对文档类型声明进行了简化，简单到 15 个字符就可以了，具体代码如下：

```
<!doctype html>
```

2.2.2　主标签

<html></html>说明当前页面使用 HTML 语言，使浏览器软件能够准确无误地解释、显示。HTML5 标记代表文档的开始。由于 HTML5 语言语法的松散特性，该标记可以省略，但是为了使之符合 Web 标准和保持文档的完整性，养成良好的编写习惯，建议不要省略该标记。

主标签标记以<html>开头，以</html>结尾，文档的所有内容书写在开头和结尾的中间部分，语法格式如下：

```
<html>
…
</html>
```

2.2.3 头部标签

头部标签 head 用于说明文档头部的相关信息，一般包括标题信息、元信息和脚本代码等。HTML 的头部信息以<head>开始，以</head>结束，语法格式如下：

```
<head>
…
</head>
```

<head>元素的作用范围是整篇文档，定义在 HTML 语言头部的内容往往不会在网页上直接显示。

1. 标题标签

HTML 页面的标题一般用来说明页面的用途，它显示在浏览器的标题栏中。在 HTML 文档中，标题信息设置在<head>与</head>之间。标题标签以<title>开始，以</title>结束，语法格式如下：

```
<title>
…
</title>
```

在标记中间的"…"就是标题的内容，它可以帮助用户更好地识别页面。预览网页时，设置的标题在浏览器的左上方标题栏中显示，此外，在 Windows 任务栏中显示的也是这个标题，如图 2-2 所示。

2. 元信息标签

元信息标签<meta>可以提供有关页面的元信息(meta-information)，比如针对搜索引擎和更新频度的描述和关键词。

<meta>标签位于文档的头部，不包含任何内容。<meta>标签的属性定义了与文档相关联的名称/值，<meta>标签提供的属性及取值说明如表 2-2 所示。

表 2-2　<meta>标签提供的属性及取值说明

属　　性	值	描　　述
charset	Character encoding	定义文档的字符编码
content	Some_text	定义与 http-equiv 或 name 属性相关的元信息
http-equiv	content-type expires refresh set-cookie	把 content 属性关联到 HTTP 头部

(续表)

属　　性	值	描　　述
name	author description keywords generator revised others	把 content 属性关联到一个名称

字符集 charset 属性

在 HTML5 中，有一个新的 charset 属性，它使字符集的定义更加容易。例如，下面的代码告诉浏览器，网页使用 utf-8 编码显示：

```
<meta charset="utf-8">
```

搜索引擎的关键字

早期，meta keywords 关键字对搜索引擎的排名算法起到一定的作用，也是许多人进行网页优化的基础。关键字在浏览时是看不到的，其使用的格式如下：

```
<meta name="keywords" content="关键字,keyword" />
```

此处应注意的是：

▽ 不同的关键字之间，应用半角逗号隔开(英文输入状态下)，不要使用空格或"|"间隔；

▽ 是 keywords，而不是 keyword；

▽ 关键字标签中的内容应该是一个个的短语，而不是一段话。

提示

关键字标签"keywords"曾经是搜索引擎排名中很重要的因素，但现在已经被很多搜索引擎完全忽略。我们加上这个标签对网页的综合表现没有坏处，但是，如果使用不恰当，对网页非但没有好处，还有欺诈的嫌疑。

页面描述

meta description 元标签(描述元标签)是一种 HTML 元标签，用来简单描述网页的主要内容，通常被搜索引擎用在搜索结果页上展示给最终用户看。页面描述在网页中是显示不出来的，其使用格式如下：

```
<meta name="Description" content="网页介绍文字" />
```

页面定时跳转

使用<meta>标记可以使网页在经过一定时间后自动刷新，这可通过将 http-equiv 属性值设置为 refresh 来实现。Content 属性值可以设置为更新时间。

在浏览网页时经常会看到一些欢迎信息的页面，当经过一段时间后，这些页面会自动转到其他页面，这就是网页的跳转。页面定时刷新跳转的语法格式如下：

```
<meta http-equiv="Refresh" content="秒;[url=网址]" />
```

上面的"[url=网址]"部分是可选项，如果有这部分，页面定时刷新并跳转；如果省略该部分，页面只定时刷新，不进行跳转。例如，要实现每 5 秒刷新一次页面，将下面的代码放入 head 标记部分即可：

```
<meta http-equiv="Refresh" content="5" />
```

2.2.4   主体标签

网页所要显示的内容都放在网页的主体标签内，它是 HTML 文件的重点所在。主体标签以 <body>开始，以</body>标记结束，语法格式如下：

```
<body>
…
</body>
```

提示

在构建 HTML 结构时，标记不能交错出现，否则就会造成错误。

计算机基础与实训教材系列

2.3   HTML5 文件的编写方法

HTML5 文件的编写方法有以下两种。

2.3.1   手动编写 HTML5 代码

由于 HTML5 是一种标记语言，主要以文本形式存在，因此，所有的记事本工具都可以作为它的开发环境。HTML 文件的扩展名为.html 或.htm，将 HTML 源代码输入记事本、Sublime Text、webstorm 等编辑器并保存之后，可以在浏览器中打开文档以查看其效果。

【例 2-1】使用记事本工具编写一个简单 HTML 文件。 视频

(1) 启动 Windows 系统自带的记事本工具后，在其中输入以下 HTML5 代码：

```
<!doctype html>
<html>
<title>一个简单的网页</title>
<body>
    <h1>HTML5 简介</h1>
    <h3>HTML5 的新增功能</h3>
    <h3>HTML5 的语法特点</h3>
    <h2>HTML5 文件的基本结构</h2>
```

```
    <h2>HTML5 文件的编写方法</h2>
</body>
</html>
```

(2) 选择【文件】|【另存为】命令，打开【另存为】对话框，在【文件名】文本框中输入一个网页文件的完整文件名，以.html 或.htm 为扩展名，然后单击【保存】按钮，如图 2-1 所示。

(3) 双击保存的网页文件，即可在浏览器中预览其效果，如图 2-2 所示。

标题栏在浏览器中的显示效果

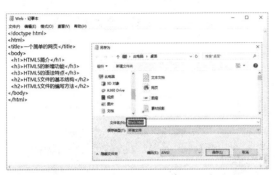

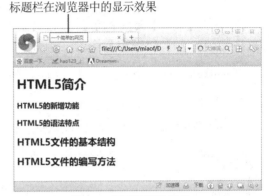

图 2-1　手动输入并保存 HTML5 代码　　　图 2-2　网页的预览效果

2.3.2　使用 Dreamweaver 生成 HTML5 代码

使用 Dreamweaver 可以通过软件提供的各种命令和功能，自动生成 HTML 代码，从而使用户不必对 HTML5 代码十分了解，也可以制作网页，并能实时地预览网页效果。

【例 2-2】使用 Dreamweaver CC 2019 制作一个如图 2-2 所示效果的网页并实时预览。📹视频

(1) 启动 Dreamweaver CC 2019 后，选择【文件】|【新建】命令或按下 Ctrl+N 键，打开【新建文档】对话框。

(2) 在【新建文档】对话框的【文档类型】列表框中选择 HTML 选项，在【标题】文本框中输入"一个简单的网页"，然后单击【文档类型】下拉按钮，从弹出的列表中选择 HTML5 选项，如图 2-3 所示。

(3) 单击【创建】按钮，即可在 Dreamweaver 的代码视图中自动生成如图 2-4 所示的 HTML5 代码。

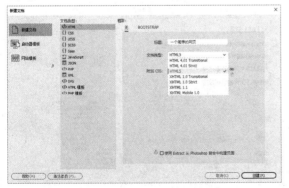

图 2-3　【新建文档】对话框　　　图 2-4　自动生成 HTML5 代码

计算机基础与实训教材系列

(4) 在 Dreamweaver 设计视图中输入文本, 在代码视图中将自动生成代码, 选中设计视图中的文本, 将自动选中代码视图中相应的文本, 默认为文本应用段落格式(如图 2-5 所示), 代码如下:

```
<p>HTML5 简介</p>
<p>HTML5 的新增功能</p>
<p>HTML5 的语法特点</p>
<p>HTML5 文件的基本结构</p>
<p>HTML5 文件的编写方法</p>
```

(5) 单击【属性】面板中的【格式】下拉按钮, 从弹出的列表中用户可以为选中的文本设置标题格式(例如选择【标题 1】格式), 如图 2-6 所示。此时, 被选中的文本将更改为相应的标题。

```
<p>HTML5 简介</p>
```

自动改为

```
<h1>HTML5 简介</h1>
```

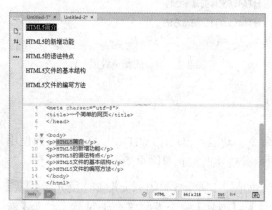

图 2-5 Dreamweaver 根据输入的文本自动生成代码

图 2-6 设置文本的标题格式

(6) 重复以上操作, 在设计视图中选中其他文本, 然后在【属性】面板为文本设置不同的标题格式, 如图 2-7 所示。此时, 代码视图中生成的代码与【例 2-1】中手动输入的代码一样。

(7) 在【文档】工具栏中切换至【实时视图】, 可以在 Dreamweaver 文档窗口中预览网页的效果, 如图 2-8 所示。

图 2-7 设置文本段落格式

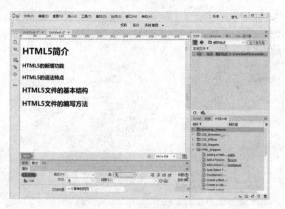

图 2-8 实时预览网页效果

(8) 选择【文件】|【保存】命令，打开【另存为】对话框，可以将制作的网页保存。双击保存的网页文件，即可使用浏览器查看网页效果，其效果与图 2-8 一致。

2.4　HTML5 元素

HTML5 引入了很多新的元素，根据标记内容的类型不同，这些元素被分成了 6 大类，如表 2-3 所示。

表 2-3　HTML5 标记内容类型及说明

标记内容类型	说　　明
内嵌	在文档中添加其他类型的内容，如 audio、video、canvas 和 iframe 等
流	在文档和应用的 body 中使用的元素，如 form、h1 和 small 等
标题	段落标题，如 h1、h2 和 hgroup 等
交互	与用户交互的内容，如音频和视频控件、button 和 textarea 等
元数据	通常出现在页面的 head 中，设置页面其他部分的表现和行为，如 script、style 和 title 等
短语	文本和文本标记元素，如 mark、kbd、sub 和 sup 等

提示

表 2-2 中所有类型的元素都可以通过 CSS 来定义样式。

2.4.1　结构元素

HTML5 定义了一组新的语义化结构标记来描述网页内容。虽然语义化结构标记也可以使用 HTML4 标记进行替换，但是它可以简化 HTML 页面设计，明确的语义化更适合搜索引擎检索和抓取。在目前主流的浏览器中已经可以使用这些元素了，新增的语义化结构元素如表 2-4 所示。

表 2-4　HTML5 新增的语义化结构元素

标记内容类型	说　　明
header	表示页面中一个内容区块或整个页面的标题
footer	表示整个页面或页面中一个内容区块的脚注。一般来说，它会包含创作者的姓名、创作日期以及创作者的联系信息
section	表示页面中的一个内容区块，如章节、页眉、页脚或页面中的其他部分。它可以与 h1、h2、h3、h4、h5、h6 等元素结合使用，标识文档结构
article	表示页面中的一块与上下文不相关的独立内容，如博客中的一篇文章
aside	表示 article 元素的内容之外的、与 article 元素的内容相关的辅助信息
nav	表示页面中导航链接的部分

(续表)

标记内容类型	说　明
main	表示网页中的主要内容
figure	表示一段独立的流内容，一般表示文档主体流内容中的一个独立单元。可以使用 figcaption 元素为 figure 元素组添加标题

【例 2-3】 在 Dreamweaver 中使用 HTML5 提供的各种语义化结构标签设计网页。 视频

(1) 启动 Dreamweaver CC 2019 后，选择【文件】|【新建】命令或按下 Ctrl+N 键，通过【新建文档】对话框创建一个空白网页。

(2) 在代码视图中输入以下代码(如图 2-9 左图所示):

```
<!doctype html>
<html>
<head>
<meta charset="utf-8">
<title>HTML5 结构元素</title>
</head>
<body>
    <header>
    <h1>网页标题</h1>
    <h2>次级标题</h2>
    <h3>提示信息</h3>
</header>
    <div id="container">
    <nav>
    <h3>导航</h3>
    <a href="#">链接 1</a><a href="#">链接 2</a><a href="#">链接 3</a></nav>
    <section>
    <article>
        <header>
        <h1>文章标题</h1>
        </header>
        </article>
        </section>
    <aside>
        <h3>相关内容</h3>
        <p>相关辅助信息或服务......</p>
        </aside>
        <footer>
        <h2>页脚</h2>
```

```
            </footer>
        </div>
    </body>
</html>
```

(3) 按下 F12 键预览网页，效果如图 2-9 右图所示。

图 2-9　设计 HTML5 语义化结构网页

💡 **提示**

根据 HTML5 效率优先的设计理念，它推崇表现和内容的分离。所以在 HTML5 开发过程中，必须使用 CSS 来定义样式(本书将在后面的章节详细介绍 CSS 的相关知识)。

2.4.2　功能元素

根据网页的功能需要，HTML5 新增了很多专用元素，具体如下。

▽ hgroup：用于对整个页面或页面中一个内容区块的标题进行组合，例如：

```
<hgroup>...</hgroup>
```

▽ video 元素：用于定义视频，如电影片段或其他视频流，例如：

```
<video src="m2.mp4" controls="controls">video 元素</video>
```

▽ audio 元素：用于定义音频，如音乐或其他音频流。例如：

```
<audio src="song.mp3" controls="controls">audio 元素</audio>
```

▽ embed 元素：用于插入各种多媒体，格式可以是 midi、wav、aiff、au、mp3 等，例如：

```
<embed src="a1.wav" />
```

▽　mark 元素：主要用来在视觉上向用户呈现那些需要突出显示或高亮显示的文字。mark 元素的典型应用就是在搜索结果中向用户高亮显示搜索关键词，例如：

```
<mark></mark>
```

▽　dialog 元素：用于定义对话框或窗口，例如：

```
<dialog open>这是打开的对话框窗口</dialog>
```

▽　bdi 元素：用于定义文本的文本方向，使其脱离其周围文本的方向设置，例如：

```
<ul>
<li>Username <bdi>Bill</bdi>:80 points</li>
<li>Username <bdi>Steve</bdi>:78 points</li>
</ul>
```

▽　figcaption 元素：用于定义 figure 元素的标题，例如：

```
<figure>
<figcaption>南京长江大桥</figcaption>
<img src="nanjing_changjiangdaqiao.jpg" width="350" height="240" />
</figure>
```

▽　time 元素：用于表示日期或时间，也可以同时表示两者，例如：

```
<time></time>
```

▽　canvas 元素：用于表示图形，如图表和其他图像。这个元素本身没有行为，仅提供一块画布，但它把一个绘图 API 展现给客户端 JavaScript，以使脚本能够把想绘制的内容绘制到这块画布上。例如：

```
<canvas id="myCanvas" width="200" height="300"></canvas>
```

▽　output：用于表示不同类型的输出，如脚本的输出，例如：

```
<output></output>
```

▽　source 元素：用于为媒介元素(比如<video>和<audio>)定义媒介资源，例如：

```
<source>
```

▽　menu 元素：用于表示菜单列表。当希望列出表单控件时使用该标签，例如：

```
<menu>
<li><input type="checkbox"/>red</li>
<li><input type="checkbox"/>green</li>
</menu>
```

▽ ruby 元素：用于表示 ruby 注释(中文注音或字符)，例如：

```
<ruby>
汉 <rt><rp>(</rp>ㄏㄢˋ<rp>)</rp></rt>
</ruby>
```

▽ rt 元素：用于表示字符(中文注音或字符)的解释或发音，例如：

```
<ruby>
汉 <rt> ㄏㄢˋ </rt>
</ruby>
```

▽ rp 元素：在 ruby 注释中使用，以定义不支持 ruby 元素的浏览器所显示的内容。

▽ wbr 元素：用于表示软换行。wbr 元素与 br 元素的区别是，br 元素表示此处必须换行；而 wbr 元素的意思是浏览器窗口或父级元素的宽度足够宽时(没必要换行时)，不进行换行，而当宽度不够时，主动在此处进行换行，例如：

```
<p> 网站伴随着网络的快速发展而快速兴起，作为上网的主要依托，由于人们使用网络的频繁而变得非常的重要。<wbr>由于企业需要通过网站呈现产品、服务、理念、文化，或向大众提供某种功能服务。<wbr>因此网页设计必须首先明确设计站点的目的和用户的需求，从而做出切实可行的设计方案。</p>
```

▽ command 元素：用于表示命令按钮，如单选按钮、复选框或按钮，例如：

```
<command type="command">Click Me!</command>
```

▽ ditails 元素：用于表示可选数据的列表，与 input 元素配合使用，可以制作出输入值的下拉列表，例如：

```
<details>
<summary>Copyright 2019.</summary>
<p>All pages and graphics on this web site are the property of W3School.</p>
</details>
```

▽ summary 元素：用于为 ditails 元素定义可见的标题。

▽ datalist 元素：用于表示可选数据的列表，它以树状表的形式来显示，例如：

```
<datalist></datalist>
```

▽ keygen 元素：用于表示生成密钥，例如：

```
<keygen>
```

▽ progress 元素：用于表示运行中的进程，可以使用 progress 元素来显示 JavaScript 中耗费时间的函数的进程，例如：

```
<progress></progress>
```

计算机基础与实训教材系列

▽ meter 元素：用于度量给定范围(gauge)内的数据，例如：

```
<meter value="3" min="0" max="10">3/10</meter><br>
<meter value="0.6">60%</meter>
```

track 元素：用于定义用在媒体播放器中的文本轨道，例如：

```
<video width="320" height="240" controls="controls">
    <source src="forrest_gump.mp4" type="video/mp4" />
    <source src="forrest_gump.ogg" type="video/ogg" />
    <track kind="subtitles" src="subs_chi.srt" srclang="zh" label="Chinese">
    <track kind="subtitles" src="subs_eng.srt" srclang="en" label="English">
</video>
```

2.4.3 表单元素

通过 type 属性，HTML5 可以为 input 元素新增很多类型(本书将在后面的章节详细介绍)，如表 2-5 所示。

表 2-5　HTML5 表单元素

标记内容类型	说　　明
tel	表示必须输入电话号码的文本框
searc	表示搜索文本框
url	表示必须输入 URL 地址的文本框
email	表示必须输入电子邮件地址的文本框
daterime	表示日期和时间文本框
date	表示日期文本框
month	表示月份文本框
week	表示星期文本框
time	表示时间文本框
datetime-local	表示本地日期和时间文本框
number	表示必须输入数字的文本框
range	表示范围文本框
color	表示颜色文本框

2.5　HTML5 属性

HTML5 增加并废除了很多属性，下面将简单说明。

2.5.1　表单属性

▽　为 input(type=text)、select、textarea 与 botton 元素新增加 autofocus 属性。它以指定属性的方式让元素在页面打开时自动获得焦点。

▽　为 input(type=text)与 textarea 元素新增加 placeholder 属性，它会对用户的输入进行提示，提示用户可以输入的内容。

▽　为 input、output、select、textarea、button 与 fieldset 新增加 form 属性，声明它属于哪个表单，然后将其放置在页面上任意位置，而不是表单内。

▽　为 input 元素(type=text)与 textarea 元素新增加 required 属性。该属性表示在用户提交的时候进行检查，检查该元素内一定要有输入内容。

▽　为 input 元素增加 autocomplete、min、max、multiple、pattern 和 step 属性。同时还有一个新的 list 元素与 datalist 元素配合使用。datalist 元素与 autocomlete 属性配合使用。Multiple 属性允许在上传文件时一次上传多个文件。

▽　为 input 元素与 button 元素增加了新属性 formation、formenctype、formmethod、formnovalidate 与 formtarget，它们可以重载 form 元素的 action、enctype、method、novalidate 与 target 属性。为 fieldset 元素增加了 disabled 属性，可以把它的子元素设为 disabled(无效)状态。

▽　为 input 元素、button 元素、form 元素增加了 novalidate 属性，该属性可以取消提交时进行的有关检查，表单可以被无条件地提交。

2.5.2　链接属性

▽　为 a 与 area 元素增加了 media 属性，该属性规定目标 URL 是为哪种类型的媒介/设备进行优化的，只能在 href 属性存在时使用。

▽　为 area 属性增加了 hreflang 属性与 rel 属性，以保持与 a 元素、link 元素的一致。

▽　为 link 元素增加了新属性 sizes。该属性可以与 icon 元素结合使用(通过 rel 属性)，该属性指定关联图标(icon 元素)的大小。

▽　为 base 元素增加了 target 属性，主要目的是保持与 a 元素的一致性。

2.5.3　其他属性

▽　为 ol 元素增加 reversed 属性，它指定列表倒序显示。

▽　为 meta 元素增加 charset 属性，因为这个属性已经被广泛支持了，而且为文档的字符编码的指定提供了一种比较好的方式。

▽　为 menu 元素增加了两个新的属性——type 与 label。label 属性为菜单定义一个可见的标注，type 属性让菜单可以以上下文菜单、工具条与列表菜单 3 种形式出现。

▽　为 style 元素增加 scoped 属性，用来规定样式的作用范围。

计算机基础与实训教材系列

▽ 为 script 元素增加 async 属性，它定义脚本是否异步执行。

▽ 为 html 元素增加 manifest 属性，开发离线 Web 应用程序时它与 API 结合使用，定义一个 URL，在这个 URL 上描述文档的缓存信息。

▽ 为 iframe 元素增加 3 个属性——sandbox、seamless 与 srcdoc，用来提高页面安全性，防止不信任的 Web 页面执行某些操作。

2.6 HTML5 全局属性

HTML5 新增 8 个全局属性。所谓全局属性，是指可以用于任何 HTML 元素的属性。下面将分别介绍。

2.6.1 contenEditable 属性

contenEditable 属性的主要功能是允许用户在线编辑元素中的内容。contenEditable 是一个布尔值属性，可以被指定为 true 或 false。

> 📌 提示
>
> contenEditable 属性还有个隐藏的 inherit(继承)状态，属性为 true 时，元素被指定为允许编辑；属性为 false 时，元素被指定为不允许编辑；未指定 true 或 false 时，则由 inherit 状态来决定，如果元素的父元素是可编辑的，则该元素就是可编辑的。

👉 【例 2-4】为网页中的列表元素加上 contenEditable 属性。 🎬视频

(1) 在代码视图中的<ul>标签中添加 contenEditable 属性:

```
<!doctype html>
<html>
<head>
<meta charset="utf-8">
<title>contenEditable 属性应用实例</title>
</head>
<body>
<h1>列表</h1>
<ul contenteditable="true">
  <li>列表元素 1</li>
  <li>列表元素 2</li>
  <li>列表元素 3</li>
</ul>
</body>
</html>
```

(2) 按下 F12 键预览网页，网页列表元素就变成了可编辑状态。用户可以自行在浏览器中修改列表内容，如图 2-10 所示。

图 2-10 浏览器中的可编辑列表

在浏览器中编辑网页列表后，如果想要保存编辑结果，只能把该元素的 innerHTML 发送到服务器端进行保存，因为改变元素内容后该元素的 innerHTML 内容也会随之改变，目前还没有特别的 API 来保存编辑后元素中的内容。

此外，在 JavaScript 脚本中，元素还具有一个 isContenEditable 属性，当元素可编辑时，该属性值为 true；当元素不可编辑时，该属性值为 false。

2.6.2 contextmenu 属性

contextmenu 属性用于定义<div>元素的上下文菜单。所谓上下文菜单，就是会在右击元素时出现的菜单。

【例 2-5】 使用 contextmenu 属性定义<div>元素的上下文菜单。 视频

(1) 在代码视图中的<div>标签中添加 contextmenu 属性，并在<div></div>标签之间添加<menu>标签，其中的 id 属性值使用<div>标签中设置的 contextmenu 属性值。

```
<!doctype html>
<html>
<head>
<meta charset="utf-8">
<title>contextmenu 属性</title></head>
<body>
<div contextmenu="mymenu">上下文菜单
    <menu type="context" id="mymenu">
    <menuitem label="微信好友"></menuitem>
    <menuitem label="QQ 好友"></menuitem>
    <menuitem label="朋友圈"></menuitem>
    <menuitem label="新浪微博"></menuitem>
    </menu>
</div>
```

```
</body>
</html>
```

(2) 由于目前只有 Firefox 浏览器支持 contextmenu 属性，在 Dreamweaver 中预览以上网页需要指定使用 Firefox 浏览器。单击状态栏右侧的【预览】按钮，从弹出的列表中选择 firefox 选项，如图 2-11 所示。

(3) 在浏览器窗口中右击页面中的元素，将弹出如图 2-12 所示的上下文菜单。

图 2-11　选择预览网页的浏览器

图 2-12　打开上下文菜单

2.6.3　data-*属性

使用 data-*属性可以自定义用户数据。

▽ data-*属性用于存储页面或 Web 应用的私有自定义数据。

▽ data-*属性赋予所有 HTML 元素嵌入自定义 data 属性的能力。

存储的自定义数据能够被页面的 JavaScript 脚本利用，以创造更好的用户体验，不进行 Ajax 调用或服务器端数据库查询。

data-*属性包括下面两部分内容。

▽ 属性名：不应该包含任何大写字母，并且在前缀"data-"之后必须至少有一个字符。

▽ 属性值：可以是任意字符串。

当浏览器(用户代理)解析时，会完全忽略前缀为"data-"的自定义属性。

【例 2-6】使用 data-*属性为页面中的列表项目定义一个自定义属性 type。　视频

(1) 在代码视图中的\<li\>标签中添加以下 data-animal-type 属性：

```
<!doctype html>
<html>
<head>
<meta charset="utf-8">
<title>data-*属性应用实例</title>
</head>
```

```
<body>
<p>列表示例</p>
<ul>
    <li onclick="showDetails(this)" id="whale" data-animal-type="哺乳动物">鲸鱼</li>
    <li onclick="showDetails(this)" id="bass" data-animal-type="鱼类">鲈鱼</li>
    <li onclick="showDetails(this)" id="scaleph" data-animal-type="浮游生物">水母</li>
</ul></body>
</html>
```

(2) 在<head>和</head>之间使用 JavaScript 脚本访问每个列表项目的 type 属性值:

```
<head>
<meta charset="utf-8">
<title>data-*属性应用实例</title>
<script>
function showDetails(animal) {
    var animalType = animal.getAttribute("data-animal-type");
    alert(animal.innerHTML + "是" + animalType + "。");
}
</script>
</head>
```

(3) 按下 F12 键预览网页，在 JavaScript 脚本中可以判断每个列表项目所包含信息的类型。单击网页列表中的列表项，将弹出相应的提示对话框，提示用户列表项的相关信息，效果如图 2-13 所示。

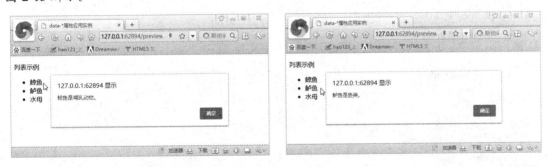

图 2-13　访问列表项目的 type 属性值

2.6.4　draggable 属性

draggable 属性可以定义元素是否可以被拖动。其属性取值说明如下。

▽ true：定义元素可拖动。

▽ false：定义元素不可拖动。

▽ auto：定义使用浏览器的默认特性。

计算机基础与实训教材系列

【例 2-7】 使用 draggable 属性在网页中定义一个可移动的段落。 视频

(1) 在代码视图中的<p>标签中添加 draggable 属性:

```
<!doctype html>
<html>
<head>
<meta charset="utf-8">
<title>draggable 属性应用实例</title>
</head>
<body>
<div id="div1" ondrop="drop(event)" ondragover="allowDrop(event)"></div>
<br />
<p id="drag1" draggable="true" ondragstart="drag(event)">这是一段可移动的段落</p>
</body>
</html>
```

(2) 在<head>和</head>之间使用以下 JavaScript 脚本:

```
<head>
<meta charset="utf-8">
<title>draggable 属性应用实例</title>
<style type="text/css">
#div1 {width:350px;height:70px;padding:10px;border:1px solid #aaaaaa;}
</style>
<script type="text/javascript">
function allowDrop(ev)
{
ev.preventDefault();
}

function drag(ev)
{
ev.dataTransfer.setData("Text",ev.target.id);
}

function drop(ev)
{
var data=ev.dataTransfer.getData("Text");
ev.target.appendChild(document.getElementById(data));
ev.preventDefault();
```

计算机基础与实训教材系列

```
    }
    </script>
    </head>
```

（3）按下 F12 键预览网页，在浏览器窗口中用户可以将页面中的一段文本拖动至网页中的方框中，如图 2-14 所示。

图 2-14　拖动网页中的段落

2.6.5　dropzone 属性

dropzone 属性定义在元素上拖动数据时，是否复制、移动或链接被拖动的数据。其属性取值说明如下。

▽　copy：拖动数据会产生被拖动数据的副本。

▽　move：拖动数据会导致被拖动数据移动到新位置。

▽　link：拖动数据会产生指向原始数据的链接。

> **提示**
>
> 目前，主流浏览器都不支持 dropzone 属性。

2.6.6　hidden 属性

在 HTML5 中，所有元素都包含一个 hidden 属性。该属性用于设置元素的可见状态，取值为一个布尔值，当设为 true 时，元素处于不可见状态；当设为 false 时，元素处于可见状态。

【例 2-8】 使用 hidden 属性定义段落文本隐藏显示。　视频

（1）在代码视图中的<p>标签中添加 hidden 属性：

```
<!doctype html>
<html>
<head>
<meta charset="utf-8">
<title>无标题文档</title>
```

计算机基础与实训教材系列

```
</head>
<body>
<h2>做网页设计，你需要了解客户的很多方面：</h2>
<p hidden="true"><br>
  (1)建设网站的目的；<br>
  (2)栏目规划及每个栏目的表现形式和功能要求；<br>
  (3)网站主体色调、客户性别喜好、联系方式、旧版网址、偏好网址；<br>
  (4)根据行业和客户要求，哪些要着重表现；<br>
  (5)是否分期建设、考虑后期的兼容性；</p>
</body>
</html>
```

(2) 按下 F12 键预览网页，页面中的段落将被隐藏。

2.6.7　spellcheck 属性

spellcheck 属性定义是否对元素进行拼写和语法检查。可以对以下内容进行拼写检查：

▽　input 元素中的文本值(非密码)；

▽　textarea 元素中的文本；

▽　可编辑元素中的文本。

spellcheck 属性取值为一个布尔值，包括 true 和 false，为 true 时表示对元素进行拼写和语法检查，为 false 时则不检查元素。

例如，设计进行拼写检查的可编辑段落：

```
<!doctype html>
<html>
<head>
<meta charset="utf-8">
<title>spellcheck 属性应用实例</title>
</head>
<body>
<p contenteditable="true" spellcheck="true">这是可编辑的段落。</p>
</body>
</html>
```

2.6.8　translate 属性

translate 属性定义是否应该翻译元素内容。其属性取值说明如下。

▽　yes：定义应该翻译元素内容。

▽　no：定义不应该翻译元素内容。

例如：

<p translate="no">请勿翻译本段。</p>
<p>本段可被译为任意语言。</p>

提示

目前，主流浏览器都无法正确地支持 translate 属性。

2.7　HTML5 事件

HTML5 对页面、表单、键盘元素新增了各种事件，下面将分别介绍。

2.7.1　window 事件

HTML5 新增针对 window 对象触发的事件，可以应用到 body 元素上，如表 2-6 所示。

表 2-6　HTML5 新增的 window 事件

事 件 属 性	说　　　明
onafterprint	文档打印之后运行的脚本
onbeforeprint	文档打印之前运行的脚本
onbeforeunload	文档卸载之前运行的脚本
onerror	在错误发生时运行的脚本
onhaschange	当文档已改变时运行的脚本
onmessage	在消息被触发时运行的脚本
onoffline	当文档离线时运行的脚本
ononline	当文档上线时运行的脚本
onpagehide	当窗口隐藏时运行的脚本
onpageshow	当窗口成为可见时运行的脚本
onpopstate	当窗口历史记录改变时运行的脚本
onredo	当文档执行撤销(redo)时运行的脚本
onresize	当浏览器窗口被调整大小时触发
onstorage	在 Web Storage 区域更新后运行的脚本
onundo	在文档执行 undo 时运行的脚本

2.7.2　form 事件

HTML5 新增 HTML 表单内的动作触发的事件，适用于几乎所有的 HTML 元素，但最常用在 form 元素中，其简单说明如表 2-7 所示。

表 2-7　HTML5 新增的 form 事件

事 件 属 性	说　　明
oncontextmenu	当上下文菜单被触发时运行的脚本
onformchange	当表单改变时运行的脚本
onforminput	当表单获得用户输入时运行的脚本
Oninput	当元素获得用户输入时运行的脚本
oninvalid	当元素无效时运行的脚本

2.7.3　mouse 事件

HTML5 新增多个鼠标事件，由鼠标或类似用户动作触发，其简单说明如表 2-8 所示。

表 2-8　HTML5 新增的 mouse 事件

事 件 属 性	说　　明
ondrag	元素被拖动时运行的脚本
ondragend	在拖动操作末端运行的脚本
ondragenter	当元素已被拖动到有效拖放区域时运行的脚本
ondragleave	当元素离开有效拖放目标时运行的脚本
ondragover	当元素在有效拖放目标上正在被拖动时运行的脚本
ondragstart	在拖动操作开端运行的脚本
ondrop	当被拖动元素正在被拖动时运行的脚本
onmousewheel	当鼠标滚轮正在被滚动时运行的脚本
onscroll	当元素滚动条被滚动时运行的脚本

2.7.4　media 事件

HTML5 新增多个媒体事件，如视频、图像和音频触发的事件，适用于所有 HTML 元素，但常见于媒介元素中，如<audio>、<embed>、<img>、<object>和<video>元素，其简单说明如表 2-9 所示。

表 2-9　HTML5 新增的 media 事件

事 件 属 性	说　　明
oncanplay	当文件就绪可以开始播放时运行的脚本(缓冲已足够开始时)
oncanplaythrough	当媒介能够无须因缓冲而停止即可播放至结尾时运行的脚本

(续表)

事件属性	说　　明
ondurationchange	当媒介长度改变时运行的脚本
onemptied	当发生故障并且文件突然不可用时运行的脚本
onended	当媒介已到达结尾时运行的脚本(可发送例如"谢谢观看"之类的信息)
onerror	当在文件加载期间发生错误时运行的脚本
onloadedmetadata	当元数据(比如分辨率和时长)被加载时运行的脚本
onloadstart	在文件开始加载且未实际加载任何数据前运行的脚本
onpause	当媒介被用户或程序暂停时运行的脚本
onplay	当媒介已就绪可以开始播放时运行的脚本
onplaying	当媒介已开始播放时运行的脚本
onprogress	当浏览器正在获取媒介数据时运行的脚本
onratechange	每当回放速率改变时运行的脚本(比如当初用户切换到慢动作或快进模式)
onreadystatechange	每当就绪状态改变时运行的脚本(就绪状态检测媒介数据的状态)
onseeked	当 seeking 属性设置为 false(指示定位已结束)时运行的脚本
onseeking	当 seeking 属性设置为 true(指示定位是活动的)时运行的脚本
onstalled	在浏览器不论何种原因未能取回媒介数据时运行的脚本
onsuspend	在媒介数据完整加载之前不论何种原因终止取回媒介数据时运行的脚本
ontimeupdate	当播放位置改变时(比如当用户快进到媒介中一个不同的位置时)运行的脚本
onvolumechange	每当音量改变时(包括将音量设置为静音时)运行的脚本

2.8　实例演练

　　本章简单介绍了 HTML5 文档的语法、元素等知识。实际上，HTML5 页面的特征远不止这些，下面的实例演练部分将通过完整的实例介绍 HTML5 页面的特征。

　　【例 2-9】使用 Dreamweaver CC 2019 创建网页，并设置网页头部信息。 📹视频

　　(1) 启动 Dreamweaver CC 2019，在代码视图中输入如图 2-15 所示的代码。将页面分成上、中、下 3 个部分: 上部分用于显示导航; 中部分分为两个部分，左边显示菜单，右边显示文本内容; 下部分显示页面版权信息。

　　(2) 按下 F12 键预览网页，效果如图 2-16 所示。

计算机基础与实训教材系列

```
1    <!doctype html>
2 ▼  <html>
3 ▼  <head>
4    <meta charset="utf-8">
5    <title>使用HTML5结构化元素</title>
6
7    </head>
8 ▼      <style type="text/css">
9 ▼      #header,#sideLeft,#sideRight,#footer{
10          border:1px solid red;
11          padding:10px;
12          margin:6px;
13          }
14      #header{ width: 500px;}
15 ▼     #sideLeft{
16          float: left;
17          width: 60px;
18          height: 100px;
19          }
20 ▼     #sideRight{
21          float: left;
22          width: 406px;
23          height: 100px;
24          }
25 ▼     #footer{
26          clear:both;
27          width:500px;
28          }
29      </style>
30 ▼  <body>
31          <div id="header">导航</div>
32          <div id="sideLeft">菜单</div>
33          <div id="sideRight">内容</div>
34          <div id="footer">底部说明</div>
35  </body>
36  </html>
```

图 2-15 HTML 结构化元素实例

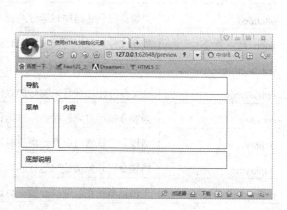

图 2-16 网页预览效果

2.9 习题

1. 简述 HTML5 文档基本结构。

2. 简述 HTML5 的语法特点。

3. 在 Dreamweaver 中使用 HTML5 编写一个简单的页面。

4. 在 HTML 页面中插入一段 HTML5 画布标记,当浏览器支持该标记时,将显示一个矩形;反之则在页面中显示"该浏览器不支持 HTML5 画布标记"提示信息。

5. 练习使用 contextmenu 属性定义<div>元素的上下文菜单,在预览网页时,右击<div>元素时,在弹出的菜单中将显示前进、后退、停止 3 个命令。

第3章
设计网页文本内容

文本是网页中最主要也是最常用的元素。网页文本的内容包括标题文字、普通文字、段落文字、水平线等。本章将结合 HTML5 和 CSS 的相关知识，介绍使用 Dreamweaver CC 2019 设计网页文本的方法。

本章重点

- 定义网页段落和段落文字
- 设置网页文字格式
- 设置网页段落格式

- 设置网页水平线
- 设置网页文字列表

二维码教学视频

【例 3-1】 使用段落标签
【例 3-2】 使用标题标签
【例 3-3】 设置网页文本字体格式
【例 3-4】 设置网页文本字号
【例 3-5】 设置网页文本颜色
【例 3-6】 设置网页文本字体效果

【例 3-7】 为网页文本添加上/下标
【例 3-8】 定义网页文本字体风格
【例 3-9】 设置加粗网页字体
【例 3-10】 设置网页字体复合属性
【例 3-11】 设置网页文本阴影效果
本章其他视频参见视频二维码列表

3.1 定义段落文字

在网页中如果要把文字合理地显示出来，离不开段落标签的使用。在 Dreamweaver 的设计视图中，直接输入的文本默认应用段落标签。

3.1.1 使用段落标签

段落标签是双标签，即<p></p>，在<p>标签和</p>结束标签之间的内容形成一个段落。如果省略结束标签，从<p>标签到下一个段落标记之前的所有文本，都将在一个段落内。段落标签中的 p 是英文单词 paragraph 即"段落"的首字母，用来定义网页中的一段文本。

【例 3-1】在 Dreamweaver 创建的网页中使用段落标签。 🎬视频

(1) 启动 Dreamweaver CC 2019 后，选择【文件】|【新建】命令，打开【新建文档】对话框，创建一个空白 HTML5 网页，在设计视图中输入如图 3-1 所示的文本。

(2) 此时，在主体标签<body>和</body>之间将自动添加以下代码：

```
<body>
<p>这是 1 级标题</p>
<p>这是 2 级标题</p>
<p>这是 3 级标题</p>
<p>这是 4 级标题</p>
<p>这是 5 级标题</p>
<p>这是 6 级标题</p>
</body>
```

(3) 选择【文件】|【保存】命令或按下 Ctrl+S 键，将网页保存。按下 F12 键，在浏览器中查看网页效果，如图 3-2 所示。

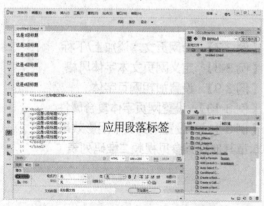

图 3-1 使用 Dreamweaver 创建网页

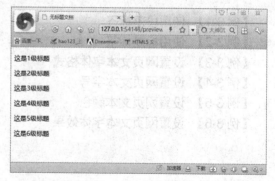

图 3-2 段落标记在浏览器中的显示效果

3.1.2　使用换行标签

换行标签
和<p>标签一样，都是制作网页时常用的标签。该标签是一个单标签，它没有结束标签，br 是英文单词 break 的缩写，作用是将文字在一个段内强制换行。一个
标签代表一个换行，连续多个标记可以实现多次换行。使用换行标记时，在需要换行的位置添加
标签即可。例如在【例 3-1】创建的网页代码中加入
标签，实现对文本的强制换行，如图 3-3 所示。

图 3-3　使用换行标签

3.2　定义标题文字

在 HTML 文档中，文本除了以行和段落的形式出现以外，还经常作为标题存在。通常情况下，一个文档最基本的结构就是由若干不同级别的标题和正文组成的。

HTML 文档中包含各种级别的标题,各种级别的标题由<h1>至<h6>元素来定义,<h1>至<h6>标题标签中的字母 h 是英文 headline(标题行)的简称。其中<h1>代表 1 级标题，级别最高，文字也最大，其他标题元素依次递减，<h6>级别最低。

【例 3-2】在 Dreamweaver 创建的网页中使用标题标签。 视频

(1) 继续【例 3-1】的操作，在设计视图中选中文本"这是 1 级标题"，然后选择【编辑】|【段落格式】|【标题 1】命令，如图 3-4 所示，为选中的文本定义 1 级标题。

(2) 重复步骤 1 的操作，选中网页中的其他段落文本，然后分别将其定义为 2~6 级标题，完成设置后，【例 3-1】中生成的网页代码将变为：

```
<body>
    <h1>这是 1 级标题</h1>
    <h2>这是 2 级标题</h2>
    <h3>这是 3 级标题</h3>
    <h4>这是 4 级标题</h4>
    <h5>这是 5 级标题</h5>
    <h6>这是 6 级标题</h6>
</body>
```

计算机基础与实训教材系列

(3) 保存网页后,按下 F12 键预览网页效果,如图 3-5 所示。

图 3-4　使用菜单命令定义标题文本

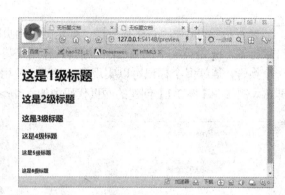

图 3-5　网页中的标题

3.3　设置文字格式

在 Dreamweaver 中选中网页中的文本后,通过【属性】面板,用户可以直接设置文本的格式,例如设置文本的字体、字号、颜色、加粗、斜体等,并能够立即看到设置后的文本效果。

3.3.1　设置文字字体

在 HTML 文档中,font-family 属性用于指定文字字体类型,如宋体、黑体、隶书等,即在网页中展示不同的字体,具体语法如下:

```
style="font-family: 宋体"
```

或者

```
style="font-family: 楷体,隶书, 宋体"
```

从上面的语法可以看出,font-family 属性有两种声明方式,第一种指定一个元素的字体;第二种则可以把多个字体名称作为一个"回退"系统来保存,如果浏览器不支持第一个字体,则会尝试下一个。

在 Dreamweaver 中,用户可以在【属性】面板中设置网页文本的字体格式,在网页代码中的文本前自动生成 font-family 属性。

【例 3-3】 在 Dreamweaver 中设置网页文本的字体格式。　　视频

(1) 使用 Dreamweaver 创建一个空白网页文档,然后在设计视图中输入一段文本"零基础学习 Dreamweaver"并将其选中。

(2) 在【属性】面板中单击【CSS】按钮,切换至 CSS【属性】面板,然后单击【字体】下拉按钮,从弹出的菜单中选择【管理字体】选项,如图 3-6 所示。

(3) 打开【管理字体】对话框,选择【自定义字体堆栈】选项卡,在【可用字体】列表框中

计算机基础与实训教材系列

选中一种字体，单击 ⏴⏴ 按钮，将其添加至【选择的字体】列表框中，然后单击【完成】按钮，如图 3-7 所示。

(4) 再次单击【属性】面板中的【字体】下拉按钮，在弹出的菜单中将显示步骤 3 添加的【选择的字体】列表框中的字体，选择该字体，即可为网页中选中的文本设置字体格式。同时，在代码视图中将添加以下代码：

```
<p style="font-family: '黑体'">零基础学习 Dreamweaver</p>
```

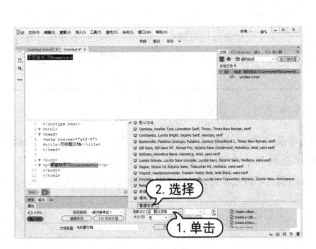

图 3-6　管理字体

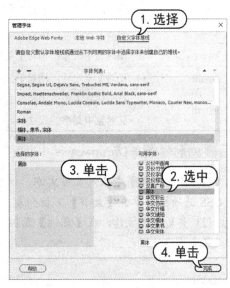

图 3-7　自定义字体堆栈

(5) 如果用户在如图 3-7 所示的【管理字体】对话框的【可用字体】列表中添加多个字体至【选择的字体】列表中，则可以把多个字体添加在【字体】列表中，当用户将这些字体应用在同一段文本上时，在查看网页时如果浏览器不支持其中的第一个字体，则会尝试下一个字体。

3.3.2　设置文字字号

在网页中标题通常使用较大字号显示，用于吸引观众的注意力。在 HTML5 新规定中，通常使用 font-size 设置文字大小。其语法格式如下：

```
style="font-size :数值 | inherit | xx-small | x-small | small | medium | large | x-large | xx-large | larger | smaller | length"
```

其中，数值是指通过数值来定义文字大小，例如用 font-size:10px 的方式定义文字大小为 10 像素。此外，还可以通过 medium 之类的参数定义文字的大小，其参数含义如表 3-1 所示。

表 3-1　设置文字大小的参数

属　　性	说　　明
xx-small	绝对文字尺寸；根据对象文字进行调整；最小

(续表)

属　　性	说　　明
x-small	绝对文字尺寸；根据对象文字进行调整；较小
small	绝对文字尺寸；根据对象文字进行调整；小
medium	默认值，绝对文字尺寸；根据对象文字进行调整；正常
large	绝对文字尺寸；根据对象文字进行调整；大
x-large	绝对文字尺寸；根据对象文字进行调整；较大
xx-large	绝对文字尺寸；根据对象文字进行调整；最大
larger	相对文字尺寸；相对于父对象中的文字尺寸进行相对增大；使用成比例的 em 单位计算
smaller	相对文字尺寸；相对于父对象中的文字尺寸进行相对减小；使用成比例的 em 单位计算
length	百分比数或由浮点数字和单位标识符组成的长度值，不可为负值；其百分比取值是基于父对象中文字的尺寸

【例 3-4】 在 Dreamweaver 中设置网页文本字号。 🎬 视频

(1) 在设计视图中输入多段文本，然后选中其中的“上级标记大小”段落，在【属性】面板的 CSS 选项板中单击【大小】下拉列表，从弹出的列表中选择【18】选项，如图 3-8 所示。

(2) 重复以上操作，在【属性】面板中为网页不同段落的文本设置不同的字号，设置完成后的效果如图 3-9 所示。

图 3-8　设置文字字号　　　　　　　　　　　　　图 3-9　设置多段文字字号

(3) 此时，Dreamweaver 将自动在文本所在的段落标签中添加以下代码：

```
<p style="font-size: 18px">上级标记大小</p>
<p style="font-size: small">小</p>
<p style="font-size: larger">大</p>
<p style="font-size: x-small">小</p>
<p style="font-size: x-large">大</p>
```

(4) 在设计视图中选中倒数第二段文本“子标记”，在【属性】面板的【字体】文本框中输入 200，然后单击其后的下拉按钮，在弹出的下拉列表中选择【%】选项，将为选中的文本设置如图 3-10 所示的文字大小。

（5）在设计视图中选中倒数第一段文本"子标记"，在【属性】面板的【字体】文本框中输入 50，然后单击其后的下拉按钮，在弹出的下拉列表中选择【px】选项，将为选中的文本设置如图 3-11 所示的文字大小。

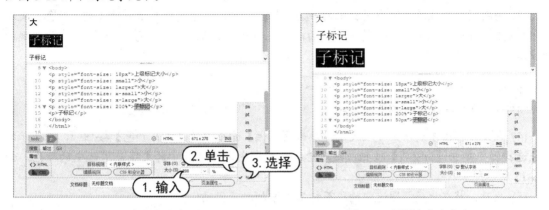

图 3-10　设置字体大小为 200%　　　　　图 3-11　设置字体大小为 50px

（6）此时，将在代码视图的段落标签中添加以下代码：

```
<p style="font-size: 200%">子标记</p>
<p style="font-size: 50px">子标记</p>
```

3.3.3　设置文字颜色

在 HTML5 中，通常使用 color 属性来设置颜色。其属性值一般使用如表 3-2 所示的方式设定。

表 3-2　颜色设定的方式

属 性 值	说　　　明
color_name	规定颜色值采用颜色名称(例如 red)
hex_number	规定颜色值采用十六进制值(例如#ff0000)
rgb_number	规定颜色值采用 rgb 代码(例如 rgb(255,0,0))
inherit	规定从父元素继承颜色值
hsl_number	规定颜色值采用 HSL 代码(例如 hsl(0,75%,50%))，此为新增加的颜色表现方式
hsla_number	规定颜色值采用 HSLA 代码(例如 hsla(120,50%,50%,1))，此为新增加的颜色表现方式
rgba_number	规定颜色值采用 RGBA 代码的颜色(例如 rgba(125,10,45,0,5))，此为新增加的颜色表现方式

【例 3-5】在 Dreamweaver 中设置网页文本颜色。 视频

（1）在设计视图中输入多段文本，选中其中的标题文本"页面标题"，在【属性】面板的【文本颜色】文本框中输入#912CEE，将该段文本的颜色设置为紫色，如图 3-12 所示。

(2) 此时，将在代码视图的标题标签中添加以下代码:

```
<h1 style="color: #912CEE;">页面标题</h1>
```

(3) 使用同样的操作，选中页面中的第 2、3 段文本，在【属性】面板的【文本颜色】文本框中分别输入 red 和 rgb(0,0,0)，将选中的两段文字颜色设置为红色和黑色。此时，将在代码视图的段落标签中添加以下代码:

```
<p style="color: red">本段内容显示为红色</p>
<p style="color: rgb(0,0,0)">此处使用 rgb 方式表示了一个黑色文本</p>
```

(4) 在设计视图中选中第 4 段文本，单击【属性】面板中的【文本颜色】按钮□，在显示的颜色选择器中单击【HSLA】按钮，然后选择一种颜色即可为选中的文字应用选中的颜色，如图 3-13 所示。

(5) 此时，将在代码视图选中的段落标签中添加以下代码:

```
<p style="color: hsla(359,63%,51%,1)">此处使用新增的 HSLA 函数，构建颜色</p>
```

图 3-12　为文字设置颜色

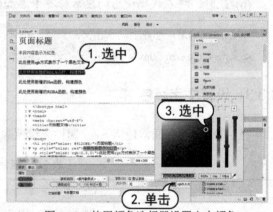

图 3-13　使用颜色选择器设置文字颜色

(6) 使用同样的方法可以在设计视图中为页面中最后两段文本的颜色应用 RGBA 和 Hex 颜色取值方式。完成后，将在代码视图的段落标签中添加以下代码:

```
<p style="color: #2EBD12">此处使用新增的 Hex 函数，构建颜色</p>
<p style="color: rgba(225,231,12,1)">此处使用新增的 RGBA 函数，构建颜色</p>
```

在如图 3-13 所示的颜色选择器中，选中一种颜色后单击田按钮，可以将颜色保存在选择器上方的【颜色色板】区域中。如此，用户可以在网页的不同对象上反复应用相同的颜色。

此外，单击颜色选择器左下角的吸管工具，用户可以对 Dreamweaver 工作界面中任何位置上的颜色进行提取，使其颜色值显示在颜色选择器底部的文本框中。

3.3.4　设置字体效果

网页中重要的文本通常以粗体、斜体、下画线和删除线等方式显示。HTML 中的<strong>标签、<em>标签、<u>标签和<s>标签分别实现了这四种显示方式。

【例 3-6】 在 Dreamweaver 中为文字分别设置加粗、倾斜、下画线和删除线效果。 视频

(1) 在设计视图中选中需要设置加粗的文本，单击【属性】面板中的 **B** 按钮，可以设置文本加粗，如图 3-14 所示。此时，将在选中文本的段落标签中添加<strong>标签：

<p><strong>我是加粗文字</strong></p>

(2) 在设计视图中选中需要设置倾斜的文本，单击【属性】面板中的 *I* 按钮，可以为文本设置倾斜效果，并在选中文本的段落标签中添加<em>标签：

<p><em>我是斜体文字</em></p>

(3) 在设计视图中选中需要添加下画线的文本，选择【工具】| HTML |【下画线】命令，即可为文本添加下画线，如图 3-15 所示。此时，将在选中文本的段落标签中添加<u>标签：

<p><u>我是加下画线的文字</u></p>

图 3-14　加粗文字

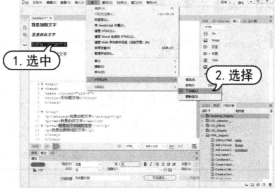

图 3-15　设置文字下画线

(4) 在设计视图中选中需要添加删除线的文本，选择【工具】| HTML |【删除线】命令，即可为文本添加删除线，并在选中文本的段落标签中添加<s>标签：

<p><s>我是加删除线的文字</s></p>

3.3.5　设置上标与下标

在 HTML 中用<sup>标签实现上标文字，用<sub>标签实现下标文字。<sup>和<sub>都是双标签，放在开始标签和结束标签之间的文本会分别以上标或下标的形式出现。

【例 3-7】 在 Dreamweaver 中为文字添加上标和下标。 视频

(1) 在设计视图中输入文本 "c=a"，在代码视图 c=a 的代码之后输入²：

<p>c=a<sup>2</sup></p>

即可在设计视图中为 a 添加如图 3-16 所示的上标。

(2) 在设计视图中输入 H2O，在代码视图中"2"的前后输入<sub>标签：

```
<p>H<sub>2</sub>O</p>
```

即可在设计视图中将数字 2 设置为下标，效果如图 3-17 所示。

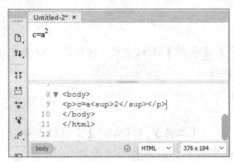

图 3-16　设置上标

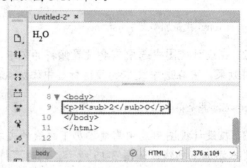

图 3-17　设置下标

3.3.6　设置字体风格

font-style 属性通常用来定义字体风格，即字体的显示样式。在 HTML5 新规定中，其语法格式如下：

font-style：normal | italic | oblique | inherit

font-style 的属性值有 4 个，如表 3-3 所示。

表 3-3　font-style 的属性值

属 性 值	说　　明
normal	默认值，浏览器显示一个标准的字体样式
italic	浏览器显示一个倾斜的字体样式
oblique	将没有斜体变量的特殊字体，在浏览器中显示为一个倾斜的字体样式
inherit	规定应该从父元素继承字体样式

【例 3-8】在 Dreamweaver 中使用 font-style 属性定义字体风格。 📹视频

(1) 新建一个空白网页，在设计视图中输入如图 3-18 所示的 3 段文本。
(2) 在代码视图中使用 font-style 分别定义 3 段文本的字体风格。

```
<p style="font-style: italic">字体风格 1</p>
<p style="font-style:normal">字体风格 2</p>
<p style="font-style:oblique">字体风格 3</p>
```

此时，设计视图中文本的效果如图 3-19 所示。

图 3-18　在设计视图中输入的文本　　　　　图 3-19　使用 font-style 定义字体风格

3.3.7　设置文字粗细

通过设置文字的粗细，可以让其显示不同的外观。通过 font-weight 属性可以定义文字的粗细程度。其语法格式如下：

Font-weight：100-900 | bold | bolder | lighter | normal

font-weight 属性有 13 个有效值，分别是 bold、bolder、lighter、normal、100、200、300、400、500、600、700、800、900。如果没有设置该属性，则使用其默认值 normal。属性值设置为 100～900，值越大，加粗的程度就越高。其具体含义说明如表 3-4 所示。

表 3-4　font-weight 的属性值

属 性 值	说　　明
bold	定义粗体字体
bolder	定义更粗的字体，相对值
lighter	定义更细的字体，相对值
normal	默认，标准字体

浏览器默认的文字粗细是 400，另外也可以通过参数 lighter 和 bolder 使文字在原有基础上显得更细或更粗。

【例 3-9】 在 Dreamweaver 中使用 font-weight 属性设置加粗网页文字显示。　　视频

(1) 新建一个空白网页，在设计视图中输入如图 3-20 所示的文本。
(2) 在代码视图中使用 font-weight 分别定义每段文本的粗细。

```
<p style="font-weight: bold">网页中的文本 1</p>
<p style="font-weight: bolder">网页中的文本 2</p>
<p style="font-weight: lighter">网页中的文本 3</p>
<p style="font-weight: normal">网页中的文本 4</p>
<p style="font-weight: 100">网页中的文本 5</p>
<p style="font-weight: 900">网页中的文本 6</p>
```

计算机基础与实训教材系列

此时，设计视图中文本的效果如图 3-21 所示。

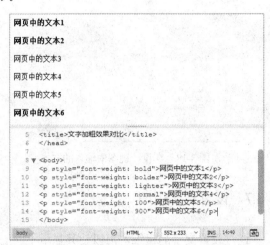

图 3-20　网页中输入的文本　　　　　图 3-21　使用 font-weight 定义加粗文字

3.3.8　设置文字复合属性

在制作网页的过程中，为了使网页布局合理并且规范，文字设计过程中需要使用多种属性，例如定义文字粗细、文字大小，但是多个属性分别设置相对比较麻烦，在 HTML5 中提供了 font 属性可以解决这一问题。

font 属性可以一次性地使用多个属性的属性值定义文本，其语法格式如下：

font：font-style　font-variant　font-weight　font-size　font-family

font 属性中的属性排列顺序是 font-style、font-variant、font-weight、font-size 和 font-family，各属性的属性值之间使用空格隔开，但是，如果 font-family 属性要定义多个属性值，则需要使用逗号(,)隔开。

属性排列中，font-style、font-variant 和 font-weight 这三个属性值是可以自由调换的，而 font-size 和 font-family 则必须按照固定的顺序出现，而且还必须都出现在 font 属性中。如果这两者顺序不对，或缺少一个，那么整条样式规则可能就会被忽略。

【例 3-10】 在 Dreamweaver 中设置网页文字的复合属性。 视频

(1) 新建一个空白网页，在设计视图中输入如图 3-22 所示的文本。
(2) 在代码视图中添加以下代码。

```
<style type="text/css">
p {
    font: normal small-caps bolder 25pt "Cambria", "Times New Roman"，黑体
}
</style>
```

此时，设计视图中文本的显示效果如图 3-23 所示。

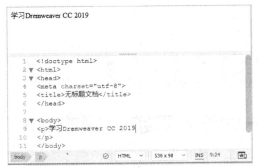

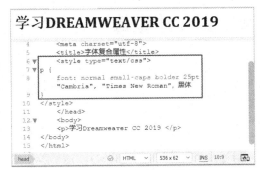

图 3-22　在网页中输入一段文本　　　　　　　　图 3-23　文本的显示效果

3.3.9　设置阴影文本

在显示文字时，如果需要给出文字的阴影效果，并为阴影添加颜色，以增强网页整体的效果，用户可以使用 text-shadow 属性。该属性的语法格式如下：

text-shadow: none | <length> none | [<shadow>,] * <opacity>　或　none | <color> [,<color>]*

text-shadow 的属性值如表 3-5 所示。

表 3-5　text-shadow 的属性值

属 性 值	说　　　明
<color>	指定颜色
<length>	由浮点数字和单位标识符组成的长度值；可为负值；指定阴影的水平延伸距离
<opacity>	由浮点数字和单位标识符组成的长度值；不可为负值；指定模糊效果的作用距离；如果用户只需要模糊效果，将前两个 length 值设置为 0 即可

text-shadow 属性有四个值，最后两个值是可选的，第一个属性值表示阴影的水平偏移，可取正负值；第二个属性值表示阴影垂直偏移，可取正负值；第三个属性值表示阴影模糊半径，该值可选；第四个值表示阴影颜色值，该值可选，如下所示：

text-shadow:阴影水平偏移值(可取正负值)；阴影垂直偏移值(可取正负值)；阴影模糊值；阴影颜色

【例 3-11】　在 Dreamweaver 中设置文本阴影效果。　　视频

(1) 新建一个空白网页，在其中输入一段文本，并输入以下代码。

一段设置了阴影效果的文本

(2) 保存网页后，按下 F12 键在浏览器中查看网页效果，页面中设置的文本阴影效果如图 3-24所示。

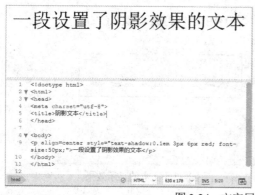 

图 3-24　文字居中显示并添加阴影效果

通过以上实例，可以看出阴影偏移由两个 length(长度)值指定到文本的距离。第一个长度值指定到文本右边的水平距离，负值会把阴影放置在文本左边。第二个长度值指定到文本下边的垂直距离，负值会把阴影放置在文本上方。在阴影偏移之后，可以指定一个模糊半径。

提示

模糊半径是一个长度值，它指定了模糊效果的范围。在阴影效果的长度值之前或之后，还可以设置一个颜色值，颜色值会被用作阴影效果的基础。如果没有指定颜色，那么将使用 color 属性值来替代。

3.4　设置网页水平线

在 Dreamweaver 中选择【插入】|HTML|【水平线】命令，可以在网页中使用<hr>标签，创建一条水平线，通过【属性】面板，用户可以设置水平线的高度、宽度、对齐方式等。

3.4.1　添加水平线

在 HTML 中，<hr>标签没有结束标签。

【例 3-12】 使用 Dreamweaver 在网页中插入水平线。 视频

(1) 新建一个空白网页，在其中输入多段文本。

(2) 将鼠标指针置于设计视图第一段文本之后，选择【插入】| HTML |【水平线】命令，即可在页面中插入一条水平线，同时在代码视图中添加<hr>标签，如图 3-25 所示。

(3) 在代码视图中输入以下代码，在页面中再插入两条水平线。

```
<p>这是一个段落</p>
<hr>
<p>这是一个段落</p>
<hr>
<p>这是一个段落</p>
<hr>
```

(3) 保存网页后，按下 F12 键用浏览器预览网页效果，如图 3-26 所示。

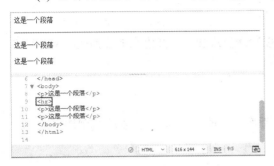

图 3-25　在网页中插入水平线　　　　　　图 3-26　网页中的水平线效果

3.4.2　设置水平线的宽度和高度

使用 size 与 width 属性可以设置水平线的高度与宽度。其中 width 属性用于设置水平线的宽度，以像素计或百分比计；size 属性用于设置水平线的高度，以像素计。

【例 3-13】 设置网页中水平线的宽度与高度。　📹视频

(1) 继续【例 3-12】的操作，在设计视图中选中第二条水平线，在【属性】面板中的【高】文本框中输入 50，将该水平线的高度设置为 50 像素，如图 3-27 所示。此时，将在代码视图中为选中的<hr>标签设置 size 属性：

<hr size="50">

(2) 选中设计视图中的第三条水平线，在【属性】面板的【宽】文本框中输入 30，然后单击【像素】下拉按钮，从弹出的列表中选择【%】选项，如图 3-28 所示。此时，将在代码视图中为选中的<hr>标签设置 width 属性：

<hr width="30">

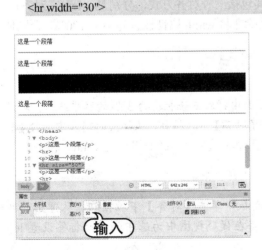

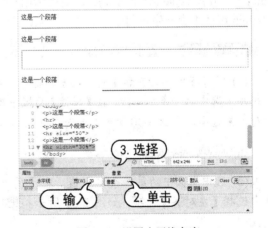

图 3-27　设置水平线高度　　　　　　　　图 3-28　设置水平线宽度

3.4.3 设置水平线的颜色

使用 color 属性可以设置水平线的颜色。下面以给网页添加一条红色水平线为例，来介绍设置水平线颜色的方法。

【例 3-14】设置水平线的颜色。 视频

(1) 继续【例 3-13】的操作，在设计视图中选中页面中的第一条水平线，在代码视图中为<hr>标签设置 color 属性。

```
<hr color="red">
```

(2) 保存网页后按下 F12 键预览网页效果，页面中第一条水平线的颜色将变为红色，如图 3-29 所示。

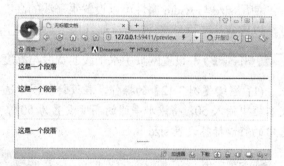

图 3-29 设置网页中水平线的颜色

3.4.4 设置水平线的对齐方式

使用 align 属性可以设置水平线的对齐方式。其包括三种对齐方式，分别是：left(左对齐)、right(右对齐)、center(居中对齐)。需要提示用户的是除非将 width 属性设置为小于 100%，否则使用 align 属性不会产生任何效果。

【例 3-15】设置水平线的对齐方式。 视频

(1) 参考【例 3-12】和【例 3-13】的操作，在页面中插入三条长度为 30%的水平线后，在设计视图中选中第一条水平线，在【属性】面板中单击【对齐】下拉按钮，从弹出的列表中选择【居中对齐】选项，如图 3-30 所示。此时，将在代码视图中为选中的<hr>标签设置 center 属性：

```
<hr align="center" width="30%">
```

(2) 选中页面中的第二条水平线，在【属性】面板中单击【对齐】下拉按钮，从弹出的列表中选择【左对齐】选项，如图 3-31 所示。此时，将在代码视图中为选中的<hr>标签设置 left 属性：

```
<hr align="left" width="30%">
```

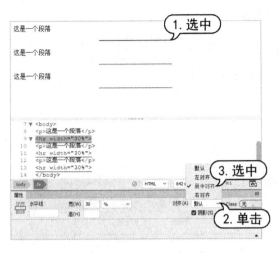

图 3-30 设置水平线居中对齐

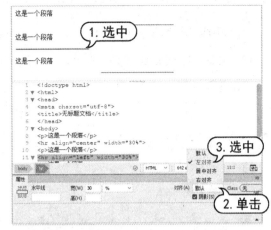

图 3-31 设置水平线左对齐

(3) 选中页面中的第三条水平线，在【属性】面板中单击【对齐】下拉按钮，从弹出的列表中选择【右对齐】选项，如图 3-32 所示。此时，将在代码视图中为选中的<hr>标签设置 right 属性:

```
<hr align="right" width="30%">
```

(4) 按下 F12 键预览网页，效果如图 3-33 所示。

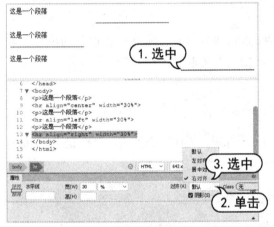

图 3-32 设置水平线右对齐

图 3-33 不同对齐方式在浏览器中的显示效果

3.4.5 消除水平线的阴影

使用 noshade 属性可以设置水平线的颜色呈现为纯色，而不是有阴影的颜色。下面介绍在 Dreamweaver 中如何利用软件功能，为水平线标签<hr>设置 noshade 属性的方法。

【例 3-16】消除水平线的阴影。 视频

(1) 参考【例 3-12】介绍的方法选择【插入】|HTML|【水平线】命令，在网页中插入一条水平线。在设计视图中选中页面中的水平线，在【属性】面板中取消【阴影】复选框的选中状态，

如图 3-34 所示。此时，在代码视图中将自动为<hr>标签设置 noshade 属性。

```
<hr noshade="noshade">
```

(2) 按下 F12 键预览网页，页面中水平线的效果如图 3-35 所示。

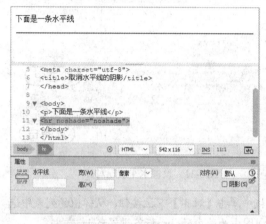

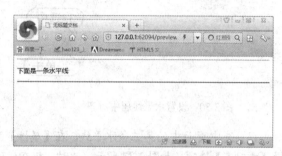

图 3-34 取消【阴影】复选框的选中状态   图 3-35 无阴影水平线的效果

3.5 建立网页文字列表

计算机基础与实训教材系列

HTML 网页中的文字列表如同文字编辑软件(例如 Word)中的项目符号和自动编号。在 Dreamweaver 中，用户可以使用软件预设的功能，轻松地为文本建立无序或有序列表。

3.5.1 建立无序列表

无序列表的项目排列没有顺序，只以符号作为分项标识。无序列表使用一对标签<ul></ul>，其中每一个列表项使用<li></li>标签，其结构如下。

```
<ul>
    <li>无序列表项</li>
    <li>无序列表项</li>
    <li>无序列表项</li>
</ul>
```

在无序列表结构中，<ul></ul>标签用于表示这一个无序列表的开始和结束，<li>标签则表示一个列表项的开始。在一个无序列表中可以包含多个列表项，并且<li>可以省略结束标签。下面用一个实例，介绍在 Dreamweaver 中为网页文本快速建立无序列表的方法。

【例 3-17】 在网页中建立无序列表。 视频

(1) 在网页中输入多段文本后，在设计视图中选中其中需要建立无序列表的文本，然后单击【属性】面板中的【无序列表】按钮。

(2) 此时，为选中的文本建立如图 3-36 所示的无序列表。

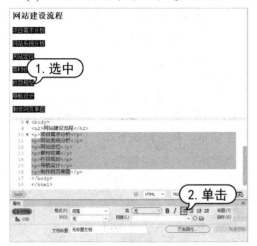

图 3-36　使用 Dreamweaver 在网页中建立无序列表

(3) 在代码视图中修改代码，添加<ul>和</ul>标签：

```
<ul>
    <li>项目需求分析</li>
    <li>网站系统分析</li>
    <ul>
        <li>网站定位</li>
        <li>素材收集</li>
        <li>栏目规划</li>
        <li>导航设计</li>
    </ul>
    <li>制作网页草图</li>
</ul>
```

(4) 设计视图中的无序列表效果如图 3-37 所示。按下 F12 键预览网页，效果如图 3-38 所示。

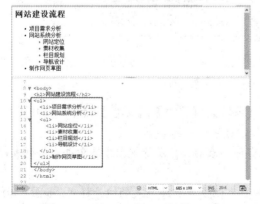

图 3-37　添加<ul>和</ul>标签　　　　　　　　图 3-38　无序列表效果

在无序列表中可以嵌套一个列表，如图 3-38 中的"网站定位""素材收集""栏目规划"和"导航设计"都是"网站系统分析"列表项的下级列表项。因此，在这对<li></li>标签之间又增加了一对<ul></ul>标签。

3.5.2 建立有序列表

有序列表和无序列表的使用方法基本相同。有序列表使用<ol></ol>标签，每一个列表项使用<li></li>标签。每个项目都有前后顺序之分，多数用数字表示，其结构如下。

```
<ol>
    <li>有序列表项 1</li>
    <li>有序列表项 2</li>
    <li>有序列表项 3</li>
</ol>
```

下面用一个实例介绍建立有序列表实现文本排列的方法。

【例 3-18】 在网页中建立有序列表。 视频

(1) 在网页中输入多段文本后，在设计视图中选中其中需要建立有序列表的文本，然后单击【属性】面板中的【编号列表】按钮 。

(2) 此时，为选中的文本建立如图 3-39 所示的无序列表。

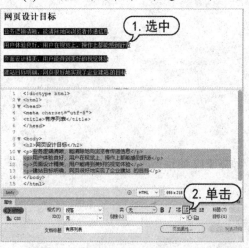
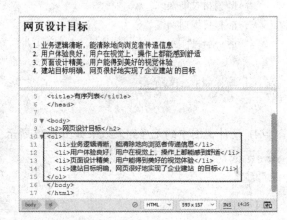

图 3-39 使用 Dreamweaver 在网页中建立有序列表

此外，在 Dreamweaver 中用户还可以通过选择【编辑】|【列表】|【属性】命令，打开【列表属性】对话框设置页面中有序列表的编号样式和开始数字，具体如下。

(1) 参考【例 3-18】介绍的方法，在网页中建立有序列表后，在设计视图中选中并右击列表，从弹出的菜单中选择【列表】|【属性】命令。

(2) 打开【列表属性】对话框，在弹出的列表中用户可以设置有序列表的编号样式，如图 3-40 所示。

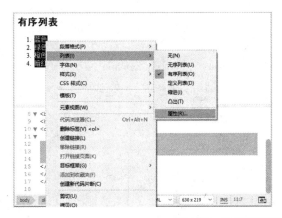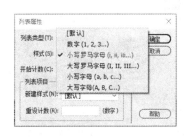

图 3-40　设置有序列表的编号样式

(3) 在【开始计数】文本框中输入有序列表的开始数字后，单击【确定】按钮。此时，设计视图中有序列表的效果如图 3-41 所示。

图 3-41　设置有序列表的开始数字

3.5.3　建立嵌套列表

嵌套列表是网页中常用的元素，使用<ul></ul>标签可以制作网页中的嵌套列表。

【例 3-19】在网页中建立嵌套列表。　视频

(1) 在网页中输入多段文本后，在设计视图中选中输入的文本，单击【属性】面板中的【编号列表】按钮，建立如图 3-42 所示的有序列表。

(2) 在代码视图中的有序列表标签中加入一对<ul></ul>标签，建立一个嵌套列表，如图 3-43 所示。

(3) 在如图 3-39 所示代码的基础上，再加入一对<ul></ul>标签，在嵌套列表中再建立一个嵌套列表。按下 F12 键在浏览器中预览网页，效果如图 3-44 所示。

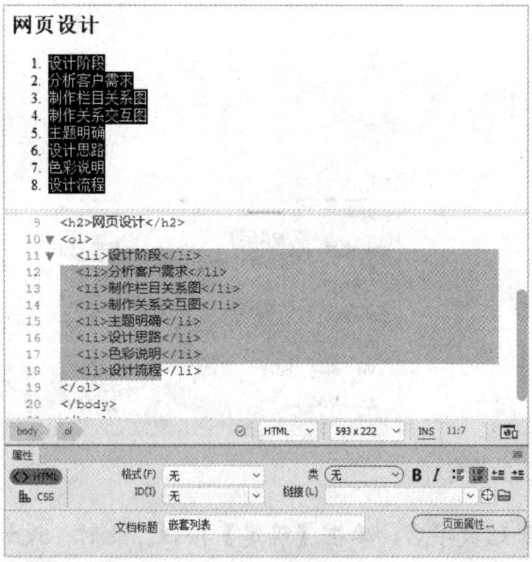

图 3-42　建立有序代码

图 3-43　建立嵌套列表

图 3-44　在网页中建立多重嵌套列表

3.5.4　建立自定义列表

在 HTML5 中用户还可以建立自定义列表，自定义列表的标签是<dl></dl>。

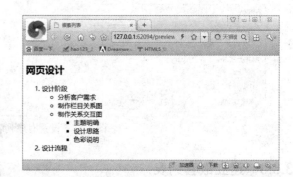【例 3-20】使用 Dreamweaver 在网页中建立自定义列表。　🎬 视频

(1) 在网页中输入多段文本后，选中页面中需要建立自定义列表的文本，右击鼠标，从弹出的菜单中选择【定义列表】命令，如图 3-45 所示。此时，将在代码视图中为选中的文本添加<dl></dl>标签。

```
<dl>
  <dt>主题明确</dt>
```

<dd>在目标明确的基础上，完成网站的构思创意。</dd>
<dt>设计思路</dt>
<dd>简洁实用，尽量以最高效率的方式呈现信息。</dd>
</dl>

(2) 按下 F12 键，在浏览器中查看自定义列表的效果，如图 3-46 所示。

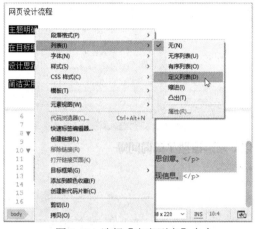

图 3-45　选择【定义列表】命令

图 3-46　自定义列表效果

3.6 设置段落格式

段落文本的放置与效果的显示会直接影响到页面的布局及风格。HTML5 中有关文本段落的格式设置需要靠 CSS 样式来实现，CSS 样式提供了文本属性来实现对页面中段落文本的控制。

3.6.1 设计单词间隔

单词之间的间隔如果设置合理，一是可以节省空间，二是可以给浏览者带来良好的视觉感受。在 CSS 中，用户可以使用 word-spacing 样式直接定义指定区域或者段落中字符之间的间隔。

word-spacing 用于设定词与词之间的间隔，即扩大或者缩小词与词之间的间隔。其语法格式如下。

word-spacing: normal | length

word-spacing 的属性值说明如表 3-6 所示。

表 3-6　word-spacing 的属性值说明

属　性　值	说　　　明
normal	定义单词之间的标准间隔
length	定义单词之间的固定间隔，可以是正值也可以是负值

【例 3-21】 在 Dreamweaver 中定义网页文本段落中的间隔。  视频

(1) 在网页中输入多段文本后，在代码视图中分别为每段文本设置 word-spacing 样式，如图 3-47 所示。

(2) 按下 F12 键预览网页，可以看到页面段落中单词之间以不同间隔显示，而中文文字之间的间隔没有发生变化，如图 3-48 所示。word-spacing 属性不能用于设定文字之间的间隔。

图 3-47　使用 word-spacing 属性　　　　图 3-48　定义单词之间的间隔

3.6.2　设置字符间隔

在一个网页中，还可能涉及多个字符文本，将字符文本之间的间隔，设置得和词之间的间隔一致，进而保持页面的整体性。词与词之间的间隔可以通过 word-spacing 属性进行设置，字符之间的间隔可以通过 litter-spacing 样式来设置。其语法格式如下：

```
letter-spacing : normal | length
```

litter-spacing 的属性值说明如表 3-7 所示。

表 3-7　litter-spacing 的属性值说明

属　性　值	说　　　明
normal	以字符之间的标准间隔显示
length	由浮点数字和单位标识符组成的长度值，可以是负值

【例 3-22】 在 Dreamweaver 中定义网页文本段落中字符的间隔。 视频

(1) 在网页中输入多段文本后，在代码视图中分别为每段文本设置 litter-spacing 样式，如图 3-47 左图所示。从代码中可以看出，通过 litter-spacing 样式定义了多种字符间隔的效果，这里特别需要注意的是：当设置字符间隔为-0.5ex 时，网页中的文本就会挤在一起。

(2) 此时，在设计视图中网页文本间隔以不同大小显示，如图 3-49 右图所示。

```
2 ▼ <html>
3 ▼ <head>
4   <meta charset="utf-2">
5   <title>字符间隔</title>
6   </head>
7 ▼ <body>
8 ▼ <h2>以下段落设置了字符间隔</h2>
10  <p style="letter-spacing: normal">Web Design</pan></p>
11  <p style="letter-spacing: 10px">Web Design</span></p>
12  <p style="letter-spacing: 2em">这段文字的字符间隔为2ex</p>
13  <p style="letter-spacing: -0.5ex">这段文字的字符间隔为-0.5ex</p>
14  <p style="letter-spacing: 2em">这段文字的字符间隔为2em</p>
15  </body>
```

以下段落设置了字符间隔

Web Design

W e b　D e s i g n

这 段 文 字 的 字 符 间 隔 为 2 e x

这段文字的字符间隔为0.5x

这 段 文 字 的 字 符 间 隔 为 2 e m

图 3-49　定义字符的间隔

3.6.3　设置文字修饰

在编辑网页中的文本时，有些文字需要突出重点，让浏览者特别关注。这时，除了在文本上使用下画线或删除线以外，还可以使用 text-decoration 文本修饰属性为页面提供多种文本修饰效果。其语法格式如下：

text-decoration:none||nuderline||blink||overline||line-through

text-decoration 的属性值说明如表 3-8 所示。

表 3-8　text-decoration 的属性值说明

属 性 值	说　　明
none	对文本不进行任何修饰
underline	以下画线的形式显示
overline	以上画线的形式显示
line-through	以删除线的形式显示

【例 3-23】 在 Dreamweaver 中设计网页文本中文字的修饰效果。 视频

(1) 在网页中输入多段文本后，在代码视图中分别为每段文本设置 text-decoration 样式，如图 4-50 左图所示。

(2) 此时，在设计视图中将显示网页文本中文字修饰后的效果，如图 3-50 右图所示。。

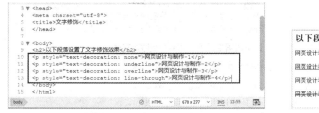

图 3-50　文字的修饰效果

3.6.4　设置垂直对齐方式

在网页文本编辑中，对齐有很多种方式，文字排在一行的中央位置叫“居中”，文章的标题和表格中的数据一般都居中排版。有时还要求文字垂直对齐，即文字顶部对齐，或者底部对齐。

在 CSS 中，可以直接使用 vertical-align 样式来设定垂直对齐方式。该属性可以是负长度值或百分比值。在网页表格的单元格中，这个属性用于设置单元格中内容的对齐方式。

vertical-align 样式的语法格式如下：

{vertical-align:属性值}

vertical-align 的属性值说明如表 3-9 所示。

表 3-9　vertical-align 的属性值说明

属 性 值	说 明
Baseline	元素放置在父元素的基线上
sub	垂直对齐文本的下标
super	垂直对齐文本的上标
top	把元素的顶端与行中最高元素的顶端对齐
text-top	把元素的顶端与父元素的顶端对齐
minddle	把此元素放置在父元素的中部
bottom	把元素的顶端与行中最低的元素的顶端对齐
text-bottom	把元素的底端与父元素的底端对齐
length	设置元素的堆叠顺序
%	使用"line-height"属性的百分比值来排列元素，可以是负值

【例 3-24】 在 Dreamweaver 中设置段落中文字的垂直对齐方式。 视频

(1) 在网页中输入两段文本后，在代码视图中为段落中的文本和图片设置垂直对齐方式，如图 3-51 左图所示。

(2) 按下 F12 键预览网页，网页中段落的效果如图 3-51 右图所示。

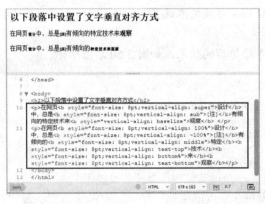
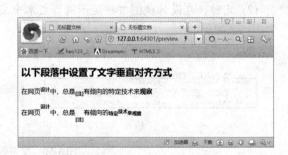

图 3-51　设置段落文字的垂直对齐方式

vertical-align 属性值还能使用百分比来设定垂直高度，该高度具有相对性，它是基于行高的值来计算的。百分比可以使用正值也可以使用负值，正百分比使文本上升，负百分比使文本下降。

3.6.5　设置水平对齐方式

一般情况下，居中对齐适用于标题类文本，其他对齐方式可以根据页面布局来使用。根据需要，可以设置多种对齐方式，如水平方向上的居中对齐、左对齐、右对齐或者两端对齐等。可以通过 text-align 样式完成水平对齐设置。其语法格式如下：

{text-align: sTextAlign}

text-align 的属性值说明如表 3-10 所示。

表 3-10　text-align 的属性值说明

属 性 值	说　　明
start	文本向行的开始边缘对齐
end	文本向行的结束边缘对齐
left	文本向行的左边缘对齐。在垂直方向的文本中，文本在 left-to-right 模式下向开始边缘对齐
right	文本向行的右边缘对齐。在垂直方向的文本中，文本在 left-to-right 模式下向结束边缘对齐
center	文本在行内居中对齐
justify	文本根据 text-justify 的属性设置方法分散对齐，即两端对齐，均匀分布
match-parent	继承父元素的对齐方式，但也有例外：继承的 start 或者 end 值是根据父元素的 direction 值进行计算的，因此计算的结果也有可能是 left 或者 right
<string>	string 是一个单个的字符；否则，就忽略此设置。按指定的字符进行对齐。此属性可以跟其他关键字同时使用，如果没有设置字符，则默认值为 end 方式
inherit	继承父元素的对齐方式

【例 3-25】 在 Dreamweaver 中设置网页段落中文本的水平对齐方式。　🎬 视频

(1) 在网页中输入两段文本后，在代码视图中为段落中的文本设置水平对齐方式，如图 3-52 左图所示。

(2) 按下 F12 键预览网页，网页中段落的效果如图 3-52 右图所示。

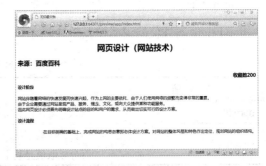

图 3-52　设置段落中文本的水平对齐方式

计算机基础与实训教材系列

3.6.6 设置文本缩进

在普通文档中的段落中，通常首行缩进两个字符，用来表示这是一个段落的开始。同样，在网页文本编辑过程中有时也需要设置这样的文本缩进。使用 text-indent 样式可以设置网页文本段落中的首行缩进，其代码格式如下。

text-indent : length

其中，length 属性值表示由百分比数字或由浮点数字和单位标识符组成的长度值，可以是负值。用户可以这样认为：text-indent 样式可以定义两种缩进方式：一种是直接定义缩进的长度；另一种是定义缩进百分比。使用该属性，HTML 任何标记都可以让首行以给定的长度或百分比缩进。

【例 3-26】 在 Dreamweaver 中设计网页段落中文本的缩进方式。 视频

(1) 在网页中输入 3 段文本后，在代码视图中为段落中的文本设置 text-indent 样式，如图 3-53 左图所示。

(2) 此时设计视图中段落的效果如图 3-53 右图所示。

 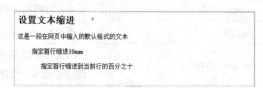

图 3-53 设置段落文字的缩进方式

提示

如果上级标签定义了 text-indent 属性，那么子标签可以继承其上级标签的缩进长度。

3.6.7 设置文本行高

在 CSS 中，line-height 样式用来设置行间距，即行高。其语法格式如下：

: normal | length

line-height 属性值的说明如表 3-11 所示。

表 3-11 text-align 的属性值说明

属 性 值	说 明
normal	默认行高，网页文本的标准行高
length	由百分比数字或由浮点数字和单位标识符组成的长度值，可以是负值。其百分比取值是基于文字的高度尺寸

【例 3-27】 在 Dreamweaver 中设置段落中文本的行高。 视频

(1) 在网页中输入 4 段文本后，在代码视图中为段落中的文本设置 line-height 样式，如图 3-54 左图所示。

(2) 按下 F12 键预览网页，网页中段落的效果如图 3-54 右图所示。

图 3-54　设置段落文本的行高

3.6.8　设置留白

使用 white-space 样式可以设置对象内空格字符的处理方式。其对文本的显示有着重要的影响。在标签上应用 white-space 样式可以影响浏览器对字符串或文本间空白的处理方式。其语法格式如下：

white-space :normal | pre | nowrap | pre-wrap | pre-line

white-space 属性值的说明如表 3-12 所示。

表 3-12　white-space 的属性值说明

属 性 值	说　　明
normal	网页中的空白会被浏览器忽略
pre	网页中的空白会被浏览器保留
nowrap	文本不会换行，直到遇到 标签
pre-wrap	保留空白符号序列，但是正常地进行换行
Pre-line	合并空白符号序列，但是保留换行符
inherit	规定应该从父元素继承 white-space 属性的值

【例 3-28】 在 Dreamweaver 中设置段落中文本的留白样式。 视频

(1) 在网页中输入多段文本后，在代码视图中为段落中的文本设置 white-space 样式，如图 3-55 左图所示。

(2) 按下 F12 键预览网页，网页中段落的效果如图 3-55 右图所示。

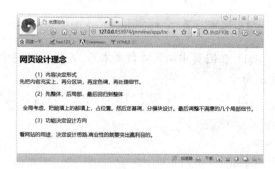

图 3-55 设置段落文本的留白效果

3.6.9 设置文本反排

在编辑网页文本时，通常英语文档的基本排列方向是从左至右。如果文档中某一段落的多个部分包含从右至左阅读的文本，则该文本的排列方向需要正确地显示为从右至左。使用 unicode-bidi 和 direction 两个样式可以解决文本反排的问题。

unicode-bidi 的语法格式如下：

unicode-bidi : normal | bidi-override | embed

unicode-bidi 的属性值说明如表 3-13 所示。

表 3-13 unicode -bidi 的属性值说明

属 性 值	说　明
normal	不使用附加的嵌入层面
bidi-override	创建一个附加的嵌入层面(重新排序取决于 direction)
embed	创建一个附加的嵌入层面

direction 用于设定文本流的方向，其语法格式如下：

direction : ltr | rtl | inherit

direction 的属性值说明如表 3-14 所示。

表 3-14 direction 的属性值说明

属 性 值	说　明
ltr	文本流从左到右
rtl	文本流从右到左
inherit	文本流的值不可继承

【例 3-29】 在 Dreamweaver 中设置网页段落文本的反排样式。 视频

(1) 在网页中输入一段文本后，在代码视图中为段落中的文本设置 unicode-bidi 和 direction 样式，

如图 3-56 左图所示。

(2) 按下 F12 键预览网页，网页中段落的效果如图 3-56 右图所示。

图 3-56　设置文本的反排

3.7　实例演练

本章的实例演练部分，将指导用户使用 Dreamweaver 制作一个网站导航栏。

【例 3-30】使用 Dreamweaver CC 2019 制作网站导航栏。 🎬视频

(1) 按下 Ctrl+N 键打开【新建文档】对话框，在【标题】文本框中输入"网站导航栏"，单击【创建】按钮，如图 3-57 所示，创建一个空白网页文档。

(2) 在代码视图下的<body></body>标签之间输入以下代码，在网页中建立一个无序列表：

```
<ul>
    <li><a href="http://www.baidu.com">首页</a></li>
    <li><a href="http://www.baidu.com">服装城</a></li>
    <li><a href="http://www.baidu.com">食品</a></li>
    <li><a href="http://www.baidu.com">团购</a></li>
    <li><a href="http://www.baidu.com">联系方式</a></li>
</ul>
```

(3) 在<head></head>标签之间定义 CSS，代码如下：

```
<style type="text/css">
    body,div,ul,li{padding:0px;margin:0px;}
    ul{list-style:none;}
    ul{width:1000px;margin:0 auto;background: #e64346;height:40px;margin-top: 100px;}
    ul li{float:left;height: 40px;line-height: 40px;text-align: center;}
    ul li a{font-size: 12px;text-decoration: none;height:40px;display: block;float: left;padding:0 10px;text-decoration: none;color:#fff;}
    ul li a:hover{background:   #a40000;}
</style>
```

(4) 按下 F12 键预览网页，效果如图 3-58 所示。

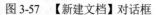

图 3-57　【新建文档】对话框

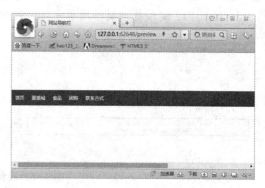

图 3-58　导航栏效果

3.8　习题

1. 简述使用 Dreamweaver 在网页中自定义列表的方法。
2. 简述在 Dreamweaver 中设置网页文本格式的方法。
3. 简述使用 Dreamweaver 在网页中插入水平线，并设置水平线属性的方法。
4. 练习使用 Dreamweaver 制作一个教育网页，并设计页面中的文本样式。
5. 练习使用 Dreamweaver 设计一个博客网页的结构，并在页面中输入必要的文本。

第4章

设计网页图像效果

图像是网页中最主要也是最常用的元素。图像在网页中往往具有画龙点睛的作用，能够装饰网页，表达网页设计者个人的风格。但如果在网页中插入的图片过多，网页的浏览速度会受到影响，导致浏览者失去等待网页中图片打开的耐心而离开。本章将结合 HTML5 的相关知识，介绍使用 Dreamweaver 在网页中插入与编辑图像的方法。

本章重点

- 网页中图像的路径
- 在网页中插入图像
- 排列网页中的图像
- 编辑网页中的图像
- 设置网页背景图像
- 制作鼠标经过图像

二维码教学视频

【例 4-1】 创建 Dreamweaver 本地站点
【例 4-2】 在网页中插入本地图片文件
【例 4-3】 在网页中插入网站图片
【例 4-4】 设置图像的高度和宽度
【例 4-5】 设置网页图像提示文字
【例 4-6】 裁切网页中的图像
【例 4-7】 使用 Photoshop 编辑图像
【例 4-8】 设置网页背景图像
【例 4-9】 设置排列网页中的图像
【例 4-10】 创建鼠标经过图像效果
【例 4-11】 制作图文混排网页

4.1 网页图像简介

图像是网页中最基本的元素之一，制作精美的图像可以大大改善网页的视觉效果。图像中所蕴含的信息量对于网页而言十分重要。使用 Dreamweaver 在网页中插入图像通常用于添加图形界面(如按钮)和创建具有视觉感染力的内容(如照片、背景等)等。

4.1.1 网页支持的图片格式

保持较高画质的同时尽量缩小图像文件的大小是图像文件应用在网页中的基本要求。在图像文件的格式中符合这种条件的有 GIF、JPG/JPEG、PNG 等。

▽ GIF：相比 JPG 或 PNG 格式，GIF 文件虽然相对比较小，但这种格式的图像文件最多只能显示 256 种颜色。因此，很少使用在照片等需要很多颜色的图像中，多使用在菜单或图标等简单的图像中。

▽ JPG/JPEG：JPG/JPEG 格式的图像比 GIF 格式的图像使用更多的颜色，因此适合用于体现照片图像。这种格式适合用于保存用数码相机拍摄的照片、扫描的照片或是使用多种颜色的图像。

▽ PNG：JPG 格式在保存时由于压缩会损失一些图像信息，但用 PNG 格式保存的文件与原图像几乎相同。

提示

网页中图像的使用会受到网络传输速度的限制，为了减少下载时间，一个页面中的图像文件大小最好不要超过 100KB。

4.1.2 图像中的路径

HTML 文档支持文字、图片、声音、视频等媒体格式，但是在这些格式中，除了文本是写在 HTML 中的，其他的都是嵌入式的，HTML 文档只记录这些文件的路径。这些媒体信息能否正确显示，路径至关重要。

路径的作用是定位一个文件的位置。文件的路径可以有两种表述方法：以当前文档为参照物表示文件的位置，即相对路径；以根目录为参照物表示文件的位置，即绝对路径。

为了方便介绍绝对路径和相对路径，下面以如图 4-1 所示的站点的目录结构为例。

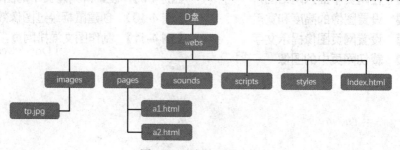

图 4-1 站点的目录结构

1. 绝对路径

以图 4-1 为例，在 D 盘的 webs 目录下的 images 下有一个 tp.jpg 图像，那么它的路径就是 D:\webs\images\tp.jpg，像这种完整地描述文件位置的路径就是绝对路径。如果将图片文件 tp.jpg 插入网页 index.html，绝对路径表示方式如下：

D:\webs\images\tp.jpg

如果使用了绝对路径 D:\webs\images\tp.jpg 进行图片链接，那么网页在本地计算机中将正常显示，因为在 D:\webs\images 文件夹中确实存在 tp.jpg 图片文件。但是将文档上传到网站服务器后，就不会正常显示了。因为服务器给用户划分的图片存放空间可能在其自身 D 盘的其他文件夹中，也可能在 E 盘的文件夹中。为了保证图片的正常显示，必须从 webs 文件夹开始，将图片文件和保存图片文件的文件夹放到服务器或其他计算机的 D 盘根目录中。

提示

通过上面的介绍用户会发现，如果链接的资源在本站点内，使用绝对路径对位置要求非常严格。因此，链接站内的资源不建议采用绝对路径，但链接其他站点的资源，则必须使用绝对路径。

2. 相对路径

所谓相对路径，顾名思义就是以当前位置为参考点，自己相对于目标的位置。例如，在 index.html 中链接图片文件 tp.jpg 就可以使用相对路径。index.html 和 tp.jpg 的路径根据如图 4-1 所示的目录结构图可以定位为：从 index.html 的位置出发(它和 images 属于同级，路径是通的，因此可以定位到 images)，到 images 文件夹下级的 tp.jpg 文件的路径。使用相对路径表示如下：

images/tp.jpg

使用相对路径，不论将这些文件放到哪里，只要 tp.jpg 和 index.html 的相对关系没有变，就不会出错。

在相对路径中，".."表示上一级目录，"../.."表示上一级的上一级目录，以此类推。例如，将 tp.jpg 图片插入 a1.html 文件中，使用相对路径表示如下：

../images/tp.jpg

通过上面的内容介绍用户会发现，路径分隔符使用了"/"和"\"两种，其中"\"表示本地分隔符，"/"表示网络分隔符。因为网站制作好后肯定是在网络上运行的，因此要求使用"/"作为路径分隔符。

有的用户可能会有这样的疑惑：一个网站有许多链接，怎么能保证它们的链接都正确，如果修改了图片或网页的存储路径，是不是会造成代码的混乱？此时，如果使用 Dreamweaver 的站点管理功能，不但可以将绝对路径自动转换为相对路径，并且在站点中改动文件路径时，与这些文件关联的路径都会自动更改。

【例 4-1】使用 Dreamweaver 站点管理功能，创建本章实例所用的站点 webs。　视频

(1) 参考图 4-1 在本地计算机的 D 盘创建站点目录。启动 Dreamweaver 后，选择【站点】|

【新建站点】命令，打开【站点设置对象】对话框，在【站点名称】文本框中输入"webs"，在【本地站点文件夹】文本框中输入"D:\webs"。

(2) 单击【保存】按钮，打开【文件】面板创建如图 4-2 所示的 webs 站点。

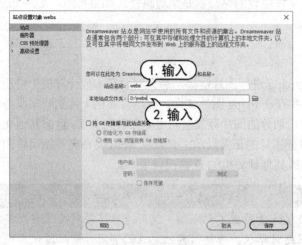

图 4-2 创建 webs 站点

(3) 最后，将图片文件 tp.jpg 复制到 D:\webs\images 文件夹中。

4.2 在网页中插入图像

在网页中插入图像可以起到美化网页的效果，在 HTML 中插入图像使用单标签<img>。该标签的属性及说明如表 4-1 所示。

表 4-1 img 标签的属性及说明

属　　性	值	说　　明
alt	text	定义有关图像的简短的描述
src	URL	定义要显示的图像的 URL
height	pixels%	定义图像的高度
ismap	URL;	把图像定义为服务器端的图像映射
usemap	URL	定义作为客户端图像映射的一幅图像
vspace	pixels	定义图像顶部和底部的空白
width	Pixels%	定义图像的宽度

1．插入本地图片文件

src 属性用于指定图片源文件的路径，它是 img 标记必不可少的属性。语法格式如下：

```
<img src="图片路径">
```

图片的路径可以是绝对路径，也可以是相对路径。下面用一个实例介绍在如图 4-1 所示 index.html 文件中插入 tg.jpg 图片文件的方法。

【例 4-2】在站点 webs 中创建 index.html 文件并在其中插入图片文件 tg.jpg。　🎬视频

(1) 继续【例 4-1】的操作，在【文件】窗口中右击站点根目录，从弹出的菜单中选择【新建文件】命令，创建一个新的网页文件，并将其命名为 index.html，如图 4-3 所示。

(2) 双击【文件】面板中的 index.html 文件将其在文档窗口中打开，选择【插入】| Image 命令，打开【选择图像源文件】对话框，选中 D:\webs\images 文件夹中的 tp.jpg 文件，如图 4-4 所示。

图 4-3　创建 index.html 文件　　　　　　　图 4-4　【选择图像源文件】对话框

(3) 单击【确定】按钮，即可在 index.html 文件中插入图片文件 tp.jpg，并在代码视图中添加<img>标签如下(见图 4-5)。

```
<img src="images/tp.jpg" width="437" height="656" alt=""/>
```

(4) 按下 F12 键通过浏览器预览网页，效果如图 4-6 所示。

图 4-5　在网页中插入图片　　　　　　　图 4-6　在浏览器中预览网页图像效果

2. 从不同位置插入图像

制作网页时，用户也可以将网络中其他文件夹或服务器中的图片插入网页中。

【例 4-3】在网页中插入来自网站的图片。　🎬视频

计算机基础与实训教材系列

(1) 使用浏览器打开一个图片素材网站,在选择一个图片素材后,右击鼠标,从弹出的菜单中选择【复制图片地址】命令,如图 4-7 所示,复制图片的地址。

(2) 在 Dreamweaver 中按下 Ctrl+N 组合键创建一个空白网页,在代码视图中输入<img>标签,并在 "src=" 属性后粘贴 "步骤 1" 中复制的图片地址,如图 4-8 所示。

图 4-7　复制图片地址

图 4-8　在<img>标签中插入图片网址

(3) 按下 F12 键,即可通过浏览器预览网页,效果与如图 4-6 所示一致。

4.3　编辑网页中的图像

在网页中插入图像后,用户既可以根据网页设计需要改变图像的高度与宽度,也可以为图像设置提示文字,或者利用 Dreamweaver 的图像编辑功能,裁剪图像,并设置图像的亮度、对比度和锐化效果。

4.3.1　设置网页图像的高度和宽度

在 Dreamweaver 中,用户在设计视图中选中插入的图像后,在【属性】面板中可以设置图像的高度和宽度。在 HTML 中,图像一般是按原尺寸显示,但也可以根据需要调整显示尺寸。设置图像的显示尺寸可以分别使用 width 属性和 height 属性。下面通过一个实例详细介绍方法。

【例 4-4】在 Dreamweaver 中设置网页中插入图像的高度和宽度。 视频

(1) 继续【例 4-2】的操作,在设计视图中选中页面中的图像,在【属性】面板中单击【切换尺寸约束】按钮🔒,将其状态设置为🔓,然后在【宽】文本框中输入 200,在【高】文本框中输入 300,然后单击【提交图像大小】按钮✔,如图 4-9 所示。

(2) 在弹出的对话框中单击【确定】按钮,如图 4-10 所示,即可改变图像的显示尺寸。

图 4-9　通过【属性】面板设置图像的宽度和高度

图 4-10　提示图像显示尺寸发生改变

(3) 此时，在代码视图中将在<img>标签中添加以下 width 属性和 height 属性：

```
<img src="images/tp.jpg" width="200" height="300"/>
```

通过以上实例可以看到，图片的显示尺寸是由 width(宽度)和 height(高度)两个属性控制的。在 Dreamweaver 中设置网页图像的显示尺寸，【属性】面板中【切换尺寸约束】按钮的状态决定图像的高度和宽度是否成比例显示(即改动其中任何一个属性的值后，另一个值是否根据图像的原始比例自动发生变化)。

> **提示**
>
> 网页图像的显示尺寸单位可以选择百分比或数值。百分比为相对尺寸，数值是绝对尺寸。在如图 4-9 所示的 Dreamweaver【属性】面板中，用户可以通过单击【宽】或【高】文本框后的下拉按钮，选择图像的显示尺寸单位采用百分比或数值。

4.3.2　设置网页图像的提示文字

图像提示文字的作用有两个：其一是当浏览网页时，如果图像下载完成，将鼠标指针放置在图像上，鼠标指针旁边会出现提示文字，为图像提供说明；其二是如果图像没有成功下载，在图像的位置上显示提示文字。

用户可以使用 title 属性为网页图像设置提示文字，使用 alt 属性为网页设置未成功加载的提示文字。下面通过一个简单的实例介绍具体方法。

☞ **【例 4-5】** 在 Dreamweaver 中为网页中的图像设置提示文字。　🎬 视频

(1) 继续【例 4-2】的操作，在设计视图中选中页面中的图像，在【属性】面板的【标题】文本框中输入"来自 pexels 的图片"，在【替换】文本框中输入"图像未成功加载"，如图 4-11 所示。

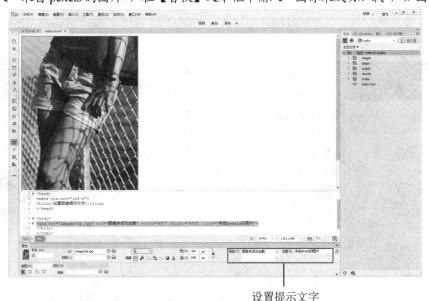

设置提示文字

图 4-11　在 Dreamweaver 中为图像设置替换文字和标题文字

(2) 此时，在代码视图的<img>标签中将添加以下 title 属性:

<img src="images/tp.jpg" alt="图像未成功加载" width="437" height="656" title="来自 pexels 的图片">

(3) 按下 F12 键预览网页，若页面中的图像被正常加载，当鼠标放置在网页图像上，将显示如图 4-12 左图所示的提示文字；若页面中的图像未正常加载，网页将显示如图 4-12 右图所示的提示文字。

图 4-12　网页中的提示文字

4.3.3　在 Dreamweaver 中编辑图像效果

Dreamweaver 提供了基本的图像编辑功能，用户无须使用外部图像编辑应用程序(例如 Photoshop)也可修改图像的效果。用户可以在 Dreamweaver 中对图像进行重新取样并裁切、优化和锐化图像，或者调整图像的亮度和对比度。

1. 优化图像

在 Dreamweaver 设计视图中选中网页中的图像后，选择【编辑】|【图像】|【优化】命令(或者单击【属性】面板中的【编辑图像设置】按钮✐)，可以打开【图像优化】对话框，在该对话框的【格式】下拉列表中可以设置网页图像的格式，如图 4-13 所示，拖动对话框中的【品质】滑块可以设置网页图像的显示品质，如图 4-14 所示。

图 4-13　设置图像格式　　　　　　　　图 4-14　调整图像的显示品质

2. 重新取样

在 Dreamweaver 中调整网页图像的高度和宽度后，用户可以选择【编辑】|【图像】|【重新取样】命令(或者单击【属性】面板中的【重新取样】按钮），使图像适应新的尺寸。对图像进

行重新取样以取得更高的分辨率一般不会导致图像品质下降。但如果需要通过重新取样以取得较低的分辨率的图像,则通常会导致图像数据丢失,图像的品质下降。

3. 裁切图像

在 Dreamweaver 设计视图中选中一个图像后,选择【编辑】|【图像】|【裁切】命令(或者单击【属性】面板中的【裁切】按钮口),可以对图像执行裁切操作。

【例 4-6】在 Dreamweaver 裁切网页中的图像。 ◎视频

(1) 在网页中选中需要裁切的图像后,单击【属性】面板中的【裁切】按钮口,然后将鼠标放置于图像四周显示的控制点上,按住左键拖动,调整图像四周的裁切线,如图 4-15 所示。

(2) 按下 Enter 键,即可裁切页面中的图像,效果如图 4-16 所示。

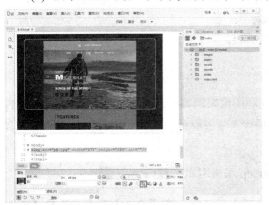

图 4-15　裁切图像　　　　　　　　　　图 4-16　图像裁切效果

4. 调整图像的亮度和对比度

在 Dreamweaver 中用户可以选择【编辑】|【图像】|【亮度/对比度】命令(或在设计视图中选中图像后单击【属性】面板中的【亮度和对比度】按钮◎)修改图像的对比度或亮度。亮度和对比度会影响图像的高亮、阴影和中间色调,如图 4-17 所示。

图 4-17　调整图像的亮度和对比度

5. 锐化图像

选中设计视图中的图像后,选择【编辑】|【图像】|【锐化图像】命令(或者单击【属性】面板中的【锐化】按钮△),可以对图像做锐化处理。锐化将提高图像边缘的像素的对比度,从而提高图像清晰度,如图 4-18 所示。

计算机基础与实训教材系列

图 4-18　设置网页图像锐化效果

4.3.4　在 Photoshop 中编辑图像效果

在 Dreamweaver 中制作网页时，用户可以在外部图像编辑器(例如 Photoshop)中打开选定的图像。在保存经过编辑的图像文件并返回 Dreamweaver 后，可以在文档窗口中看到对图像做出的所有更改。

【例 4-7】在 Dreamweaver 中设置使用 Photoshop 编辑网页图像。　🔘 视频

(1) 选择【编辑】|【首选项】命令，打开【首选项】对话框，在【分类】列表中选择【文件类型/编辑器】选项，在显示的选项区域中单击【编辑器】列表框上的➕按钮，如图 4-19 所示。

(2) 打开【选择外部编辑器】对话框，选中 Photoshop 软件的启动文件，然后单击【打开】按钮，如图 4-20 所示。

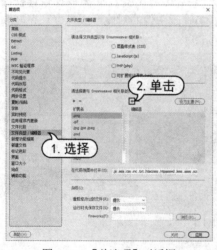

图 4-19　【首选项】对话框

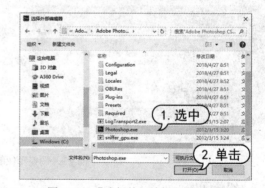

图 4-20　【选择外部编辑器】对话框

(3) 返回【首选项】对话框，依次单击【应用】和【关闭】按钮。

(4) 在 Dreamweaver 设计视图中选中需要编辑的图像后，选择【编辑】|【图像】|【编辑以】|

Photoshop 命令(或者单击【属性】面板中的【编辑】按钮 Ps)，即可启动 Photoshop 软件编辑图像，如图 4-21 所示。

图 4-21　通过 Dreamweaver 启动 Photoshop

(5) 在 Photoshop 中对图像进行处理后，选择【文件】|【存储为】命令，打开【存储为】对话框将图像保存。返回 Dreamweaver，网页中的图像效果也将发生变化。

4.4　设置网页背景图像

在网页中插入图像时，用户可以根据需要将一些图像设置为网页背景。gif 和 jpg 文件均可用作网页背景。如果图像小于页面，图像会在页面中重复显示。

【例 4-8】 在 Dreamweaver 中为网页设置背景图像。 ◎视频

(1) 创建一个空白网页后，在【属性】面板中单击【页面设置】按钮，打开【页面属性】对话框，在该对话框中单击【背景图像】文本框后的【浏览】按钮，如图 4-22 所示。

(2) 打开【选择图像源文件】对话框，选择一个用作网页背景的图像后，单击【确定】按钮。返回【页面属性】对话框，单击【应用】和【确定】按钮，即可为网页设置背景图像，如图 4-23 所示。

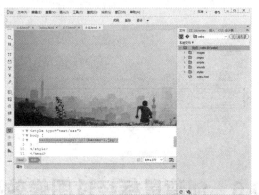

图 4-22　【页面属性】对话框　　　　　图 4-23　为网页设置背景图像

(3) 此时，代码视图中的网页代码如下：

```
<!doctype html>
<html>
<head>
<title>设置网页背景图像</title>
<style type="text/css">
body {
    background-image: url(banner-1.jpg);
}
</style>
</head>
<body>
</body>
</html>
```

4.5 排列网页中的图像

当用户在网页文本中插入图像后，可以对图像进行排序。常用的排序方式有居中、底部对齐、顶部对齐 3 种。

【例 4-9】 在 Dreamweaver 中设置排列网页中的图像。 视频

(1) 在网页中输入文本并在文本中插入图像，然后在代码视图中为<img>标签设置 align 属性，分别设置为底部对齐(bottom)、居中(middle)和顶部对齐(top)，如图 4-24 左图所示。

(2) 按下 F12 键，在浏览器中预览网页效果，如图 4-24 右图所示。

图 4-24　图片在文本中的对齐方式

4.6 创建鼠标经过图像效果

浏览网页时经常看到当光标移动到某个图像上方后，原图像变换为另一个图像，如图 4-25

所示，而当光标离开后又变回原图像的效果。根据光标移动来切换图像的这种效果称为鼠标经过图像效果，而应用这种效果的图像称为鼠标经过图像。在很多网页中为了进一步强调菜单或图像，经常使用鼠标经过图像效果。

 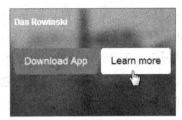

图 4-25　鼠标经过图像效果

下面将通过一个实例，介绍使用 Dreamweaver 在网页中创建鼠标经过图像效果的具体方法。

【例 4-10】 使用 Dreamweaver 在网页中创建鼠标经过图像效果。　🎬 视频

(1) 将鼠标指针插入网页中需要创建鼠标经过图像的位置。按下 Ctrl+F2 组合键打开【插入】面板，单击其中的【鼠标经过图像】按钮，如图 4-26 所示。

(2) 打开【插入鼠标经过图像】对话框，单击【原始图像】文本框后的【浏览】按钮，如图 4-27 所示。

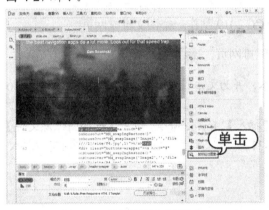 

图 4-26　使用【插入】面板　　　　　图 4-27　【插入鼠标经过图像】对话框

(3) 打开【原始图像】对话框，选择一张图像作为网页打开时显示的基本图，如图 4-28 所示。

(4) 单击【确定】按钮，返回【插入鼠标经过图像】对话框，单击【鼠标经过图像】文本框后的【浏览】按钮。

(6) 打开【鼠标经过图像】对话框，选择一张图像，作为当鼠标指针移动到图像上方时显示的替换图像，如图 4-29 所示。

 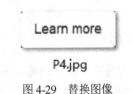

P3.jpg　　　　　　　　　　　　　　　　　　P4.jpg

图 4-28　基本图　　　　　　　　　　图 4-29　替换图像

（7）单击【确定】按钮，返回【插入鼠标经过图像】对话框，然后再单击【确定】按钮。

（8）按下 F12 键，在打开的提示对话框中单击【是】按钮，保存并预览网页，即可查看网页中鼠标经过图像的效果。

【插入鼠标经过图像】对话框中各选项的功能说明如下。

▽ 【图像名称】文本框：用于指定鼠标经过图像的名称，在不是由 JavaScript 等控制图像的情况下，可以使用软件自动赋予的默认图像名称。

▽ 【原始图像】文本框：用于指定网页打开时的基本图。

▽ 【鼠标经过图像】文本框：用于指定鼠标光标移动到图像上方时所显示的替换图像。

▽ 【替换文本】文本框：用于指定鼠标光标移动到图像上方时显示的文本。

▽ 【按下时，前往的 URL】文本框：用于指定单击鼠标经过图像时跳转网页的地址或文件名称。

网页中的鼠标经过图像实质是通过 JavaScript 脚本完成的，在<head>标签中添加的代码由 Dreamweaver 软件自动生成，分别定义了 MM_swapImgRestore()、MM_swapImage() 和 MM_preloadImages()这 3 个函数。

4.7 实例演练

本章的实例演练将指导用户使用 Dreamweaver CC 2019 制作一个图文混排网页。

【例 4-11】 使用 Dreamweaver 制作一个图文混排网页。 🎬视频

（1）创建一个空白网页，在设计视图中输入文本，并为文本设置标题和段落格式，如图 4-30 所示。

（2）将鼠标指针置于页面中的文本之前，选择【插入】| Image 命令，打开【选择图像源文件】对话框，在该对话框中选择一个图像文件，如图 4-31 所示，单击【确定】按钮，在网页中插入图像。

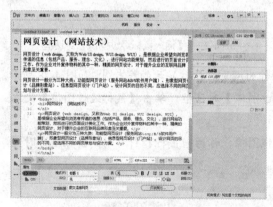

图 4-30　在网页中输入文本

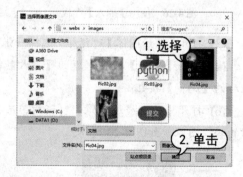

图 4-31　【选择图像源文件】对话框

（3）选中网页中插入的图像，单击【属性】面板中的【切换尺寸约束】按钮 🔓，将其状态设置为 🔒，然后在【宽】文本框中输入 300，如图 4-32 所示，设置图像宽度。此时，Dreamweaver

将自动为图像设置高度。

(4) 在代码视图中的<img>标签中添加 align 属性(align="left")，设置图像在水平方向靠左对齐，如图 4-33 所示：

```
<img src="images/Pic04.jpg" width="300" height="288" align="left" alt=""/>
```

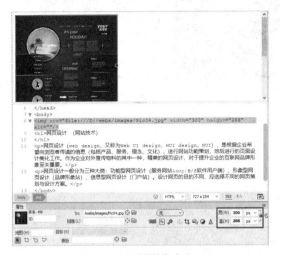

图 4-32　设置图像大小　　　　　　　　　　图 4-33　设置图片在水平方向靠左对齐

(5) 在<img>标签中添加 hspace 属性(hspace="20")，设置图像的外边框，如图 4-34 所示：

```
<img src="images/Pic04.jpg" width="300" height="288" align="left" hspace="20" alt=""/>
```

(6) 选择【文件】|【页面属性】命令，打开【页面属性】对话框，在【分类】列表框中选择【外观(HTML)】选项，单击【背景图像】文本框后的【浏览】按钮，打开【选择图像源文件】对话框，选择一个图像文件作为网页的背景图像，单击【确定】按钮。

(7) 返回【页面属性】对话框，单击【确定】按钮，如图 4-35 所示，为网页设置背景图像。此时，将在代码视图中为<body>标签添加 background 属性：

```
<body background="images/bj.jpg">
```

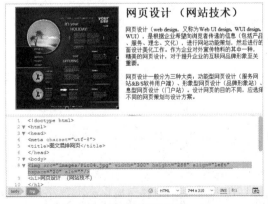

图 4-34　设置图像外边框　　　　　　　　　　图 4-35　设置网页背景图像

计算机基础与实训教材系列

(8) 此时，按下 F12 键在浏览器中预览网页，效果如图 4-36 所示。

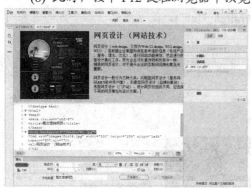

图 4-36　图文混排网页效果

(9) 代码视图中的网页代码如下：

```
<!doctype html>
<html>
<head>
<meta charset="utf-8">
<title>图文混排网页</title>
</head>
<body background="images/bj.jpg">
<img src="images/Pic04.jpg" width="300" height="288" align="left" hspace="20" alt=""/>
<h1>网页设计 (网站技术)</h1>
</h1>
<p>网页设计(web design，又称为 Web UI design，WUI design，WUI)，是根据企业希望向浏览者传递的信息(包括产品、服务、理念、文化)，进行网站功能策划，然后进行的页面设计美化工作。作为企业对外宣传物料的其中一种，精美的网页设计，对于提升企业的互联网品牌形象至关重要。</p>
<p>网页设计一般分为三种大类：功能型网页设计(服务网站&B/S 软件用户端)、形象型网页设计(品牌形象站)、信息型网页设计(门户站)。设计网页的目的不同，应选择不同的网页策划与设计方案。</p>
</body>
</html>
```

4.8 习题

1. 简述网页中图像没有正常显示的常见原因。

2. 制作网页时，什么情况下使用绝对路径，什么情况下使用相对路径？

3. 练习使用 Dreamweaver 在网页中插入图像。

4. 练习使用 Dreamweaver 编辑网页中的图像。

5. 练习制作一个由文本和 4 张图片构成的图文混排网页(页面中图片成对排列)。

第5章

建立超链接

当网页制作完成后，需要在页面中创建链接。使网页能够与网络中的其他页面建立联系。链接是一个网站的"灵魂"，网页设计者不仅要知道如何去创建页面之间的链接，更应了解链接地址的真正意义。

本章重点

- 超链接的类型和路径
- 创建文本和图像链接
- 使用热点区域
- 创建下载和电子邮件链接
- 使用浮动框架

二维码教学视频

【例5-1】 创建文本链接
【例5-2】 创建图像链接
【例5-3】 创建下载链接
【例5-4】 创建电子邮件链接
【例5-5】 设置超链接打开方式
【例5-6】 使用相对路径和绝对路径
【例5-7】 使用浮动框架
【例5-8】 创建图片热点区域
【例5-9】 制作电子书阅读网页

5.1 超链接的基础知识

超链接是网页重要的组成部分,其本质上属于一个网页的一部分。各个网页链接在一起后,才能真正构成一个网站。

5.1.1 超链接的类型

超链接与 URL,以及网页文件的存放路径是紧密相关的。URL 可以简单地称为网址,顾名思义,就是 Internet 文件在网上的地址。定义超链接其实就是指定一个 URL 地址来访问它指向的 Internet 资源。URL(Uniform Resouce Locator,统一资源定位器)是使用数字和字母按一定顺序排列来确定的 Internet 地址,由访问方法、服务器名、端口号,以及文档位置组成(格式为 Access-method :// server-name:port / document-location)。在 Dreamweaver 中,用户可以创建下列几种类型的链接。

▽ 页间链接:用于跳转到其他文档或文件,如图形、电影、PDF 或声音文件等。

▽ 页内链接:也称为锚记链接,用于跳转到本站点指定文档的位置。

▽ E-mail 链接:用于启动电子邮件程序,允许用户书写电子邮件,并发送到指定地址。

▽ 空链接及脚本链接:空链接用于向页面上的对象或文本附加行为;脚本链接用于创建一个执行 JavaScript 代码的链接。

5.1.2 超链接的路径

从作为链接起点的文档到作为链接目标的文档之间的文件路径,对于创建链接至关重要。一般来说,链接路径可以分为绝对路径和相对路径两类。

1. 绝对路径

绝对路径指包括服务器协议在内的完全路径,示例代码如下。

```
http://www.xdchiang/dreamweaver/ index.htm
```

使用绝对路径与链接的源端点无关,只要目标站点地址不变,无论文档在站点中如何移动,都可以正常实现跳转而不会发生错误。如果需要链接当前站点之外的网页或网站,就必须使用绝对路径。

需要注意的是,绝对路径链接方式不利于测试。如果在站点中使用绝对路径地址,要想测试链接是否有效,必须在 Internet 服务器端进行。此外,采用绝对路径不利于站点的移植。例如,一个较为重要的站点,可能会在几个服务器上创建镜像,同一个文档也就有几个不同的网址,要将文档在这些站点之间移植,必须对站点中的每个使用绝对路径的链接进行一一修改,这样才能达到预期目的。

2. 相对路径

相对路径包括根相对路径(Site Root)和文档相对路径(Document)两种。

▽ 根相对路径：使用 Dreamweaver 制作网页时，需要选定一个文件夹来定义一个本地站点，模拟服务器上的根文件夹，系统会根据这个文件夹来确定所有链接的本地文件位置，而根相对路径中的根就是指这个文件夹。

▽ 文档相对路径：文档相对路径就是指包含当前文档的文件夹，也就是以当前网页所在文件夹为基础来计算的路径。文档相对路径(也称相对根目录)的路径以"/"开头。路径从当前站点的根目录开始计算(例如，在 C 盘 Web 目录建立的名为 Web 的站点，这时 /index.htm 路径为 C:\Web\index.htm。文档相对路径适用于链接内容需要频繁更换的网页文件中，使用文档相对路径后即使站点中的文件被移动了，链接仍可以生效，但是仅限于在该站点中)。

5.2 创建网页超链接

创建超链接所使用的 HTML 标签是<a></a>。超链接中最重要的两个要素是，设置为超链接的网页元素和超链接指向的目标地址，其基本结构如下：

```
<a href=URL>网页元素</a>
```

<a>标签的主要属性及说明如表 5-1 所示。

表 5-1 <a>标签的属性及说明

属 性	值	说 明
href	URL	链接的目标 URL
rel	alternate、archives、author、bookmark、contact、external、first、help、icon、index、last、license、next、nofollow、noreferrer、pingback、prefetch、prev、search、stylesheet、sidebar、tag、up	规定当前文档与目标 URL 之间的关系(仅在 href 属性存在时可使用)
hreflang	language_code	规定目标 URL 的基准语言(仅在 href 属性存在时可使用)
media	media query	规定目标 URL 的媒介类型(仅在 href 属性存在时可使用)
target	_blank、_parent、_self、_top	在何处打开目标 URL(仅在 href 属性存在时可使用)
type	mime_type	规定目标 URL 的 MIME 类型(仅在 href 属性存在时可使用)

5.2.1 创建文本链接

文本链接是网页制作中使用最频繁也是最主要的元素。为了实现跳转到与文本相关内容的页面，往往需要创建文本链接。

1. 什么是文本链接

浏览网页时，将鼠标指针放置在页面中的一些文本上时，会看到文字下方带下画线，同时鼠标指针变为手状。此时，单击鼠标将打开一个网页，这样的链接就是文本链接，如图 5-1 所示。

2. 创建文本链接的方法

使用<a>标签可以创建文本链接，<a>标签处需要定义锚点来指定链接目标。锚点(anchor)有两种用法，具体如下。

▽ 通过使用 href 属性，创建指向另外一个文档的链接(或超链接)。使用 href 属性的代码格式如下：

```
<a href="链接地址">创建链接的文本</a>
```

▽ 通过使用 name 或 id 属性，创建一个文档内部的标签(可以创建指向文档片段的链接)。使用 name 属性的格式代码如下：

```
<a name="value">创建链接的文本</a>
```

name 属性用于指定锚点的名称。name 属性可以用于创建(大型)文档的书签。

使用 id 属性的代码格式如下：

```
<a id="value">创建链接的文本</a>
```

👉 **【例 5-1】** 使用 Dreamweaver 在网页中创建一个指向另外一个文档的文本链接。📹 视频

(1) 选中网页中需要创建链接的文本，单击【属性】面板中【链接】文本框后的【浏览文件】按钮🗁(或右击鼠标，从弹出的菜单中选择【创建链接】命令)，打开【选择文件】对话框，选中一个网页文件(例如 HTML5.html 文件)，如图 5-2 所示。

(2) 单击【确定】按钮，即可创建一个文本链接。此时，将在代码视图中添加标签<a>：

```
<p><a href="file:///C|/Users/miaof/新建文件夹/HTML5.html">HTML5 基础知识</a></p>
```

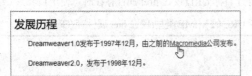

发展历程

Dreamweaver1.0发布于1997年12月，由之前的Macromedia公司发布。

Dreamweaver2.0，发布于1998年12月。

图 5-1　网页中的文本链接

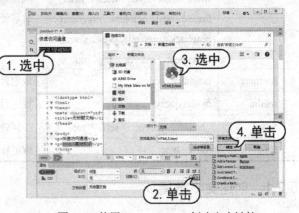

图 5-2　使用 Dreamweaver 创建文本链接

此外，使用 href 属性还可以创建网站内的文本链接。比如，在网页中做一些知名网站的友情链接。在 Dreamweaver 设计视图中输入并选中一段文本后，在【属性】面板中直接输入网站地址(例如 http://www.baidu.com)，如图 5-3 所示。将在代码视图中添加以下代码：

```
<p><a href="http://www.baidu.com">百度</a></p>
```

使用浏览器打开网页，即可查看文本链接在网页中的效果，如图 5-4 所示。

图 5-3　设置网站内文本链接

图 5-4　文本链接在网页中的效果

 提示

链接地址前的 http:// 不可省略。

5.2.2　创建图像链接

在网页中浏览内容时，若将鼠标移到图像上，鼠标指针变成手形，单击会打开一个网页，这样的链接就是图像链接。

使用<a>标签可以创建图像链接，代码格式如下：

```
<a href="链接目标"><img scr="图片"/></a>
```

【例 5-2】使用 Dreamweaver 在网页中创建一个图像链接。 📹视频

(1) 在网页中插入图像后，选中该图像，在【属性】面板的【链接】文本框中输入图像链接网址，然后单击【目标】下拉按钮，从弹出的列表中选择 new 选项，设置图像链接将在新的浏览器窗口中被打开，如图 5-5 所示。

(2) 此时，将在代码视图中添加以下代码：

```
<p><a href="https://www.freelancer.com" target="new"><img src="logo.png" width="234"
height="75"></a></p>
```

(3) 按下 F12 键，在浏览器中预览网页效果，若单击页面中的图像，将打开一个新窗口访问链接的页面，如图 5-6 所示。

计算机基础与实训教材系列

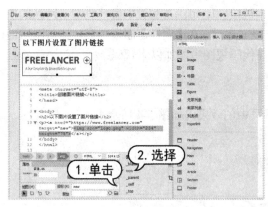

图 5-5　设置图像链接　　　　　　　　　图 5-6　图像链接效果

5.2.3　创建下载链接

超链接标记的 href 属性值可以是任何有效文档的相对或绝对 URL，其目标可以是各种类型的文件，如图片文件、声音文件、视频文件、文本文件等(例如 Office 文件)。如果是浏览器能够识别的类型，会直接在浏览器中显示；如果是浏览器不能识别的类型，在浏览器中一般会弹出提示对话框，提示下载。

【例 5-3】使用 Dreamweaver 在网页中创建一个下载链接。　　视频

(1) 选中网页中的一段文本后，在【属性】面板中单击【链接】文本框后的【浏览】按钮🗀，如图 5-7 左图所示。

(2) 打开【选择文件】对话框，选择一个 Word 文件，然后单击【确定】按钮，如图 5-7 右图所示。

图 5-7　为文本设置下载链接

(3) 此时，将在代码视图中添加<a>标签：

```
<p><a href="个人房屋租赁合同.docx">链接 Word 文档</a></p>
```

(4) 按下 F12 键，在浏览器中预览网页效果。单击页面中的链接文本，浏览器将打开【新建下载任务】对话框，单击该对话框中的【下载】按钮即可下载文件，如图 5-8 所示。

图 5-8　下载链接效果

5.2.4　设置电子邮件链接

在设置了电子邮件链接的网页中，当浏览者单击某个链接后，将自动打开电子邮件客户端软件，例如 Outlook 或 Foxmail 等，向某个特定的电子邮箱发送邮件。设置电子邮件链接的代码格式如下：

```
<a href="mailto:电子邮件地址">网页对象</a>
```

【例 5-4】 使用 Dreamweaver 在网页中创建一个电子邮件链接。 🎬视频

(1) 在设计视图中选中网页中的一段文本，在【属性】面板的【链接】文本框中输入：mailto:miaofa@sina.com，如图 5-9 所示。

(2) 按下 F12 键，在浏览器中预览网页效果，单击页面中的电子邮件链接，将启动电子邮件客户端软件，并自动填写邮件的收件人地址，如图 5-10 所示。

图 5-9　设置电子邮件链接　　　　　图 5-10　电子邮件链接效果

(3) 在 Dreamweaver 代码视图中将添加以下代码：

```
<p><a href="mailto:miaofa@sina.com">站长信箱</a></p>
```

5.2.5　设置以新窗口打开超链接

在默认情况下，当浏览者单击网页中的超链接时，目标页面会在浏览器的当前窗口中显示，

替换当前页面的内容。如果要使超链接的目标页面在一个新的浏览器窗口中打开,就需要使用<a>标签的 target 属性。target 属性的代码格式如下:

```
<a target="value">
```

target 属性有_parent、_blank、_self、_top 4 个属性值可用,其各自的说明如表 5-2 所示。

表 5-2　target 的属性值说明

属　性　值	说　　　明
_parent	在上一级窗口中打开
_blank	在新窗口中打开
_self	在同一个窗口中打开
_top	在浏览器整个窗口中打开

【例 5-5】 在 Dreamweaver 中设置以不同方式打开网页中的超链接。 视频

(1) 在网页中创建一个链接到"百度"(http://www.baidu.com)的超链接,如图 5-11 所示。

(2) 在代码视图中为<a>标签设置 target 属性:

```
<p><a href="http://www.baidu.com" target="_blank">访问百度 </a></p>
```

(3) 按下 F12 键预览网页,单击页面中的"访问百度"链接,将在新的窗口中打开链接的页面,如图 5-12 所示。

图 5-11　在页面中设置超链接

图 5-12　在新窗口中打开链接网页

(4) 如果将 target 属性中的_blank 换成_self,即将代码修改为:

```
<p><a href="http://www.baidu.com" target="_self">访问百度 </a></p>
```

单击链接后,则直接在当前窗口中打开超链接。

5.2.6　使用相对路径和绝对路径

绝对路径一般用于访问非同一台服务器上的资源,相对路径一般用于访问同一台服务器上相

同文件夹或不同文件夹中的资源。如果访问相同文件夹中的文件，只需要写文件名；如果访问不同文件夹中的资源，路径以服务器的根目录为起点，指明文档的相对关系，由文件夹名和文件名两部分构成。

【例 5-6】在 Dreamweaver 中使用绝对路径和相对路径创建超链接。 视频

(1) 使用 Dreamweaver 创建一个网页，在页面中输入多段文本后，选择【文件】|【另存为】命令，打开【另存为】对话框，单击该对话框中的【站点根目录】按钮，将网页文件保存至站点的根目录中，如图 5-13 所示。

(2) 在【文件】面板中右击站点的根目录，从弹出的菜单中选择【新建文件】命令，创建网页文件 a1.html；右击 pages 文件夹，从弹出的菜单中选择【新建文件】命令，创建另一个网页文件 a2.html，如图 5-14 所示。

图 5-13　将网页保存在站点根目录

图 5-14　使用【文件】面板创建网页文件

(3) 在设计视图中选中文本"相同文件夹的路径链接"，然后在【属性】面板中单击【指向文件】按钮⊕，并按住鼠标左键将其拖动至【文件】面板的 a1.html 文件上，如图 5-15 所示。

(4) 此时，将使用相对路径为选中的文本创建链接：

```
<p><a href="a1.html">相同文件夹的路径链接</a></p>
```

(5) 在设计视图中选中文本"不同文件夹的路径链接"，然后在【属性】面板中单击【指向文件】按钮⊕，并按住鼠标左键将其拖动至【文件】面板 pages 文件夹下的 a2.html 文件之上，如图 5-16 所示。

图 5-15　相同文件夹的路径链接

图 5-16　不同文件夹的路径链接

(6) 此时,将使用相对路径为选中的文本创建链接到文档所在站点 pages 目录下 a2.html 文件的超链接:

```
<p><a href="pages/a2.html">不同文件夹的路径链接</a></p>
```

(7) 在设计视图中选中文本"绝对路径链接到一个网站的首页",然后在【属性】面板中的【链接】文本框中输入一个网站的地址,即可为选中的文本创建一个绝对路径链接:

```
<p><a href="https://www.baidu.com">绝对路径链接到一个网站的首页</a></p>
```

5.3 创建浮动框架

HTML5 不支持 frameset 框架,但仍然支持 iframe 浮动框架。浮动框架不仅可以自由控制窗口的大小,还能够配合表格随意地在网页中的任意位置插入窗口,实际上也就是在窗口中再创建一个窗口。

使用 iframe 创建浮动框架的代码格式如下:

```
<iframe src="链接对象">
```

其中 src 表示浮动框架中显示对象的路径,可以是绝对路径也可以是相对路径。

【例 5-7】 使用 Dreamweaver 在网页中使用浮动框架。 视频

(1) 在【插入】面板中单击 IFRAME 选项,在网页中插入一个如图 5-17 所示的浮动框架。
(2) 在代码视图中为浮动框架设置对象的路径:

```
<iframe src="http://www.baidu.com"></iframe>
```

(3) 按下 F12 键,使用浏览器预览网页,效果如图 5-18 所示。

图 5-17　在网页中插入浮动框架

图 5-18　网页中的浮动框架效果

在默认情况下,浮动框架的尺寸为 220 像素×120 像素。如果需要调整浮动框架的大小,可以使用 CSS 样式。例如,要修改【例 5-7】中创建的浮动框架的尺寸,可以在 head 标签部分增加以下代码(如图 5-19 所示):

```
    <style>
iframe{
    width: 1200px;
    height: 800px;
    border: none;
}
<style>
```

按下 F12 键，在浏览器中预览网页，效果如图 5-20 所示。

图 5-19　使用 CSS 样式调整浮动框架尺寸　　　　图 5-20　修改尺寸后的浮动框架

计算机基础与实训教材系列

> 🎓 提示
>
> 在 HTML5 中，iframe 仅支持 src 属性。

5.4　创建热点区域

所谓热点区域，指的是将一个图片划分为若干个区域，访问者在浏览网页图片时，单击图片上不同的区域会链接到不同的目标页面。

在 HTML 中，用户可以为图片创建矩形、圆形和多边形 3 种类型的热点区域。创建热点区域使用标签<map>和<area>，其语法格式如下：

```
<img src="图片地址" usemap="#名称">
<map id="#名称">
    <area shape="rect" coords="10,10,100,100" href="#">
    <area shape="circle" coords="120,120,50" href="#">
  <area shape="poly" coords="78,13,81,14,53,32,86,38" href="#">
</map>
```

在上面的语法格式中，用户需要注意以下几点。

▽　想要建立图片热点区域，必须先在网页中插入图片。图片必须添加 usemap 属性，说明该图像是热点区域映射图像，属性值必须以"#"开头，加上名字，如#pic。上面的第一行代码可以修改为：

```
<img src="图片地址" usemap="#pic">
```

▽ <map>标签只有一个属性 id，其作用是为区域命名，其设置值必须与<img>标签的 usemap 属性值相同。修改上述代码为:

```
<map id="#pic">
```

▽ <area>标签主要用于定义热点区域的形状及超链接，它有 shape、coords 和 href 三个必需的属性。其中 shape 属性用于划分热点区域的形状，其取值有三个，分别是 rect(矩形)、circle(圆形)和 poly(多边形); coords 属性用于控制热点区域的划分坐标(如果 shape 属性取值为 rect，coords 属性的取值将分别为矩形的左上角 x、y 坐标点和右下角的 x、y 坐标点，如果 shape 属性取值为 circle，coords 属性的取值将分别为圆形的圆心 x、y 坐标点和半径值，如果 shape 属性取值为 poly，coords 属性的取值将分别为多边形的各个点 x、y 坐标); href 属性用于为热点区域设置超链接，当其值被设置为"#"时，表示为空链接。

上面介绍了在 HTML 中创建热点区域的方法，但是最让网页设计者头痛的地方，就是坐标点的定位。如果热点区域形状较多且复杂，确定坐标点这项工作就会非常烦琐。因此，不建议用户通过 HTML 代码设置热点区域。在 Dreamweaver 中设置会更加方便。

☞ 【例 5-8】 使用 Dreamweaver 在网页中创建图片热点区域。 ◎ 视频

(1) 按下 Ctrl+N 键打开【新建文档】对话框创建一个空白网页后，选择【插入】| Image 命令，在网页中插入一张图片。

(2) 在设计视图中选中图片，在【属性】面板中将显示如图 5-21 所示的 3 个图标，代表矩形、圆形和多边形热点区域。

(3) 单击【属性】面板中的【矩形热点】按钮□，将鼠标指针移动到被选中的图片上，按住鼠标左键拖动即可创建如图 5-22 所示的矩形热点区域。

矩形 多边形
圆形

图 5-21　在网页中插入图片

图 5-22　设置矩形热点区域

(4) 绘制的热点区域呈半透明状态。如果其大小有误差，用户可以使用【属性】面板中的【指

针热点工具】按钮对热点区域进行编辑。单击【指针热点工具】按钮后，将鼠标指针放置在区域四周的控制点上，按住鼠标左键拖动即可调整热点区域的大小，如图 5-23 所示。

图 5-23　调整热点区域大小

(5) 完成热点区域大小的设置后，在【属性】面板的【链接】文本框中可以设置热点区域链接对应的跳转目标页面，单击【目标】下拉按钮，从弹出的列表中可以设置链接页面的弹出方式，如图 5-24 所示。这里如果选择了_bank 选项，矩形热点区域的链接页面将在新的窗口中弹出，而如果【目标】选项保持空白状态，就表示仍在原来的浏览器窗口中显示链接的目标页面。

(6) 完成热点区域的设置后，在代码视图中将自动生成如图 5-25 所示的代码。

图 5-24　设置热点区域的链接　　　　　　图 5-25　热点区域代码

(7) 按下 F12 键预览网页，可以发现，当鼠标指针移动至网页图片中设置了热点的区域时，就会变成手状，如图 5-26 所示，单击就会跳转到相应的页面。

图 5-26　热点区域的预览效果

通过上面的实例可以看到，Dreamweaver 自动生成的 HTML 代码结构和前面介绍的是一样的，但是所有的坐标都自动计算出来了，这正是网页制作工具的便捷之处。使用这些工具本质上和手动编写 HTML 代码没有区别，只是使用这些工具可以提高工作效率。

提示

本书所介绍的 HTML 代码，在 Dreamweaver 中几乎都有对应的操作，读者可以自行研究，以提高编写 HTML 代码的效率。但是，需要注意，在 Dreamweaver 中制作网页前，一定要明白 HTML 标签的作用。因为，专业的网页设计者必须掌握 HTML 方面的知识。

5.5 实例演练

本章的实例演练部分将指导用户在 Dreamweaver 中使用锚链接制作电子书阅读网页。

【例 5-9】使用锚链接制作电子书阅读网页。 📹视频

(1) 打开本书第 4 章实例演练中制作的网页，在设计视图中编辑网页中的文本，如图 5-27 所示。

(2) 选中网页中的文本"设计阶段""设计流程"和"实战技巧"，单击【属性】面板中的【无序列表】按钮，建立无序列表。

(3) 选中无序列表中的文本"设计阶段"，在【属性】面板中的【链接】文本框中输入"#设计阶段"，如图 5-28 所示。

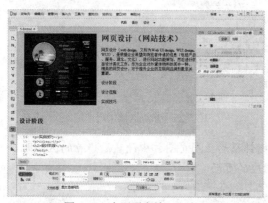

图 5-27 在网页中输入文本

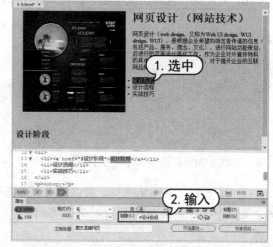

图 5-28 为文本设置超链接目标

(4) 使用同样的方法为无序列表中的其他文本设置超链接目标，在代码视图生成代码：

```
<ul>
  <li><a href="#设计阶段">设计阶段</a></li>
  <li><a href="#设计流程">设计流程</a></li>
  <li><a href="#实战技巧">实战技巧</a></li>
</ul>
```

(5) 在设计页面中继续输入文本，并为文本设置段落格式和有序列表。

(6) 在代码视图中为标题文本"设计阶段"添加<a>标签：

```
<h2><a name="设计阶段">设计阶段</a></h2>
```

(7) 使用同样的方法，为每一篇文章添加内容，为标题文本添加<a>标签：

```
<!doctype html>

<html>
```

```
<head>
<meta charset="utf-8">
<title>图文混排网页</title>
</head>
<body background="images/bj.jpg">
<img src="images/Pic04.jpg" width="300" height="288" align="left" hspace="20" alt=""/>
<h1>网页设计 (网站技术)
</h1>
<p>网页设计(web design，又称为 Web UI design，WUI design，WUI)，是根据企业希望向浏览者传递的信
息(包括产品、服务、理念、文化)，进行网站功能策划，然后进行的页面设计美化工作。作为企业对外宣
传物料的其中一种，精美的网页设计，对于提升企业的互联网品牌形象至关重要。</p>
<p> </p>
<ul>
    <li><a href="#设计阶段">设计阶段</a></li>
    <li><a href="#设计流程">设计流程</a></li>
    <li><a href="#实战技巧">实战技巧</a></li>
</ul>
<p> </p>
<h2><a name="设计阶段">设计阶段</a></h2>
<p>网站伴随着网络的快速发展而快速兴起，作为上网的主要依托，由于人们使用网络的频繁而变得非常
的重要。由于企业需要通过网站呈现产品、服务、理念、文化，或向大众提供某种功能服务。因此网页设
计必须首先明确设计站点的目的和用户的需求，从而制定出切实可行的设计方案。<br>
专业的网页设计，需要经历以下几个阶段：</p>
<ol>
    <li>需要根据消费者的需求、市场的状况、企业自身的情况等进行综合分析，从而建立起营销模型。</li>
    <li>以业务目标为中心进行功能策划，制作出栏目结构关系图。</li>
    <li>以满足用户体验设计为目标，使用 axure rp 或同类软件进行页面策划，制作出交互用例。</li>
    <li>以页面精美化设计为目标，使用 PS、AI 等软件调整，使用更合理的颜色、字体、图片、样式进行
页面设计美化。</li>
    <li>根据用户反馈，进行页面设计调整，以达到最优效果。</li>
</ol>
<h2><a name="设计技巧">设计技巧</a></h2>
<ol>
    <li>业务逻辑清晰，能清楚地向浏览者传递信息，浏览者能方便地寻找到自己想要查看的东西。</li>
    <li>用户体验良好，用户在视觉上、操作上都能感到很舒适。</li>
    <li>页面设计精美，用户能得到美好的视觉体验，不会因为一些糟糕的细节而感到不适。</li>
    <li>建站目标明晰，网页很好地实现了企业建站的目标，向用户传递了某种信息，或展示了产品、服务、
理念、文化。</li>
</ol>
<h2><a name="实战技巧">实战技巧</a></h2>
```

<p>网页技术更新很快，一个网站的界面设计寿命仅仅 2～3 年而已。不管是垃圾还是精品，都没有所谓的经典。一个闭门造车者做出的东西，是远远赶不上综合借鉴者的。网页设计不同于其他艺术，在模仿加创新的网页设计领域当中，即便是完全由自己设计的，也是沿用了人们已经认同的大部分用户的习惯，而且这种沿袭的痕迹是非常明显的！还有哪个设计者敢腆着脸说，这都是我自己的原创设计？对于业界来说，经典只是一个理念和象征。</p>

</body>

</html>

(8) 按下 F12 键预览网页，效果如图 5-29 所示。

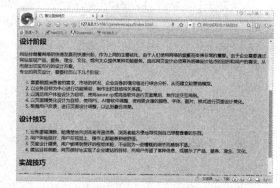

图 5-29　锚链接效果

计算机基础与实训教材系列

5.6　习题

1. 在 Dreamweaver 中用户可以创建哪几种类型的超链接？
2. 简述如何在 Dreamweaver 中更新超链接。
3. 练习使用 Dreamweaver 在网页中创建一个图像导航条，并设置图像热点区域。
4. 练习使用 Dreamweaver 在网页中创建各类超链接。
5. 练习使用 Dreamweaver 在网页中创建浮动框架。

第6章

创建表单

在网页中，表单的作用比较重要。表单提供了从网页浏览者那里收集信息的方法。它可用于调查、订购和搜索等。一般表单由两部分组成，一部分是描述表单元素的 HTML 源代码，另一部分是客户端脚本或者是服务器端脚本用来处理用户信息的程序。

➡ 本章重点

- ◉ 基本表单元素
- ◉ HTML5 增强输入类型
- ◉ HTML5 表单属性

- ◉ HTML5 input 属性
- ◉ HTML5 新增控件

➡ 二维码教学视频

【例 6-1】 制作简单表单网页

【例 6-2】 制作单行文本框

【例 6-3】 制作多行文本框

【例 6-4】 制作密码输入框

【例 6-5】 制作一组单选按钮

【例 6-6】 制作一组复选框

【例 6-7】 制作下拉列表框

【例 6-8】 制作普通按钮

【例 6-9】 制作提交按钮

【例 6-10】 制作重置按钮

【例 6-11】 制作 url 输入框

本章其他视频参见视频二维码列表

6.1　表单简介

表单主要用于从网页浏览者那里收集信息。表单的标签为<form></form>，其基本语法格式如下：

```
<form action="url" method="get|post" enctype="mime"></form>
```

表单是一个能够包含表单元素的区域。通过添加不同的表单元素，将显示不同的效果。

【例 6-1】 使用 Dreamweaver 制作一个包含文本框和密码框的简单表单网页。 🎥视频

(1) 在浮动面板组中选择【插入】面板，单击该面板左上角的下拉按钮，从弹出的下拉列表中选择【表单】选项，如图 6-1 所示。

(2) 在显示的选项区域中单击【表单】选项，即可在网页中插入一个如图 6-2 所示的表单，并在代码视图中添加<form>标签。

```
form id="form1" name="form1" method="post">
</form>
```

图 6-1　【插入】面板

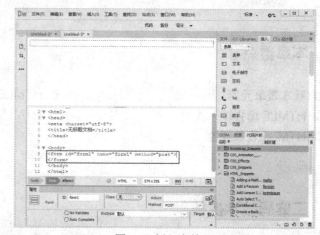

图 6-2　插入表单

(3) 将鼠标指针插入设计视图中的表单内，在代码视图<form>标签中输入以下代码：

```
<form id="form1" name="form1" method="post">
用户登录信息
<br>
用户名称
<input type="text" name="user">
<br>
用户密码
<input type="password" name="password">
<br>
```

```
<input type="submit" value="登录">
<br>
</form>
```

(4) 此时，将在设计视图中显示如图 6-3 所示的表单页面。按下 F12 键预览网页，效果如图 6-4 所示。

图 6-3　在 Dreamweaver 中显示的表单效果

图 6-4　浏览器中的表单效果

6.2　基本表单元素

表单元素是能够让用户在表单中输入信息的元素。常见的有文本框、密码框、下拉菜单、单选按钮、复选框等。下面将介绍在 Dreamweaver 创建的表格中使用基本表单元素的方法。

6.2.1　单行文本框

单行文本框是一种能让网页访问者自己输入内容的表单对象，通常被用来填写字、词或者简短的句子，例如用户姓名和地址等。其代码格式如下：

```
<input type="text" name="..." size="..." maxlength="..." value="...">
```

其中，type="text"定义单行文本框输入框；name 属性定义文本框的名称，要保证数据的准确采集，必须定义一个独一无二的名称；size 属性定义文本框的宽度，单位是单个字符宽度；maxlength 属性定义最多输入的字符数；value 属性定义文本框的初始值。

【例 6-2】使用 Dreamweaver 在表单中设置一个单行文本框。 视频

(1) 重复【例 6-1】的操作在网页中插入一个表单后，将鼠标指针插入设计视图的表单中，然后单击【插入】面板中的【文本】选项，在表单中插入一个单行文本框，如图 6-5 所示。

(2) 此时，将在代码视图中的<form>标签内添加以下代码：

```
<label for="textfield">Text Field:</label>
<input type="text" name="textfield" id="textfield">
```

计算机基础与实训教材系列

其中<label>标签用于为 input 元素定义标注。

(3) 在设计视图中将软件自动生成的文本"Text Field:"改为"请输入您的姓名:"。

(4) 选中页面中的文本框,在【属性】面板中用户可以设置文本框的各种属性,例如 Name、Size、Max Length 等,将 Size 和 Max Length 文本框中的参数设置为 20 和 15,在 Name 文本框中输入 yourname,如图 6-6 所示。设置文本框的名称为 yourname,大小为 20 个字符,最多可以显示 15 个字符。

图 6-5　在表单中插入文本框

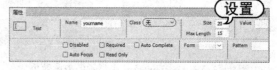

图 6-6　文本框【属性】面板

(5) 此时,代码视图中<form>标签内的代码将变为:

```
<label for="yourname">请输入您的姓名:</label>
<input name="yourname" type="text" id="yourname" size="20" maxlength="15">
```

(6) 保存网页后按下 F12 键预览网页,单行文本框在浏览器中的显示效果如图 6-7 所示。

图 6-7　单行文本框在浏览器中的显示效果

6.2.2　多行文本框

多行文本框(textarea)主要用于输入较长的文本信息。其代码格式如下:

```
<textarea name="..." cols="..." rows="..." wrap="..."></textarea>
```

其中,name 属性定义多行文本框的名称,要保证数据的准确采集,必须定义一个独一无二的名称;cols 属性定义多行文本框的宽度,单位是单个字符宽度;rows 属性定义多行文本框的高度,wrap 属性定义输入内容超出文本区域时显示的方式。

【例 6-3】使用 Dreamweaver 在表单中设置一个多行文本框。　◉视频

(1) 重复【例 6-1】的操作在网页中插入一个表单后，将鼠标指针插入设计视图的表单中，然后单击【插入】面板中的【文本区域】选项，在表单中插入一个多行文本框，如图 6-8 所示。

(2) 此时，将在代码视图中的<form>标签内添加以下代码：

```
<label for="textarea">Text Area:</label>
<textarea name="textarea" id="textarea"></textarea>
```

其中<label>标签用于为 input 元素定义标注。

(3) 在设计视图中将软件自动生成的文本 "Text Area:" 改为 "请输入您的反馈意见:"。

(4) 选中页面中的多行文本框，在【属性】面板中用户可以设置文本框的各种属性，在 Name 文本框中输入 view，在 Cols 文本框中输入 35，在 Rows 文本框中输入 5，如图 6-9 所示。设置文本区域的名称为 view，行数为 5，列数为 35。

图 6-8　在表单中插入文本区域　　　　　　　图 6-9　文本区域【属性】面板

(5) 在代码视图中的<form>标签内增加一个换行标签
:

```
<label for="view">请输入您的反馈意见:</label><br>
<textarea name="view" cols="35" rows="5" id="view"></textarea>
```

(6) 保存网页后按下 F12 键预览网页，多行文本框在浏览器中的效果如图 6-10 所示。

图 6-10　多行文本框在浏览器中的显示效果

6.2.3　密码输入框

密码输入框是一种特殊的文本区域，主要用于输入一些保密信息。当网页浏览者在其中输入文本时，显示的是黑点或者其他符号，这样就增加了输入文本的安全性。其代码格式如下：

```
<input type="password" name="..." size="..." maxlength="...">
```

其中，type="password"定义密码输入框；name 属性定义密码输入框的名称(要保证唯一性)；size 属性定义密码输入框的宽度，单位是单个字符的宽度；maxlength 属性定义最多输入的字符数。

【例 6-4】 使用 Dreamweaver 在表单中设置一个密码输入框。 视频

(1) 继续【例 6-2】的操作，在代码视图中的单行文本框后输入一个换行标签
，然后将鼠标指针置于该标签之后：

```
<input name="yourname" type="text" id="yourname" size="20" maxlength="15"><br>
```

(2) 在【插入】面板中单击【密码】选项，即可在网页中插入一个如图 6-11 所示的密码输入框。

(3) 同时，在代码视图的
标签之后添加以下代码：

```
<input type="password">
```

(4) 再次将鼠标指针插入
标签之后，输入"请输入您的密码:"，然后在设计视图中选中本例插入的密码输入框，在【属性】面板的 Name 文本框中输入 yourpw，将 Size 和 Max Length 文本框中的参数设置为 20 和 15，如图 6-12 所示。设置密码输入框的名称为 yourpw，大小为 20 个字符，最多可以显示 15 个字符。

图 6-11　在表单中插入密码输入框　　　　图 6-12　密码输入框【属性】面板

(5) 此时，代码视图中
标签后代码将变为：

```
<br>请输入您的密码:
<input name="yourpw" type="password" id="yourpw" size="20" maxlength="15">
```

(6) 保存网页后按下 F12 键预览网页，多行文本框在浏览器中的显示效果如图 6-13 所示。

图 6-13　密码输入框在浏览器中的显示效果

6.2.4　单选按钮

单选按钮的主要作用是让网页浏览者在一组选项中只能选择一个选项。其代码格式如下：

```
<input type="radio" name="..." value="...">
```

其中，type="radio"定义单选按钮；name 属性定义单选按钮的名称；value 属性定义单选按钮的值，在同一组单选按钮中，它们的值必须是不同的。

【例 6-5】使用 Dreamweaver 在表单中设置一组单选按钮。 👀视频

(1) 重复【例 6-1】的操作在网页中插入一个表单后，将鼠标指针插入设计视图的表单中，单击【插入】面板中的【单选按钮】选项，在网页中插入一个单选按钮，如图 6-14 所示。
(2) 此时，将在代码视图中的<form>标签内添加以下代码：

```
<input type="radio" name="radio" id="radio" value="radio">
<label for="radio">Radio Button </label>
```

其中<label>标签用于为 input 元素定义标注。
(3) 若在【插入】面板中单击【单选按钮组】按钮，在打开的【单选按钮组】对话框中用户可以设置在表单中插入一组单选按钮，如图 6-15 所示。

图 6-14　在表单中插入一个单选按钮

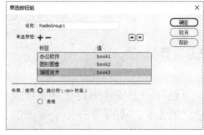

图 6-15　【单选按钮组】对话框

计算机基础与实训教材系列

(4) 此时，将在代码视图中的<form>标签内自动添加以下代码：

```
<p>
    <label>
        <input name="RadioGroup1" type="radio" id="RadioGroup1_0" value="book1">
        办公软件</label>
    <br>
    <label>
        <input type="radio" name="RadioGroup1" value="book2" id="RadioGroup1_1">
        图形图像</label>
```

```
        <br>
        <label>
          <input type="radio" name="RadioGroup1" value="book3" id="RadioGroup1_2">
          编程技术</label>
        <br>
</p>
```

(5) 选中单选按钮组中的一个单选按钮(例如【办公软件】单选按钮),在【属性】面板中用户可以设置该单选按钮的属性参数,例如选中 Checked 复选框,将设置网页在加载后默认选中该单选按钮,如图 6-16 所示。

(6) 保存网页后按下 F12 键预览网页,效果如图 6-17 所示。

图 6-16　设置单选按钮属性

图 6-17　单选按钮组在网页中的效果

6.2.5　复选框

复选框的主要作用是让网页浏览者在一组选项中可以同时选择多个选项。每个复选框都是一个独立的元素,都必须有一个唯一的名称。其代码格式如下:

```
<input type="checkbox" name="..." value="...">
```

其中,type="checkbox"定义复选框;name 属性定义复选框的名称,在同一组中的复选框都必须用同一个名称;value 属性定义复选框的值。

【例 6-6】使用 Dreamweaver 在表单中设置一组复选框。 视频

(1) 重复【例 6-1】的操作在网页中插入一个表单后,将鼠标指针插入设计视图的表单中,单击【插入】面板中的【复选框组】选项。

(2) 打开【复选框组】对话框,单击+按钮在【标签】组中添加 3 个复选框,在【名称】文本框中输入 Group,设置【标签】和【值】参数后,单击【确定】按钮,如图 6-18 所示。

(3) 此时,将在代码视图中的<form>标签内添加以下代码:

```
<p>
    <label>
        <input type="checkbox" name="Group" value="book1" id="Group_0">
        办公软件</label>
    <br>
    <label>
        <input type="checkbox" name="Group" value="book2" id="Group_1">
        图像处理</label>
    <br>
    <label>
        <input name="Group" type="checkbox" id="Group_2" value="book3" >
        网页编程</label>
    <br>
</p>
```

(4) 在设计视图中选中文本"网页编程"前的复选框，在【属性】面板中选中 Checked 复选框，为"网页编程"文本前的复选框设置属性参数，该属性用于设置复选框组中的默认选项，如图 6-19 所示。

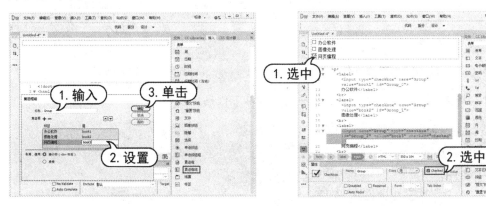

图 6-18　设置一组复选框　　　　　　　　　图 6-19　设置复选框默认项

(5) 按下 F12 键预览网页，即可在浏览器中预览复选框的效果，其中"网页编程"复选框默认被选中。

6.2.6　下拉列表框

下拉列表框主要用于在有限的空间中设置多个选项。下拉列表既可以用作单选，也可以用作复选，其代码格式如下：

```
<select name="..." size="..." multiple>
<option value="..." selected>
...
</option>
...
</select>
```

计算机基础与实训教材系列

其中，size 属性定义下拉列表框的行数；name 属性定义下拉列表框的名称；multiple 属性表示可以多选，如果不设置该属性，下拉列表框中的选项只有一个；value 属性定义下拉列表框中选项的值；selected 属性表示默认已经选择了下拉列表框中的某个选项。

【例 6-7】 使用 Dreamweaver 在表单中设置下拉列表框。 🎬视频

(1) 重复【例 6-1】的操作在网页中插入一个表单后，将鼠标指针插入设计视图的表单中，单击【插入】面板中的【选择】选项，然后单击【属性】面板中的【列表值】按钮，如图 6-20 所示。

(2) 打开【列表值】对话框，设置【项目标签】和【值】参数后，单击【确定】按钮，如图 6-21 所示。

图 6-20 在网页中插入列表框

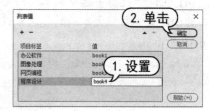

图 6-21 【列表值】对话框

(3) 此时，将在代码视图中的<form>标签内添加以下代码:

```
<label for="select">Select:</label>
<select name="select" id="select">
    <option value="book1">办公软件</option>
    <option value="book2">图像处理</option>
    <option value="book3">网页编程</option>
    <option value="book4">程序设计</option>
</select>
```

(4) 在【属性】面板中的 Selected 列表框中选中【图像处理】选项，在<option>标签中设置 selected 属性，如图 6-22 所示。

(5) 按下 F12 键在浏览器中预览网页，页面中下拉列表框的效果如图 6-23 所示。

图 6-22 设置 selected 属性

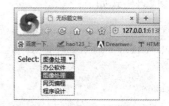

图 6-23 下拉列表框效果预览

6.2.7 普通按钮

普通按钮用来控制其他定义了处理脚本的处理工作。其代码格式如下：

```
<input type="button" name="..." value="..." onClick="...">
```

其中，type="button"定义普通按钮；name 属性定义普通按钮的名称；value 属性定义按钮的显示文字；onClick 属性定义单击行为，也可以是其他事件。

【例 6-8】 使用 Dreamweaver 在表单中设置普通按钮。 视频

(1) 在如图 6-24 所示表单中插入两个文本框后，单击【插入】面板中的【按钮】选项，在表单中插入一个按钮。

(2) 在代码视图中为按钮设置 onClick 属性：

```
<p>
  <input type="button" name="button" id="button" value="提交">
  <input type="reset" name="reset" id="reset" value="重置">
</p>
```

(3) 按下 F12 键在浏览器中预览网页，在【文本框 1】文本框中输入"学习 Dreamweaver"，然后单击【提交】按钮，可以将【文本框 1】中输入的文本复制到【文本框 2】文本框中，如图 6-25 所示。

图 6-24 在表单中插入按钮

图 6-25 普通按钮的效果

6.2.8 提交按钮

提交按钮在网页中用于将输入的信息提交到服务器，其代码格式如下：

```
<input type="submit" name="..." value="...">
```

其中，type="submit"定义提交按钮；name 属性定义提交按钮的名称；value 属性定义提交按钮的显示文字。

【例 6-9】 使用 Dreamweaver 在表单中设置提交按钮。 视频

(1) 在如图 6-26 所示的表单中插入 4 个文本框后，单击【插入】面板中的【"提交"按钮】选项，在表单中插入一个提交按钮。

(2) 按下 F12 键在浏览器中预览网页，效果如图 6-27 所示。此时，在网页中的文本框中输入内容后，单击【提交】按钮，即可实现将表单中的数据发送到指定的文件。

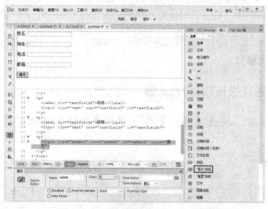

图 6-26　在表单中插入提交按钮

图 6-27　提交按钮的效果

6.2.9　重置按钮

重置按钮用于重置表单中输入的信息，其代码格式如下：

```
<input type="reset" name="..." value="...">
```

其中，type="reset"定义重置按钮；name 属性定义重置按钮的名称；value 属性定义重置按钮的显示文字。

【例 6-10】　使用 Dreamweaver 在表单中设置重置按钮。　视频

(1) 继续【例 6-9】的操作，在设计视图中将鼠标指针置于提交按钮之后，单击【插入】面板中的【"重置"按钮】选项，在表单中插入一个如图 6-28 所示的重置按钮。

(2) 按下 F12 键在浏览器中预览网页效果，在网页中的文本框中输入如图 6-27 所示的文本后单击【重置】按钮，将会立即清空输入的数据，如图 6-29 所示。

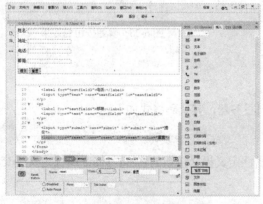

图 6-28　在表单中插入重置按钮

图 6-29　重置按钮的效果

6.3　HTML5 增强输入类型

在网页中除了上面介绍的基本表单元素以外,HTML5 还新增了多个增强输入类型表单控件,以实现更好的输入控制和验证,包括 url、email、time、range、search 等类型。对于这些增强输入控件,Dreamweaver 中都提供了相对应的功能设置,用户可以通过【插入】面板中的选项,在可视化的页面中完成其应用与设置。

6.3.1　url 类型

url 类型的 input 元素用于说明网站网址。它在网页中显示为一个以文本字段形式输入的网站地址。在提交表单时,会自动验证 url 的值。其代码格式如下:

```
<input type="url" name="userurl"/>
```

另外,用户可以使用普通属性设置 url 输入框,例如可以使用 max 属性设置其最大值、min 属性设置其最小值、step 属性设置合法的数字间隔,使用 value 属性规定其默认值(后面对于另外的高级属性中同样的设置不再重复阐述)。

【例 6-11】 使用 Dreamweaver 在表单中插入一个 url 输入框。 视频

(1) 在设计视图中将鼠标指针置于网页中的表单内,单击【插入】面板中的 Url 选项,在代码视图的<form>标签中添加代码:

```
<label for="url">Url:</label>
<input name="url" type="url" id="url">
```

(2) 在设计视图中选中表单中的文本框,在【属性】面板中的 Value 文本框中输入一个网址,为其设置默认值,如图 6-30 所示。按下 F12 键在浏览器中预览网页,效果如图 6-31 所示。

图 6-30　设置 url 属性的默认值

图 6-31　url 属性的效果

6.3.2　email 类型

email 类型的 input 元素用于让网页浏览者在网页中输入电子邮箱地址。在提交表单时,会自动验证 email 域的值。其代码格式如下:

```
<input type="email" name="user_email"/>
```

【例 6-12】 使用 Dreamweaver 在表单中插入一个 email 输入框。 🎬 视频

(1) 在设计视图中将鼠标指针置于网页中的表单内，单击【插入】面板中的【电子邮件】选项，在代码视图的<form>标签中添加代码：

```
<label for="email">Email:</label>
<input type="email" name="email" id="email">
```

(2) 在设计视图中将鼠标指针置于 email 输入框之后，单击【插入】面板中的【提交按钮】按钮，在表单中插入一个提交按钮，如图 6-32 所示。

(3) 按下 F12 键在浏览器中预览网页效果，用户可以使用页面中的文本框输入邮箱地址。若输入的邮箱地址不合法，单击【提交】按钮后会显示如图 6-33 所示的提示信息。

图 6-32　在表单中插入 email 属性和提交按钮

图 6-33　email 属性的效果

6.3.3　date 和 time 类型

在 HTML5 中，新增了一些日期和时间输入类型，包括 date、datetime、datetime-local、month、week 和 time。这些类型的具体说明如表 6-1 所示。

表 6-1　时间和日期输入类型

类　　型	说　　明
date	选取日、月、年
month	选取月、年
week	选取周和年
time	选取时间
datetime	选取时间、日、月、年
datetime-local	选取时间、日、月、年(本地时间)

上述属性的代码格式都十分类似，下面以 date 类型为例，其代码格式如下：

```
<input type="date" name="user_date"/>
```

【例 6-13】 使用 Dreamweaver 在表单中插入一个 data 选择器。 😊视频

(1) 将鼠标指针置于页面中的表单内，单击【插入】面板中的【日期】选项，如图 6-34 所示，在代码视图的<form>标签中添加代码：

```
<label for="date">Date:</label>
<input type="date" name="date" id="date">
```

(2) 按下 F12 键在浏览器中预览网页效果，单击页面中输入框右侧的向下按钮，即可在弹出的列表窗口中选择需要的日期，如图 6-35 所示。

图 6-34　在表单中应用 data 属性

图 6-35　data 属性的效果

6.3.4　number 类型

number 类型的 input 元素提供了输入数字的控件。用户可以在其中直接输入数字或者通过单击微调框中的向上或向下按钮选择数字。其代码格式如下：

```
<input type="number" name="..."/>
```

【例 6-14】 使用 Dreamweaver 在表单中插入一个数字输入控件。 😊视频

(1) 将鼠标指针置于页面中的表单内，单击【插入】面板中的【数字】选项，如图 6-36 所示，在代码视图的<form>标签中添加代码：

```
<label for="number">Number:</label>
<input type="number" name="number" id="number">
```

(2) 在设计视图中删除软件自动生成的文本 "Number:"，选中表单中的文本框，在【属性】面板的 Max 文本框中输入 5，在 Min 文本框中输入 0，设置 number 属性的最大值为 5，最小值为 0，如图 6-37 所示。

图 6-36　在表单中应用 number 属性

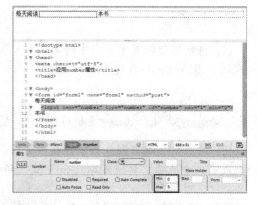

图 6-37　设置 number 属性的最大值和最小值

(3) 按下 F12 键在浏览器中预览网页效果，用户可以在页面中的文本框内直接输入数字，也可以通过单击微调框中的向上或向下按钮选择数字，如图 6-38 所示。

图 6-38　number 属性的效果

6.3.5　range 类型

range 类型的 input 元素提供了滚动控件。和 number 类型一样，用户可以使用 max、min 和 step 属性定义控件的范围。其代码格式如下：

```
<input type="range" name="..." min="..." max="..."/>
```

其中 min 和 max 属性分别定义滚动控件的最小值和最大值。

【例 6-15】使用 Dreamweaver 在表单中插入一个滚动控件。　视频

(1) 将鼠标指针置于页面中的表单内，单击【插入】面板中的【范围】选项，在代码视图的 <form>标签中添加代码：

```
<label for="range">Range:</label>
<input type="range" name="range" id="range">
```

(2) 在设计视图中删除表单中系统自动生成的文本 "Range:"，选中页面中的控件，在【属性】面板的 Min 文本框中输入 1，在 Max 文本框中输入 10，在 Step 文本框中输入 2，设置 range 属性的最大值、最小值和调整数字的合法间隔，如图 6-39 所示。

(3) 按下 F12 键在浏览器中预览网页效果，用户可以拖动页面中的滑块，选择合适的数字，如图 6-40 所示。

图 6-39　设置 range 属性　　　　　　　　　　　图 6-40　range 属性的效果

6.3.6　search 类型

search 类型的 input 元素提供了用于输入搜索关键词的文本框。其代码格式如下：

```
<input type="search" name="…" id="…">
```

【例 6-16】使用 Dreamweaver 在表单中插入一个搜索框。　🎬视频

(1) 将鼠标指针置于页面中的表单内，选择【插入】|【表单】|【搜索】命令(或单击【插入】面板中的【搜索】选项)，在代码视图的<form>标签中添加代码：

```
<label for="search">Search:</label>
<input type="search" name="search" id="search">
```

(2) 在设计视图中删除表单中系统自动生成的文本 "Search:"，将鼠标指针置于搜索控件之后，选择【插入】|【表单】|【提交按钮】命令，在表单中插入一个如图 6-41 所示的提交按钮。

(3) 按下 F12 键预览网页，效果如图 6-42 所示。如果在搜索框中输入要搜索的关键词，在搜索框右侧就会出现一个 "✖" 按钮。单击该按钮可以清除已经输入的内容。

图 6-41　添加提交按钮　　　　　　　　　　　图 6-42　search 类型控件的应用效果

計算機基础与实训教材系列

129

6.3.7　tel 类型

tel 类型的 input 元素提供了专门用于输入电话号码的文本框，它并不限制只能输入数字，因此很多电话号码也包括其他的字符，例如"+""-"等。其代码格式如下：

```
<input type="tel" name="…" id="…">
```

【例 6-17】 使用 Dreamweaver 在表单中插入一个输入电话号码的文本框。 视频

(1) 将鼠标指针置于页面中的表单内，选择【插入】|【表单】|tel 命令(或单击【插入】面板中的 tel 选项)，在代码视图的<form>标签中添加代码：

```
<label for="tel">Tel:</label>
<input type="tel" name="tel" id="tel">
```

(2) 在设计视图中删除表单中系统自动生成的文本 "Tel:"，将鼠标指针置于 tel 控件之后，选择【插入】|【表单】|【提交按钮】命令，在表单中插入一个提交按钮。

(3) 按下 F12 键预览网页，效果如图 6-43 所示。

图 6-43　tel 类型控件的应用效果

6.3.8　color 类型

color 类型的 input 元素提供了颜色选择控件。其代码格式如下：

```
<input type="color" name="…" id="…">
```

【例 6-18】 使用 Dreamweaver 在表单中插入一个颜色选择控件。 视频

(1) 将鼠标指针置于页面中的表单内，选择【插入】|【表单】|【颜色】命令(或单击【插入】面板中的【颜色】选项)，在代码视图的<form>标签中添加代码：

```
<label for="color">Color:</label>
<input type="color" name="color" id="color">
```

(2) 在设计视图中删除表单中系统自动生成的文本 "Color:"，将鼠标指针置于颜色控件之后，选择【插入】|【表单】|【提交按钮】命令，在表单中插入一个提交按钮。

(3) 按下 F12 键预览网页，单击页面中的颜色选择控件，将打开如图 6-44 所示的颜色选择器，在其中选择一个颜色后单击【确定】按钮，网页将在颜色控件中选中选择的颜色。

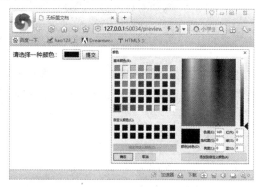

图 6-44　color 类型控件的应用效果

6.4　HTML5 input 属性

HTML5 为 input 元素新增了多个属性，用于限制输入行为或格式，下面将分别介绍。

6.4.1　autocomplete 属性

目前，大部分浏览器都带有辅助用户完成输入的自动完成功能，只要开启了该功能，用户在网页中下次输入相同的内容时，浏览器就会自动完成内容的输入。

HTML5 新增的 autocomplete 属性可以帮助用户在 input 类型的输入框中实现自动完成内容输入，这些 input 类型包括 text、search、url、telephone、email、password、range 和 color 等。不过，在有些浏览器中，可能需要首先启用浏览器本身的自动完成功能，才能使 autocomplete 属性起作用。

autocomplete 属性同样适用于<form>标签，默认状态下表单的 autocomplete 属性是处于打开状态的，其中的输入类型继承所在表单的 autocomplete 状态。用户也可以单独将表单中某一输入类型的 autocomplete 状态设置为打开或者关闭状态，这样可以更好地实现自动完成。

autocomplete 属性有两个值：on 和 off。下面通过两个实例介绍其使用方法。

【例 6-19】分别设置表单和表单输入控件的 autocomplete 属性值。 🎬 视频

(1) 打开素材网页，在状态栏的标签选择器中选择 form 标签。在【属性】面板中选中 Auto Complete 复选框，如图 6-45 所示。将表单的 autocomplete 属性值设置为 on，此时，将在代码视图中为<form>设置 autocomplete 属性：

```
<form method="post" name="form1" id="form1" autocomplete="on">
```

计算机基础与实训教材系列

(2) 选中表单中的"姓名"文本框控件,在【属性】面板中选中 Auto Complete 复选框,然后在代码视图中将 autocomplete 属性的值设置为 off。

```
<p>
  <label for="textfield">姓名:</label>
  <input name="textfield" type="text" id="textfield" autocomplete="off">
</p>
```

(3) 按下 F12 键预览网页,当用户将焦点定位在"姓名"文本框中时,将不会自动完成填写,而将焦点定位在网页中的其他文本框时,将显示如图 6-46 所示的列表显示上次输入的内容。

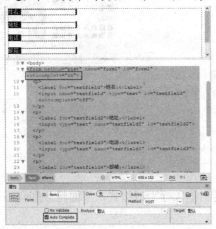

图 6-45　设置 autocomplete 属性为 off

图 6-46　自动填写文本框内容

当 autocomplete 属性设置为"on"时,用户可以使用 HTML5 中新增的<datalist>标签和 list 属性提供一个数据列表供用户选择。

【例 6-20】 应用 autocomplete 属性、<datalist>标签和 list 属性实现自动完成。 📹视频

(1) 打开【例 6-10】创建的网页,在设计视图中选中表单中的"姓名"文本框,在【属性】面板中选中 Auto Complete 复选框,在 List 文本框中输入 name,为该表单元素添加 autocomplete 和 list 属性,如图 6-47 所示:

```
<input name="textfield" type="text" id="textfield" list="name" autocomplete="on">
```

(2) 在代码视图中以上<input>标签后添加以下代码:

```
<datalist id="name" style="display: none;">
<option value="王先生">王先生</option>
<option value="王女士">王女士</option>
<option value="张女士">张女士</option>
<option value="张先生">张先生</option>
</datalist>
```

(3) 按下 F12 键预览网页,当用户将焦点定位在"姓名"文本框中时,会自动出现一个列表供用户选择,如图 6-48 所示,而当用户单击页面的其他位置时,这个列表将会消失。

图 6-47　为文本框设置 autocomplete 和 list 属性　　　　图 6-48　自动完成数据列表

(4) 当用户在"姓名"文本框中输入"王"或"张"时，随着用户输入不同的内容，自动完成数据列表中的选项并发生变化，如图 6-49 所示。

图 6-49　数据列表随用户的输入而更新

6.4.2　autofocus 属性

当用户在访问百度搜索引擎首页时，页面中的搜索文本框会自动获得光标焦点，以方便输入搜索关键词。这对大部分用户而言是一项非常方便的功能。传统网站大多采用 JavaScript 来实现让表单中某控件自动获取焦点，通常使用 JavaScript 的 focuse() 方法来实现这一功能。

在 HTML5 中，新增了 autofocus 属性，它可以实现在页面加载时，某表单控件自动获得焦点。这些控件可以是文本框、复选框、单选按钮、普通按钮等所有 <input> 标签的类型。

下面通过一个实例来介绍 autofocus 属性的使用方法。

【例 6-21】使用 Dreamweaver 在表单中应用 autofocus 属性。　视频

(1) 打开【例 6-10】创建的网页，在设计视图中选中文本"电话:"后的文本框，在【属性】面板中选中 Auto Focus 复选框，如图 6-50 所示。此时，将在代码视图中为文本框设置 autofocus 属性：

```
<input name="textfield3" type="text" autofocus="autofocus" id="textfield3">
```

(2) 按下 F12 键在浏览器中预览网页，页面中的"电话"文本框将自动获得焦点，用户可以优先在其中输入内容，如图 6-51 所示。

提示

在同一页面中只能指定一个 autofocus 属性值，所以必须谨慎使用。

计算机基础与实训教材系列

133

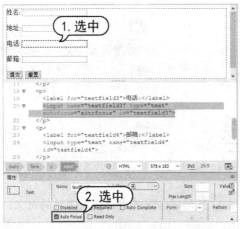

图 6-50　为文本框设置 autofocus 属性　　　　　图 6-51　autofocus 属性的效果

如果浏览器不支持 autofocus 属性，则会将其忽略。此时，要使所有浏览器都能实现自动获得焦点，用户可以在 JavaScript 中加一小段脚本，以检测浏览器是否支持 autofocus 属性，例如：

```
<!doctype html>
<html>
<head>
<meta charset="utf-8">
</head>
<body>
<form id="form1" name="form1" method="post">
  <p>
    <label for="textfield">姓名:</label>
    <input name="textfield" type="text" autofocus="autofocus" id="textfield">
  </p>
  <p>
    <input type="submit" name="submit" id="submit" value="提交">
    <input type="reset" name="reset" id="reset" value="重置">
  </p>
</form>
<script>
if (!("autofocus" in document.createElement("input")))
{
document.getElementById("ok").focus();
}
</script>
</body>
</html>
```

6.4.3 form 属性

在 HTML5 之前，如果用户要提交一个表单，必须把相关的控件元素都放在表单内部，即 <form></form>标签之间。在提交表单时，<form></form>标签之外的控件将被忽略。HTML5 新增了一个 form 属性，使这一问题得到了很好的解决。使用 form 属性，可以把表单元素写在页面中的任意一个位置，然后只需要为这个元素指定一下 form 属性并为其指定属性值为表单 id。如此，便规定了该表单元素属于指定的这一表单。此外，form 属性也允许规定一个表单元素从属于多个表单。form 属性适用于所有 input 输入类型，在使用时，必须引用所属表单的 id。

【例 6-22】为分离在表单之外的控件设置 form 属性。 视频

(1) 打开【例 6-10】创建的网页，在页面中的表单(id 为 form1)之外插入一个文本框，在设计视图中选中插入的文本框控件，在【属性】面板中单击 Form 下拉按钮，从弹出的列表中选择 form1 选项，如图 6-52 所示。

(2) 此时，将为文本框控件设置 form 属性:

```
<input name="textfield5" type="text" id="textfield5" form="form1">
```

(3) 按下 F12 键预览网页，效果如图 6-53 所示。页面中的"微信号"文本框，在表单元素之外，但因为使用了 form 元素，并且值为表单的 id(form1)，所以该文本框仍然是表单的一部分。

图 6-52 为文本框添加 form 属性

图 6-53 网页预览效果

> 提示
>
> 如果一个 form 属性要引用两个或两个以上的表单，则需要使用空格将表单的 id 分隔开。例如: <input name="textfield5" type="text" id="textfield5" form="form1 form2 form3">。

6.4.4 height 和 width 属性

height 和 width 属性用于设置 image 类型的 input 元素图像的高度和宽度,这两个属性只适用于 image 类型的<input>标签。下面通过一个实例介绍其用法。

【例 6-23】 使用 height 和 width 属性设置图像按钮的高度和宽度。 📹 视频

(1) 在设计视图中将鼠标指针置于表单中后，选择【插入】|【表单】|【图像按钮】命令(或单击【插入】面板中的【图像按钮】选项)，打开【选择图像源文件】对话框，选择一个作为图像按钮的图片文件后，单击【确定】按钮。

(2) 选中设计视图中的图像按钮后，在【属性】面板中的【宽】文本框中输入 100，【高】文本框中输入 60，如图 6-54 所示。

(3) 此时，将为 image 类型的<input>标签添加 height 和 width 属性:

```
<input name="imageField" type="image" id="imageField" src="images/提交.jpg" width="100" height="60">
```

(4) 按下 F12 键预览网页，页面中图像按钮的大小被限制为 100 像素×60 像素，如图 6-55 所示。

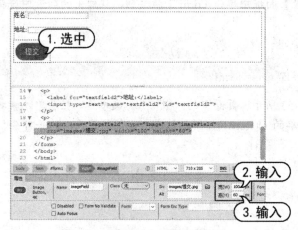

图 6-54　设置 height 和 width 属性　　　　图 6-55　100×60 像素大小的图像按钮

6.4.5　list 属性

HTML5 中新增了一个 datalist 元素，可以实现数据列表的下拉效果，其外观类似于 autocomplete 属性效果，用户可以从列表中选择，也可以自行输入，而 list 属性用于指定输入框绑定哪一个 datalist 元素，其值是某个 datalist 的 id。

【例 6-24】 使用 list 属性为文本框设置弹出列表。 📹 视频

(1) 在设计视图中选中页面中的 url 控件，在【属性】面板的 list 文本框中输入 "url_list"，为<input>标签添加 list 属性，如图 6-56 所示:

```
<input name="url" type="url" id="url" list="url_list">
```

(2) 在代码视图以上代码之后输入以下代码:

```
<datalist id="url_list">
  <option label="新浪" value="http://www.sina.com.cn"/>
  <option label="网易" value="http://www.163.com"/>
```

```
<option label="搜狐" value="http://www.sohu.com"/>
</datalist>
```

(3) 按下 F12 键预览网页，单击页面中的网址输入框后，将弹出如图 6-57 所示的预定网址列表。

图 6-56　为控件对象添加 list 属性　　　　　　图 6-57　list 属性应用效果

提示

list 属性适用的 input 输入类型有：text、search、url、tel、email、date、number、range 和 color。

6.4.6　min、max 和 step 属性

HTML5 新增的 min、max 和 step 属性用于为包含数字或日期的 input 输入类型设置限制值，适用于 date、number 和 range 等 input 元素类型。其具体说明如表 6-2 所示。

表 6-2　min、max 和 step 属性的说明

属　　性	说　　明
min	设置输入框所允许的最大值
max	设置输入框所允许的最小值
step	为输入框设置合法的数字间隔，或称为步长。例如 step="4"，则合法的数值为 0、4、8

【例 6-25】 将 min、max 和 step 属性应用于数字输入框。 视频

(1) 在设计视图中选中页面中的数字输入控件，在【属性】面板的 Max 文本框中输入 10，为<input>标签添加 max 属性；在 Min 文本框中输入 0，为<input>标签添加 min 属性；在 Step 文本框中输入 2，为<input>标签添加 step 属性，如图 6-58 所示。

(2) 按下 F12 键预览网页，单击数字输入框上的微调按钮，数字将以 2 为步长变化，如图 6-59 所示。

图 6-58　设置 min、max 和 step 属性　　　　　图 6-59　数字的步长为 2

计算机基础与实训教材系列

(3) 如果用户在数字输入框中输入一个 0~10 以外的数字，浏览器将弹出如图 6-60 左图所示的提示文本；如果用户在数字输入框中输入一个不合法的数值，例如 5，浏览器将弹出如图 6-60 右图所示的提示文本。

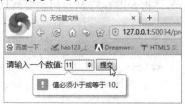

图 6-60　显示错误输入提示

6.4.7　pattern 属性

pattern 属性用于验证 input 类型输入框中用户输入的内容是否与自定义的正则表达式相匹配，该属性适用于 text、searcg、url、tel、email、password 等<input>标签。

pattern 属性允许用户自定义一个正则表达式，而用户的输入必须符合正则表达式所指定的规则。pattern 属性中的正则表达式语法与 JavaScript 中的正则表达式语法相匹配。

【例 6-26】为电话输入框应用 pattern 属性。　视频

(1) 在设计视图中选中页面中的电话输入控件，在【属性】面板的 Pattern 文本框中输入"[0-9]{8}"，为<input>标签添加 pattern 属性，在 Title 文本框中输入"请输入 8 位电话号码"，为错误提示设置文字提示，如图 6-61 所示。

```
<input name="tel" type="tel" id="tel" pattern="[0-9]{8}" title="请输入 8 位电话号码">
```

(2) 按下 F12 键预览网页，如果在页面中的电话输入框中输入的数字不是 8 位，将弹出如图 6-62 所示的输入错误提示框。

图 6-61　设置 pattern 和 title 属性　　　　图 6-62　输入错误提示框

提示

在以上代码中，"pattern="[0-9]{8}""规定了电话输入框中输入的数值必须是 0~9 的阿拉伯数字，并且必须为 8 位数。有关正则表达式的相关知识用户可以参考相关图书或资料。

6.4.8　placeholder 属性

placeholder 属性用于为 input 类型的输入框提供一个提示(hint)，此类提示可以描述输入框期

待用户输入的内容,在输入框为空时显示,而当输入框获得焦点时将消失。placeholder 属性适用于 text、search、url、tel、email、password 等类型的<input>标签。

【例 6-27】 为文本框应用 placeholder 属性。 📹视频

(1) 在设计视图中选中页面中的文本框控件,在【属性】面板的 Place Holder 文本框中输入"请输入邮政编码",如图 6-63 所示,为文本框代码添加一个提示:

<input name="textfield" type="text" id="textfield" placeholder="请输入邮政编码">

(2) 按下 F12 键预览网页,页面中文本框的效果如图 6-64 所示。当文本框获得焦点并输入字符时,提示文字将消失。

图 6-63　设置 placeholder 属性

图 6-64　页面中文本框的效果

6.4.9　required 属性

required 属性规定必须在提交之前填写输入域(不能为空)。required 属性适用于以下类型的输入属性:text、search、url、email、password、date、number、checkbox 和 radio 等。

【例 6-28】 使用 Dreamweaver 在表单中应用 required 属性。 📹视频

(1) 打开【例 6-10】创建的网页,在设计视图中选中文本"姓名:"后的文本框,在【属性】面板中选中 Required 复选框,如图 6-65 所示。此时,将在代码视图中为文本框设置 required 属性。

<input name="textfield" type="text" required="required" id="textfield">

(2) 按下 F12 键在浏览器中预览网页,若用户没有在页面中的【姓名】文本框中输入内容就单击【提交】按钮,将弹出如图 6-66 所示的提示信息。

图 6-65　为文本框设置 required 属性

图 6-66　required 属性的效果

6.4.10 disabled 属性

disabled 属性用于禁用 input 元素。被禁用的 input 元素既不可用，也不可被单击。

【例 6-29】 使用 Dreamweaver 在表单中应用 disabled 属性。 视频

(1) 打开【例 6-10】创建的网页，在设计视图中选中文本"地址:"后的文本框，在【属性】面板中选中 Disabled 复选框，如图 6-67 所示。此时，将在代码视图中为文本框设置 disabled 属性。

```
<input name="textfield2" type="text" disabled="disabled" id="textfield2">
```

(2) 按下 F12 键在浏览器中预览网页，"地址"文本框被禁用，如图 6-68 所示。

图 6-67 为文本框设置 disabled 属性

图 6-68 disabled 属性的效果

6.4.11 readonly 属性

readonly 属性用于规定输入字段为只读。只读字段虽然不能被修改，但用户可以使用 Tab 键切换到该字段，还可以选中或复制其中的内容。

【例 6-30】 使用 Dreamweaver 在表单中应用 readonly 属性。 视频

(1) 打开【例 6-10】创建的网页，在设计视图中选中文本"姓名:"后的文本框，在【属性】面板的 Value 文本框中输入"王女士"，为该文本框设置默认值。

(2) 选中【属性】面板中的 Read Only 复选框，此时，将在代码视图中为文本框设置 readonly 属性，如图 6-69 所示。

```
<input name="textfield" type="text" id="textfield" value="王女士" readonly="readonly">
```

(3) 按下 F12 键预览网页，页面中【姓名】文本框中的内容不可修改，如图 6-70 所示。

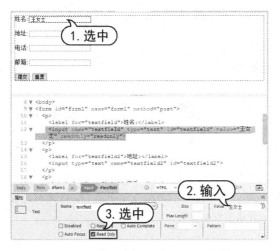

图 6-69　为文本框设置 readonly 属性

图 6-70　readonly 属性的效果

6.5　HTML5 新增控件

HTML5 新增了多个表单控件，分别是 datalist、keygen 和 output。

6.5.1　datalist 元素

datalist 元素用于为输入框提供一个可选的列表，用户可以直接选择列表中的某一预设的项，从而免去输入的麻烦。该列表由 datalist 中的 option 元素创建。如果用户不希望从列表中选择某项，也可以自行输入其他内容。

在实际应用中，如果要把 datalist 提供的列表绑定到某输入框，则需要使用输入框的 list 属性来引用 datalist 元素的 id，其应用方法用户可以参考本章的【例 6-24】，此处不再重复阐述。

> **提示**
>
> 每一个 option 元素都必须设置 value 属性。

6.5.2　keygen 元素

keygen 元素是密钥对生成器，能够使用户验证更为可靠。用户提交表单时会生成两个键：一个私钥，一个公钥。其中私钥会被存储在客户端，而公钥则会被发送到服务器(公钥可以用于之后验证用户的客户端证书)。

【例 6-31】 在表单中使用 keygen 元素。　视频

(1) 在代码视图中的文本框代码后输入<keygen>标签：

```
<keygen name="security">
```

计算机基础与实训教材系列

(2) 单击状态栏右侧的【预览】按钮，从弹出的列表中选择 Firefox 选项，使用 Firefox 浏览器预览网页，效果如图 6-71 右图所示。

图 6-71　带有 keygen 元素的表单效果

6.5.3　output 元素

output 元素用于在浏览器中显示计算结果或脚本输出，包含完整的开始和结束标签。其语法如下：

```
<output name="">Text</output>
```

【例 6-32】 在表单中使用 output 元素，计算数值加 50 以后的结果。 📹视频

(1) 在代码视图中输入以下代码：

```
<!doctype html>
<html>
<head>
<meta charset="utf-8">
<title>output 元素应用实例</title>
</head>
<body>
<form oninput="x.value=parseInt(a.value)+parseInt(b.value)">
  0
  <input type="range" id="a" value="50">
  100
  +
  <input type="number" id="b" value="50">
  =
  <output name="x" for="a b"></output>
</form>
</body>
</html>
```

(2) 按下 F12 键预览网页，效果如图 6-72 所示。

图 6-72　在表单中应用 output 元素

6.6　HTML5 表单属性

HTML5 新增了两个 form 属性，分别是 autocomplete 和 novalidate 属性。

6.6.1　autocomplete 属性

form 元素的 autocomplete 属性用于规定 form 中所有元素都拥有自动完成功能。该属性在介绍 input 属性时已经介绍过，其用法与之相同。

但是当 autocomplete 属性用于整个 form 时，所有从属于该 form 的元素便都具备自动完成功能。如果要使表单中的个别元素关闭自动完成功能，则单独为该元素指定"autocomplete="off""即可(具体可以参见本章【例 6-19】)。

6.6.2　novalidate 属性

form 元素的 novalidate 属性用于在提交表单时取消整个表单的验证，即关闭对表单内所有元素的有效性检查。如果要只取消表单中较少部分内容的验证而不妨碍提交大部分内容，则可以将 novalidate 属性单独用于 form 中的这些元素。

例如，下面的网页代码是一个 novalidate 属性的应用示例。该示例中取消了整个表单的验证。

```
<!doctype html>
<html>
<head>
<meta charset="utf-8">
</head>
<body>
<form action="testform.asp" method="get" novalidate>
  请输入电子邮件地址：
  <input type="email" name="user_email"/>
  <input type="submit" value="提交"/>
</form>
</body>
</html>
```

计算机基础与实训教材系列

6.7 实例演练

本章的实例演练部分将指导用户使用 Dreamweaver 制作一个用户登录页面。

【例 6-33】制作一个用户登录页面。 视频

(1) 按下 Ctrl+Shift+N 组合键，创建一个空白网页，按下 Ctrl+F3 组合键，显示【属性】面板，并单击其中的【页面属性】按钮。

(2) 打开【页面属性】对话框，在【分类】列表中选择【外观(CSS)】选项，单击【背景图像】文本框后的【浏览】按钮，如图 6-73 所示。

(3) 打开【选择图像源文件】对话框，选中一个图像素材文件，单击【确定】按钮。

(4) 返回【页面属性】对话框，在【上边距】文本框中输入 0，然后依次单击【应用】和【确定】按钮，为新建的网页设置一个背景图像。

(5) 将鼠标指针插入页面中，按下 Ctrl+Alt+T 组合键，打开 Table 对话框。设置在页面中插入一个 1 行 1 列，宽度为 800 像素，边框粗细为 10 像素的表格，如图 6-74 所示。

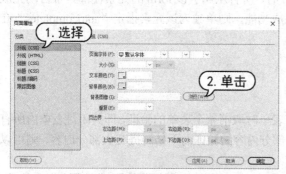

图 6-73 【页面属性】对话框

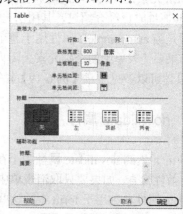

图 6-74 Table 对话框

(6) 在 Table 对话框中单击【确定】按钮，在页面中插入表格。在表格【属性】面板中单击 Align 按钮，在弹出的列表中选择【居中对齐】选项。

(7) 将鼠标指针插入表格中，在单元格【属性】面板中将【水平】设置为【居中对齐】，将【垂直】设置为【顶端】。

(8) 单击【背景颜色】按钮□，在打开的颜色选择器中将单元格的背景颜色设置为白色。

(9) 再次按下 Ctrl+Alt+T 组合键，打开 Table 对话框，在表格中插入一个 2 行 5 列，宽度为 800 像素，边框粗细为 0 像素的嵌套表格，如图 6-75 所示。

(10) 选中嵌套表格的第 1 列，在【属性】面板中将【水平】设置为【左对齐】，【垂直】设置为【居中】，【宽】设置为 200。

(11) 单击【属性】面板中的【合并所选单元格，使用跨度】按钮□，将嵌套表格的第 1 列合并。单击【拆分单元格为行或列】按钮，打开【拆分单元格】对话框。

(12) 在【拆分单元格】对话框中选中【列】单选按钮，在【列数】文本框中输入 2，然后单击【确定】按钮，如图 6-76 所示。

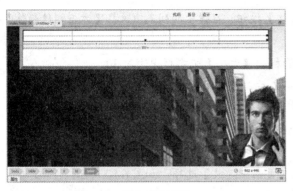

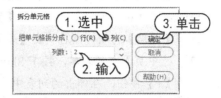

图 6-75　插入嵌套表格　　　　　　　　　　　　图 6-76　【拆分单元格】对话框

(13) 选中拆分后的单元格的第 1 列，在【属性】面板中将【宽】设置为 20，如图 6-77 所示。

(14) 将鼠标指针插入嵌套表格的其他单元格中，输入文本，并按下 Ctrl+Alt+I 组合键插入图像，制作如图 6-78 所示的表格效果。

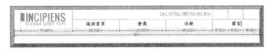

图 6-77　设置拆分后的单元格　　　　　　　　　图 6-78　在表格中输入文本

(15) 将鼠标指针插入嵌套表格的下方，按下回车键，选择【插入】|HTML|【水平线】命令，插入一条水平线，并在水平线下输入文本"用户登录"，如图 6-79 所示。

(16) 在【属性】面板中单击【字体】按钮，在弹出的列表中选择【管理字体】选项。

(17) 打开【管理字体】对话框，在【可用字体】列表框中双击【方正粗倩简体】字体，将其添加至【选择的字体】列表框中，然后单击【完成】按钮，如图 6-80 所示。

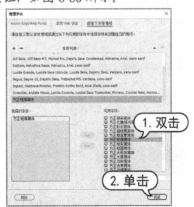

图 6-79　插入水平线并输入文本　　　　　　　　图 6-80　【管理字体】对话框

(18) 选中步骤(15)输入的文本，单击【字体】按钮，在弹出的列表中选择【方正粗倩简体】选项。

(19) 保持文本的选中状态，在【属性】面板的【大小】文本框中输入 30。

(20) 将鼠标指针放置在"用户登录"文本之后，按下回车键添加一个空行。

(21) 按下 Ctrl+F2 组合键，打开【插入】面板。单击该面板中的∨按钮，在弹出的下拉列表中选择【表单】选项，然后单击【表单】按钮▦，插入一个表单，如图 6-81 所示。

(22) 选中页面中的表单，按下 Shift+F11 组合键，打开【CSS 设计器】面板。单击【源】窗格中的【+】按钮，在弹出的列表中选择【在页面中定义】选项，如图 6-82 所示。

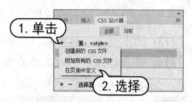

图 6-81　在网页中插入表单　　　　　　　　　图 6-82　【CSS 设计器】面板

(23) 在【选择器】窗格中单击【+】按钮，然后在添加的选择器名称栏中输入.form，如图 6-83 所示。

(24) 在表单的【属性】面板中单击 Class 下拉按钮，在弹出的列表中选择 form 选项，如图 6-84 所示。

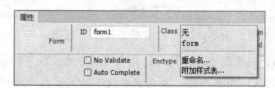

图 6-83　添加选择器　　　　　　　　　　图 6-84　表单【属性】面板

(25) 在【CSS 设计器】面板的【属性】窗格中单击【布局】按钮▦，在展开的属性设置区域中将 width 设置为 500px，将 margin 的左、右边距都设置为 150 像素，如图 6-85 左图所示。

(26) 此时，页面中表单的效果如图 6-85 右图所示。

图 6-85　利用 CSS 样式修饰表单后的效果

(27) 将鼠标指针插入表单中，在【插入】面板中单击【文本】按钮☐，在页面中插入一个如图 6-86 所示的文本域。

(28) 将鼠标指针放置在文本域的后面，按下回车键插入一个空行。在【插入】面板中单击【密码】按钮☒，在表单中插入如图 6-87 所示的密码域。

图 6-86　在表单中插入文本域

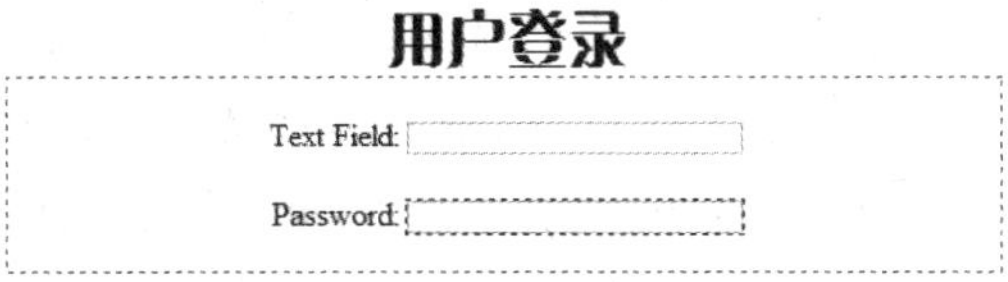

图 6-87　在表单中插入密码域

(29) 重复以上操作，在密码域的下方再插入一个文本域。

(30) 将鼠标指针插入文本域的后面，单击【插入】面板中的【"提交"按钮】按钮☑，在表单中插入一个【提交】按钮，如图 6-88 所示。

(31) 在【CSS 设计器】面板的【选择器】窗格中单击【+】按钮，创建一个名为.con1 的选择器，如图 6-89 所示。

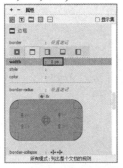

图 6-88　在表单中插入按钮

图 6-89　创建.con1 选择器

(32) 在【CSS 设计器】面板的【属性】窗格中单击【边框】按钮☐，然后单击【顶部】按钮☐，在显示的选项区域中将 width 设置为 0px，如图 6-90 所示。

(33) 单击【右侧】按钮☐和【左侧】按钮☐，在显示的选项区域中将 width 设置为 0px。

(34) 单击【底部】按钮，在显示的选项区域中将 color 颜色参数设置为 rgba(119,119,119,1.00)，如图 6-91 所示。

图 6-90　设置 width 参数为 0px

图 6-91　设置 color 参数

(35) 单击【属性】窗格中的【布局】按钮，在展开的属性设置区域中将 width 设置为 300 像素。

(36) 分别选中页面中的文本域和密码域，在【属性】面板中将 Class 设置为 con1。

(37) 修改文本域和密码域前的文本，并在【属性】面板中设置文本的字体格式。

(38) 在【CSS 设计器】面板的【选择器】窗格中单击【+】按钮，创建一个名为.botton 的选择器。

(39) 选中表单中的【提交】按钮，在【属性】面板中将 Class 设置为 botton。

(40) 在【CSS 设计器】面板的【属性】窗格中单击【布局】按钮，在展开的属性设置区域中将 width 设置为 380px，将 height 设置为 30px，将 margin 的顶端边距设置为 30px，如图 6-92 所示。

(41) 在【属性】窗格中单击【文本】按钮，将 color 的值设置为 rgba(255,255,255,1.00)。

(42) 在【属性】窗格中单击【背景】按钮，将 background-color 参数的值设置为 rgba(42,35,35,1.00)。

(43) 将鼠标指针插入"验证信息"文本域的后面，按回车键新增一行，输入文本"点击这里获取验证"，完成【用户登录】表单的制作，如图 6-93 所示。

图 6-92 设置布局参数

图 6-93 "用户登录"表单效果

6.8 习题

1. 简述如何在网页中插入表单。
2. 简述在 Dreamweaver 中创建表单元素的方法。
3. 表单对象一定要添加在表单中吗？
4. 练习使用 Dreamweaver 制作一个论坛留言页面。
5. 练习使用 Dreamweaver 制作一个用户注册页面。

第7章

使用表格

网页内容的布局方式取决于网站的主题定位。在 Dreamweaver 中，表格是最常用的网页布局工具，表格在网页中不仅可以排列数据，还可以对页面中的图像、文本、动画等元素进行准确定位，使网页页面效果显得整齐而有序。

本章重点

- 表格的基本结构
- 使用 Dreamweaver 创建表格
- 排列单元格内容
- 调整网页表格
- 设置表格背景
- 设置单元格内容不换行

二维码教学视频

【例 7-1】 创建表格
【例 7-2】 创建带标题的表格
【例 7-3】 定义表格边框类型
【例 7-4】 定义表格的表头
【例 7-5】 定义表格的单元格间距
【例 7-6】 定义表格的单元格边距
【例 7-7】 定义表格的宽度
【例 7-8】 使用 colspan 属性合并单元格
【例 7-9】 使用 rowspan 属性合并单元格
【例 7-10】 同时合并左右/上下单元格
【例 7-11】 设置单元格高度与宽度
本章其他视频参见视频二维码列表

7.1 表格的基本结构

在 HTML 文档中表格主要用于显示数据,它由行、列和单元格组成,如图 7-1 所示。

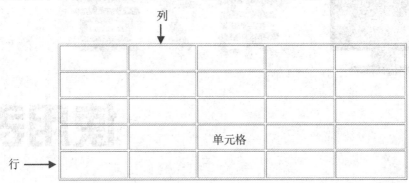

图 7-1 表格的组成

在 HTML5 中用于标记表格的标签如下。

▽ <table></table>标签:<table>标签用于标识一个表格对象的开始,</table>标签用于标识一个表格对象的结束。一个表格中,只允许出现一对<table></table>标签。在 HTML5 中不再支持它的任何属性。

▽ <tr></tr>标签:<tr>标签用于标识表格一行的开始,</tr>标签用于标识表格一行的结束。表格内有多少对<tr></td>标签,就表示有多少行。在 HTML5 中不再支持它的任何属性。

▽ <td></td>标签:<td>标签用于标识表格某行中的一个单元格的开始,</td>标签用于标识表格某行中的一个单元格的结束。<td></td>标签书写在<tr></tr>标签内,一对<tr></tr>标签内有多少对<td></td>标签,就表示该行有多少个单元格。在 HTML5 中它仅有 colspan 和 rowspan 两个属性。

最基本的表格,必须包含一对<table></table>标签、一对或几对<tr></tr>标签以及一对或几对<td></td>标签。一对<table></table>标签定义一个表格,一对<tr></tr>标签定义一行,一对<td></td>标签定义一个单元格。

【例 7-1】 使用 Dreamweaver 在网页中定义一个 3 行 4 列的表格。 📹 视频

(1) 创建一个空白网页后,将鼠标指针置于设计视图中适当的位置,选择【插入】| Table 命令,打开 Table 对话框,在【行数】文本框中输入 3,在【列】文本框中输入 4,然后单击【确定】按钮,如图 7-2 所示。

(2) 此时,将在代码视图中自动生成以下代码:

```
<table width="200" border="1">
  <tbody>
    <tr>
      <td> </td>
      <td> </td>
```

```
         <td> </td>
         <td> </td>
      </tr>
      <tr>
         <td> </td>
         <td> </td>
         <td> </td>
         <td> </td>
      </tr>
      <tr>
         <td> </td>
         <td> </td>
         <td> </td>
         <td> </td>
      </tr>
   </tbody>
</table>
```

(3) 其中的 " " 表示一个空格。在设计视图中的表格内的每个单元格中输入内容，" " 将被自动替换成输入的内容，如图 7-3 所示。

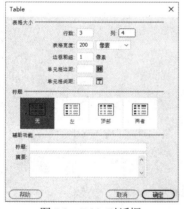

图 7-2　Table 对话框

图 7-3　输入内容后的效果

计算机基础与实训教材系列

7.2　创建表格

在 Dreamweaver 中，用户不仅可以利用软件提供的 Table 对话框创建如图 4-11 所示的普通表格，还可以在创建表格中设置表格的标题、边框、表头、单元格间距等。

7.2.1　创建带标题的表格

在网页中使用表格时，有时为了方便表述表格，用户可以使用<caption>标签定义表格标题。创建一个带有标题的表格。

【例 7-2】使用 Dreamweaver 在网页中创建一个带有标题的表格。 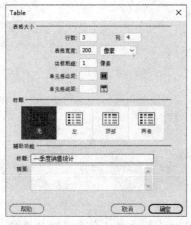视频

(1) 选择【插入】|Table 命令，打开 Table 对话框，在【行数】文本框中输入 3，在【列】文本框中输入 4，在【标题】文本框中输入"一季度销售统计"，如图 7-4 所示。

(2) 单击【确定】按钮，即可在设计视图中插入带标题的表格，在表格中输入数据后，效果如图 7-5 所示。

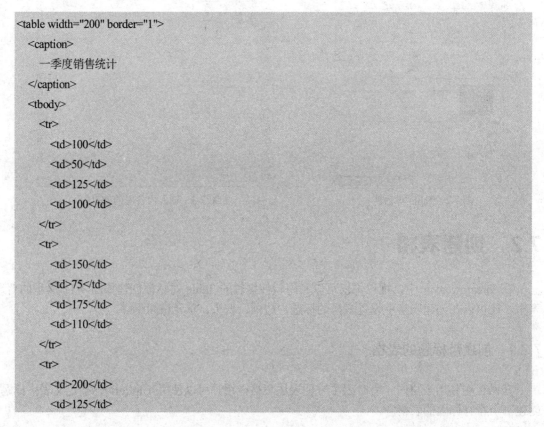

图 7-4 设置表格标题

一季度销售统计

100	50	125	100
150	75	175	110
200	125	200	120

图 7-5 带标题的表格

(3) 此时，将在代码视图中自动生成以下代码:

```
<table width="200" border="1">
  <caption>
    一季度销售统计
  </caption>
  <tbody>
    <tr>
      <td>100</td>
      <td>50</td>
      <td>125</td>
      <td>100</td>
    </tr>
    <tr>
      <td>150</td>
      <td>75</td>
      <td>175</td>
      <td>110</td>
    </tr>
    <tr>
      <td>200</td>
      <td>125</td>
```

```
        <td>200</td>
        <td>120</td>
    </tr>
  </tbody>
</table>
```

(4) 按下 F12 键，即可在浏览器中预览网页效果。

7.2.2　定义表格边框类型

在<table>标签中使用 border 属性可以定义表格的边框类型，从而获得例如加粗边框的表格效果。

【例 7-3】 在网页中分别插入边框粗细为 1 和 8 的两个表格。 ⊙视频

(1) 选择【插入】| Table 命令，打开 Table 对话框，在【行数】和【列】文本框中分别输入 2，在【边框粗细】文本框中输入 1，在【标题】文本框中输入"普通边框"，然后单击【确定】按钮，如图 7-6 所示。

(2) 此时，将在设计视图中插入一个如图 7-7 所示的两行两列表格，代码视图中显示<table>标签自动使用了 border 属性。

图 7-6　设置表格边框粗细为 1

图 7-7　边框粗细为 1 的表格效果

(3) 将鼠标指针放置在设计视图如图 7-7 所示表格的后方，按下回车键另起一行。

(4) 再次选择【插入】| Table 命令，打开 Table 对话框，在【行数】和【列】文本框中分别输入 2，在【边框粗细】文本框中输入 8，在【标题】文本框中输入"加粗边框"，然后单击【确定】按钮，如图 7-8 所示。

(5) 此时，将在设计视图中插入一个如图 7-9 所示两行两列的加粗边框表格，同时 Dreamweaver 在代码视图中为<table>标签自动设置 border 属性为 8。

(6) 按下 F12 键在浏览器中预览网页，效果与设计视图中表格的效果一致。

图 7-8 设置表格边框粗细为 8

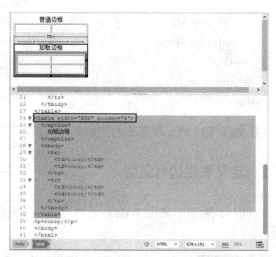

图 7-9 边框粗细为 8 的表格效果

7.2.3 定义表格的表头

表格中常见的表头分为垂直表头、水平表头和垂直水平表头 3 种。在 HTML 中，用户可以通过为<th>标签设置 scope 属性将表格中的单元格设置为表头。

【例 7-4】 定义表格的表头。 🎥视频

(1) 选择【插入】| Table 命令，打开 Table 对话框，在【行数】文本框中输入 2，在【列】文本框中输入 3，在【标题】选项区域中选中【顶部】选项，在【标题】文本框中输入"水平表头"，然后单击【确定】按钮，如图 7-10 所示。

(2) 此时，将在设计视图中插入一个 2 行 3 列的表格，并在代码视图中为<th>标签设置 scope 属性。在表格中输入数据，表格第一行表头的效果如图 7-11 所示。

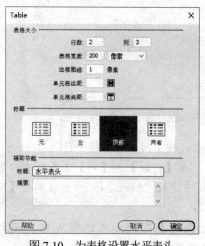

图 7-10 为表格设置水平表头

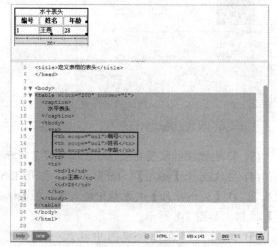

图 7-11 水平表头的效果

(3) 重复步骤(1)的操作，在打开的 Table 对话框中的【标题】选项区域中选中【左】选项，在【标题】文本框中输入"垂直表头"，单击【确定】按钮可以在设计视图中插入一个 2 行 3 列

的表格，并在代码视图中为<th>标题设置 scope 属性。

(4) 在表格中输入数据，表格第一列表头的效果如图 7-12 所示。

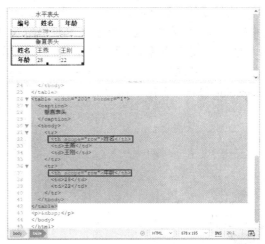

图 7-12 为表格设置垂直表头

(5) 再次选择【插入】| Table 命令，打开 Table 对话框，在【行数】文本框中输入 3，在【列】文本框中输入 4，在【标题】选项区域中选中【两者】选项，在【标题】文本框中输入"垂直水平表头"，然后单击【确定】按钮，如图 7-13 所示。

(6) 此时，将在设计视图中插入一个 3 行 4 列的表格，并在代码视图中为<th>标签设置 scope属性。在表格中输入数据，表格第一行和第一列表头的效果如图 7-14 所示。

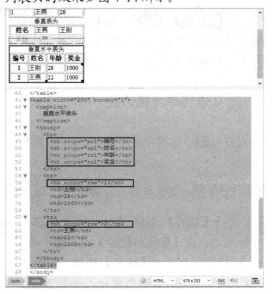

图 7-13 为表格设置垂直水平表头　　　　　图 7-14 垂直水平表头的效果

7.2.4 定义表格单元格间距

在创建表格中，用户可以通过在<table>标签中设置 cellspacing 属性定义单元格之间的间距。

【例 7-5】 定义表格的单元格间距。 视频

(1) 选择【插入】|Table 命令，打开 Table 对话框，在【行数】文本框中输入 2，在【列】文本框中输入 3，在【单元格间距】文本框中输入 10，在【标题】文本框中输入"单元格间距为10 的表格"，然后单击【确定】按钮，如图 7-15 所示。

(2) 此时，将在设计视图中插入一个 2 行 3 列的表格，并在代码视图中为<table>标签自动设置 cellspacing 属性，如图 7-16 所示。

图 7-15　为表格设置单元格间距

图 7-16　单元格间距为 10 的表格效果

提示

在制作网页时用户应注意勿将 cellspacing 属性与 cellpadding 属性混淆，cellpadding 属性规定的是单元格边沿与单元格内容之间的空间。

7.2.5　定义表格单元格边距

通过在<table>标签中使用 cellpadding 属性，用户可以定义表格中单元格边沿与单元格内容之间的空间。

【例 7-6】 定义表格的单元格边距。 视频

(1) 选择【插入】|Table 命令，打开 Table 对话框，在【行数】文本框中输入 2，在【列】文本框中输入 3，在【单元格边距】文本框中输入 12，在【标题】文本框中输入"带 cellpadding 属性的表格"，然后单击【确定】按钮，如图 7-17 所示。

(2) 此时，将在设计视图中插入一个 2 行 3 列的表格，并在代码视图中为<table>标签自动设置 cellpadding 属性。

(3) 在表格中输入数据后，表格单元格与单元格内容之间的空间如图 7-18 所示。对比如图 7-12 所示表格，用户可以看到为表格设置 cellpadding 属性后表格的变化。

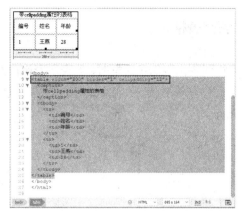

图 7-17　为表格设置单元格边距　　　　　　图 7-18　单元格边距为 12 的表格效果

7.2.6　定义表格宽度

在网页中创建表格时，在<table>标签中使用 width 属性可以定义表格的宽度(可使用像素或百分比单位)。如果没有设置 width 属性，表格会占用需要的空间来显示表格数据。

【例 7-7】定义表格的宽度。 视频

(1) 选择【插入】| Table 命令，打开 Table 对话框，在【行数】文本框中输入 2，在【列】文本框中输入 3，在【表格宽度】文本框中输入 100，然后单击该文本框右侧的下拉按钮，从弹出的列表中选择【百分比】选项，然后单击【确定】按钮，如图 7-19 所示。

(2) 此时，将在设计视图中插入一个 2 行 3 列的表格，并在代码视图中为<table>标签自动设置 width 属性，如图 7-20 所示。

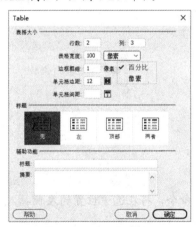

图 7-19　为表格设置宽度　　　　　　　图 7-20　宽度为 100%的表格效果

7.3　调整表格

使用 Dreamweaver 在网页中插入表格后，用户可以通过调节表格大小、添加与删除行和列等操作，使表格的形状符合网页制作的需要。

计算机基础与实训教材系列

7.3.1 调整表格大小

当表格四周出现黑色边框时，就表示表格已经被选中。将光标移动到表格上的尺寸手柄处，光标会变成↔或↕等形状。在此状态下向左右、上下或对角线方向拖动即可调整表格的大小，如图7-21所示。

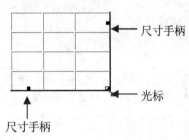
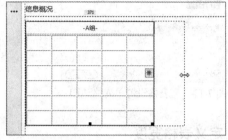

图 7-21 通过拖动尺寸手柄调整表格的大小

当鼠标指针移动到表格右下方的尺寸手柄处，光标变为↘时，可以通过向下拖动来增大表格的高度。

7.3.2 添加行与列

在网页中插入表格后，在操作过程中可能会出现表格的中间需要插入单元格的情况。此时，在 Dreamweaver 中执行以下操作即可。

(1) 将鼠标指针置于表格中合适的位置，右击，在弹出的菜单中选择【表格】|【插入行】命令，即可在选中位置之上插入一个空行，如图7-22所示。

图 7-22 在表格中添加行

(2) 若用户在如图7-20所示的菜单中选择【插入列】命令，将在选中位置的左侧插入一个空列。

7.3.3 删除行与列

删除表格行最简单的方法是将鼠标指针移动到行左侧边框处，当光标变为→时单击，选中想删除的行，然后按下 Delete 键即可，如图7-23所示。

要删除表格中的列，可以将鼠标指针移动到列上方的边缘处，当光标变为↓时单击，选中想要删除的列，然后按下 Delete 键即可，如图 7-24 所示。

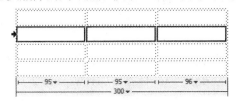

图 7-23　选中并删除行

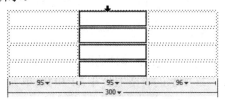

图 7-24　选中并删除列

7.3.4　合并单元格

在实际应用中，并非所有页面都是规范的几行几列，而是需要将某些单元格进行合并，以符合某些页面内容的需要。在 HTML 中合并表格单元格的方法有两种，一种是上下合并，另一种是左右合并，要实现这两种合并方式只需要在<td>标签中使用 colspan 和 rowspan 属性即可。

1. 使用 colspan 属性合并左右单元格

实现左右单元格的合并需要在<td>标签中使用 colspan 属性，其语法格式如下：

```
<td colspan="数值">单元格内容</td>
```

其中，colspan 属性的取值为数值型整数数据，代表几个单元格进行左右合并。例如，要将单元格中的 A1 和 A2 单元格合并成一个单元格，为表格第一行的第一个<td>标签增加 colspan="2" 属性，并且将 A2 单元格的<td>标签删除即可。

【例 7-8】 在 Dreamweaver 中用 colspan 属性合并表格的左右单元格。 ◎视频

(1) 在设计视图中选中表格中的 A1 和 A2 单元格，单击【属性】面板中的【合并所选单元格，使用跨度】按钮 ▢，如图 7-25 所示。

(2) 此时，Dreamweaver 将在<td>标签中使用 colspan 属性合并所选单元格，如图 7-26 所示。

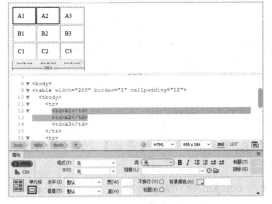

图 7-25　通过【属性】面板设置

图 7-26　左右单元格合并效果

计算机基础与实训教材系列

2. 使用 rowspan 属性合并上下单元格

实现上下单元格的合并需要为<td>标签增加 rowspan 属性，其代码格式如下：

```
<td rowspan="数值">单元格内容</td>
```

其中，rowspan 属性的取值为数值型整数数据，代表几个单元格进行上下合并。例如，要在如图 7-23 所示的表格中合并 A1 和 B1 单元格，为第一行的第一个<td>标签增加 rowspan="2"属性，并将 B1 单元格的<td>标签删除即可。

【例 7-9】 在 Dreamweaver 中用 rowspan 属性合并表格的上下单元格。 📹视频

(1) 在设计视图中选中表格中的 A1 和 B1 单元格，单击【属性】面板中的【合并所选单元格，使用跨度】按钮 ⬚，如图 7-27 所示。

(2) 此时，Dreamweaver 将在<td>标签中使用 rowspan 属性合并所选单元格，如图 7-28 所示。

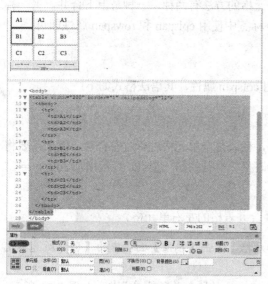

图 7-27　设置合并上下单元格

图 7-28　上下单元格合并效果

通过上面介绍的两个实例，用户会发现，合并单元格就是"丢弃"某些单元格。对于左右合并，以左侧的单元格为准，将右侧要合并的单元格"丢弃"；对于上下合并，以上方的单元格为准，将下方要合并的单元格"丢弃"。如果一个单元格既要向右合并，又要向下合并，该如何实现呢？下面通过一个实例详细介绍。

【例 7-10】 在 Dreamweaver 中同时合并左右和上下方向的单元格。 📹视频

(1) 在设计视图中选中表格中的 A1、A2、B1 和 B2 单元格，单击【属性】面板中的【合并所选单元格，使用跨度】按钮 ⬚，如图 7-29 所示。

(2) 此时，Dreamweaver 将在<td>标签中同时使用 colspan 和 rowspan 属性合并所选单元格，如图 7-30 所示。

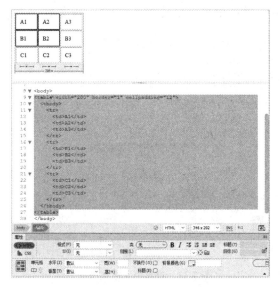

图 7-29　同时选中上下和左右方向的单元格

图 7-30　单元格合并效果

7.3.5　拆分单元格

在设计视图中选择需要拆分的单元格，选择【编辑】|【表格】|【拆分单元格】命令，或单击【属性】面板中的合并按钮，打开【拆分单元格】对话框，在该对话框中选择把单元格拆分成行或列，然后再设置要拆分的行数或列数，单击【确定】按钮即可拆分单元格，如图 7-31 所示。

图 7-31　在 Dreamweaver 中拆分表格单元格

7.3.6　设置单元格高度与宽度

在 HTML 中通过为<td>标签设置 height 和 width 属性可以规定表格单元格的高度和宽度。

【例 7-11】 在 Dreamweaver 中设置表格单元格的行高和列宽。 视频

(1) 将鼠标指针置于表格的单元格中后，在【属性】面板的【宽】文本框中输入 30，设置选中单元格的宽度为 30(像素)，如图 7-32 所示。

(2) 在【属性】面板的【高】文本框中输入 50，将选中单元格的高度设置为 50(像素)，如图 7-33 所示。

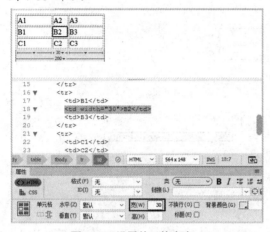
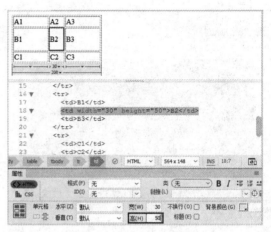

图 7-32 设置单元格宽度　　　　　　　　　　　图 7-33 设置单元格高度

7.4 设置表格背景

在网页中创建表格后，为了美化表格效果，用户可以为表格设置颜色背景或图片背景。

7.4.1 定义表格背景颜色

在 HTML 中，用户可以通过为<table>标签设置 bgcolor 属性，定义表格的背景颜色。

【例 7-12】 定义表格的背景颜色。 视频

(1) 打开【例 7-2】中创建的表格，在设计视图中单击表格左上角选中整个表格，如图 7-34 所示。

(2) 在代码视图中将鼠标指针置于<table>标签中，按下空格键，从弹出的列表中选择 bgcolor 选项，如图 7-35 所示。

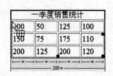

图 7-34 选中整个表格　　　　　　图 7-35 为<table>标签添加 bgcolor 属性

(3) 在显示的列表中按下回车键，选择 Colo Picker...选项，在打开的颜色选择器中选择一种颜色作为表格的背景色，如图 7-36 所示。

(4) 此时，即可在设计视图中预览设置背景色后的表格效果，如图 7-37 所示。

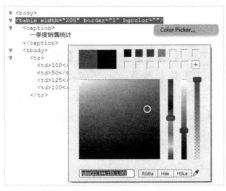

图 7-36　选择表格背景颜色

图 7-37　表格背景颜色效果

7.4.2　定义表格背景图片

除了可以为表格添加背景颜色以外，用户还可以通过在<table>标签中添加 background 属性，为表格设置背景图片。

【例 7-13】 定义表格的背景图片。 视频

(1) 在网页中插入表格后，在代码视图中将鼠标指针置于<table>标签中，按下空格键，从弹出的列表中选择 background 选项，如图 7-38 所示。

(2) 在显示的列表中按下 Enter 键，选择【浏览】选项，打开【选择文件】对话框，选中一个图片文件后，单击【确定】按钮，如图 7-39 所示。

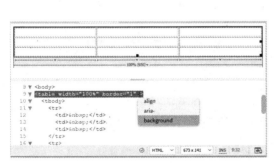

图 7-38　为<table>标签添加 background 属性

图 7-39　选择表格的背景图片

(3) 此时，即可在设计视图中预览表格背景图片的效果。

7.4.3　定义表格单元格背景

与为整个表格设置背景颜色和背景图片一样，用户通过在<td>标签中添加 bgcolor 和 background 属性可以为单元格设置背景颜色和背景图片。

计算机基础与实训教材系列

【例 7-14】 设置网页中表格单元格的背景。 📹视频

(1) 在设计视图中将鼠标指针置于表格的单元格中,单击【属性】面板中的【背景颜色】按钮,从弹出的颜色选择器中选择一种颜色,即可为单元格设置背景颜色,如图 7-40 所示。

(2) 在设计视图中将鼠标指针置于表格的另一个单元格中,在代码视图中将选中相应的 <td>标签,将鼠标指针置于<td>标签中,按下空格键,从弹出的列表中选择 background 选项,如图 7-41 所示。

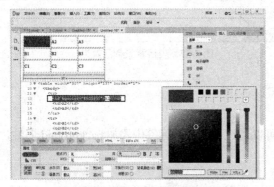

图 7-40　为单元格设置背景颜色

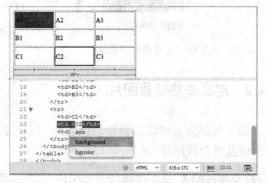

图 7-41　为<td>标签添加 background 属性

(3) 在显示的列表中按下 Enter 键,选择【浏览】选项,如图 7-42 所示。打开【选择文件】对话框,选择一个图片文件后,单击【确定】按钮。

(4) 此时,即可在设计视图中预览单元格的背景图片,效果如图 7-43 所示。

图 7-42　浏览背景图片文件

图 7-43　设置单元格背景图片效果

7.5　排列单元格内容

在<td>标签中使用 align 属性可以规定单元格中内容的水平排列方式,使用 valign 属性可以规定单元格中内容的垂直排列方式。

【例 7-15】 在 Dreamweaver 中设置排列表格单元格中的内容。 📹视频

(1) 在网页中插入表格后在设计视图中选中表格的第一列和第二列,在【属性】面板中单击

【水平】下拉按钮，从弹出的列表中选择【居中对齐】选项，如图 7-44 所示。

　　(2) 此时，Dreamweaver 将在代码视图中为选中单元格的\<td\>标签添加 align 属性 (align="center")，设置单元格内容水平对齐排列，如图 7-45 所示。

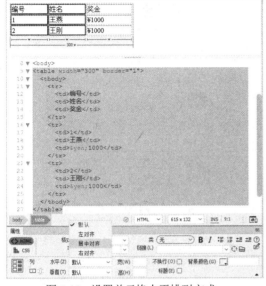

图 7-44　设置单元格水平排列方式

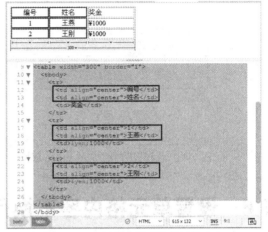

图 7-45　水平居中排列的单元格内容

　　(3) 在设计视图中选中表格的第三列，在【属性】面板中单击【水平】下拉按钮，从弹出的列表中选择【右对齐】选项，在代码视图中为选中单元格的\<td\>标签添加 align 属性(align="center")，设置单元格内容靠右对齐排列，如图 7-46 所示。

　　(4) 在设计视图中选中表格的第二和第三行，在【属性】面板中单击【垂直】下拉按钮，从弹出的列表中选择【底部】选项，如图 7-47 所示。

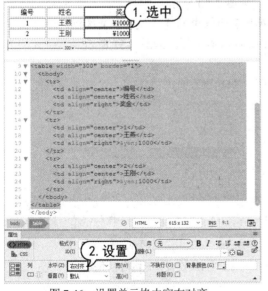

图 7-46　设置单元格内容右对齐

图 7-47　设置单元格内容垂直对齐

　　(5) 此时，Dreamweaver 将在代码视图中为选中单元格的\<td\>标签添加 valign 属性

(valign="bottom")，如图 7-48 所示。

(6) 按下 F12 键预览网页，页面中表格的效果如图 7-49 所示。

图 7-48　代码视图中添加的 valign 属性　　　　　图 7-49　网页内容排列效果

7.6　设置单元格内容不换行

用户可以通过在<td>标签中添加 nowrap 属性，定义当表格单元格中输入的内容过多时，内容不会自动换行。

【例 7-16】 在 Dreamweaver 中设置单元格内容不自动换行。　📹视频

(1) 在网页中插入一个宽度为 400 像素的 1 行 2 列表格后，在表格的每个单元格中分别输入内容。在默认设置下，单元格中的内容将自动换行，如图 7-50 所示。

(2) 将鼠标指针插入表格的单元格中，选中【属性】面板中的【不换行】复选框，即可在当前单元格的<td>标签中设置 nowrap 属性，设置单元格内容不换行，如图 7-51 所示。

图 7-50　单元格内容自动换行　　　　　　　　图 7-51　设置单元格内容不换行

7.7　实例演练

本章的实例演练部分，将指导用户利用表格制作一个网站引导页面。

【例 7-17】使用 Dreamweaver 制作一个网站引导页面。　🎬视频

(1) 按下 Ctrl+Shift+N 组合键创建一个空白网页，选择【文件】|【页面属性】命令，打开【页面属性】对话框。

(2) 在【页面属性】对话框的【分类】列表框中选中【外观(CSS)】选项，然后在对话框右侧的选项区域中将【左边距】【右边距】【上边距】和【下边距】都设置为 0，单击【确定】按钮，如图 7-52 所示。

(3) 按下 Ctrl+Alt+T 组合键，打开 Table 对话框，在【行数】和【列】文本框中分别输入 3，在【表格宽度】文本框中输入 100，并单击该文本框后的下拉按钮，在弹出的列表中选择【百分比】选项，如图 7-53 所示。

图 7-52　【页面属性】对话框

图 7-53　Table 对话框

(4) 单击【确定】按钮，在页面中插入一个 3 行 3 列的表格，选中表格的第 1 列。

(5) 按下 Ctrl+F3 组合键，显示【属性】面板，在【宽】文本框中输入 25%，设置表格第 1 列的宽度占表格总宽度的 25%，如图 7-54 所示。

图 7-54　设置表格第 1 列属性

(6) 选中表格的第 3 列，在【属性】面板的【宽】文本框中输入 45%，设置表格第 3 列的宽度占表格总宽度的 45%。

(7) 将鼠标指针置于表格第 2 行第 2 列单元格中，按下 Ctrl+Alt+T 组合键，打开 Table 对话框，设置在单元格中插入一个 3 行 2 列，宽度为 300 像素的嵌套表格，如图 7-55 所示。

(8) 选中嵌套表格的第 1 行，单击【属性】面板中的【合并所选单元格，使用跨度】按钮 ▥，将该行中的两个单元格合并，在其中输入文本并设置文本格式，如图 7-56 所示。

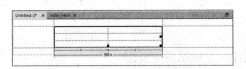

图 7-55　创建 3 行 2 列嵌套表格

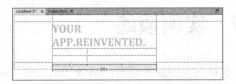

图 7-56　合并单元格并输入文本

(9) 使用同样的方法，合并嵌套表格的第 2 行，并在其中输入文本。

(10) 选中嵌套表格的第 3 行，在【属性】面板中将单元格的水平对齐方式设置为【左对齐】，然后按下 Ctrl+Alt+I 组合键，在该行的两个单元格中插入如图 7-57 所示的图像素材。

(11) 按下 Shift+F11 组合键，显示【CSS 设计器】面板，在【源】窗格中单击【+】按钮，在弹出的列表中选择【在页面中定义】选项。

(12) 在【选择器】窗格中单击【+】按钮，在显示的文本框中输入.t1，创建一个选择器，如图 7-58 所示。

图 7-57　在表格中插入图片

图 7-58　创建选择器.t1

(13) 在【属性】窗格中单击【布局】按钮，在显示的选项区域中将 height 设置为 550px，如图 7-59 所示。

(14) 单击【属性】窗格中的【背景】按钮，在显示的选项区域中单击 background-image 选项后的【浏览】按钮，如图 7-60 所示。

图 7-59　设置【布局】选项参数

图 7-60　设置【背景】选项参数

(15) 打开【选择图像源文件】对话框，选择一个图像素材文件后，单击【确定】按钮。

(16) 选中网页中插入的表格，在【属性】面板中单击 Class 按钮，在弹出的列表中选择 t1 选项。此时网页中的表格效果如图 7-61 所示。

(17) 将鼠标指针置于网页中的表格之后，按下 Ctrl+Alt+T 组合键，打开 Table 对话框，设置在网页中插入一个 5 行 2 列，宽度为 800 像素的表格，如图 7-62 所示。

(18) 选中页面中插入的表格，在【属性】面板中单击 Align 按钮，在弹出的列表中选择【居中对齐】选项。

(19) 选中表格的第 1 行第 1 列单元格，在【属性】面板中将该单元格内容的水平对齐方式设置为【右对齐】。

图 7-61　网页中表格的效果

图 7-62　创建 5 行 2 列的表格

(20) 选中表格第 1 行第 2 列单元格，在【属性】面板中将该单元格内容的水平对齐方式设置为【左对齐】。

(21) 将鼠标指针置入表格第 1 行的单元格中，按下 Ctrl+Alt+I 组合键，打开【选择图像源文件】对话框。在该行中的两个单元格内分别插入一张图片，如图 7-63 所示。

(22) 选中表格的第 2 行单元格，在【属性】面板中单击【合并所选单元格，使用跨度】按钮□，将该行单元格合并，并将单元格内容的水平对齐方式设置为【居中对齐】，如图 7-64 所示。

图 7-63　在单元格中插入图片

图 7-64　合并单元格

(23) 将鼠标指针置于合并后的单元格中，按下 Ctrl+Alt+I 组合键，打开【选择图像源文件】对话框。选择在该单元格中插入一个如图 7-65 所示的图像素材文件。

(24) 选中表格第 3、4 行第 1 列单元格，在【属性】面板中将单元格内容的水平对齐方式设置为【右对齐】。

(25) 选中表格第 3、4 行第 2 列单元格，在【属性】面板中将单元格内容的水平对齐方式设置为【左对齐】。

(26) 将鼠标指针置于表格第 3 行第 1 列单元格中，按下 Ctrl+Alt+T 组合键，打开 Table 对话框，在选中的单元格中插入一个 2 行 2 列，宽度为 260 像素的嵌套表格。

(27) 将鼠标指针置于表格第 1 行的第 1 列单元格中，在【属性】面板中将表格内容的水平对齐方式设置为【左对齐】，【宽】设置为 50 像素。

(28) 按下 Ctrl+Alt+I 组合键，打开【选择图像源文件】对话框，执行"插入图像"操作在表格当前选中的单元格中插入一个素材图像。

(29) 将嵌套表格第 2 列单元格的对齐方式设置为【左对齐】。

(30) 将鼠标指针置于嵌套表格第 1 行的第 2 列单元格中，单击【属性】面板中的【拆分单元格为行或列】按钮，将该单元格拆分成如图 7-66 所示的两个单元格。

图 7-65　插入图像素材

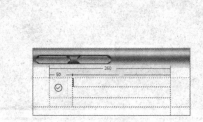

图 7-66　拆分单元格

(31) 在拆分后的两个单元格中分别输入文本。

(32) 选中输入文本内容的嵌套表格，使用 Ctrl+C(复制)、Ctrl+V(粘贴)组合键，将其复制到表格第 3、4 行如图 7-67 所示的单元格中。

(33) 选中表格第 5 行，在【属性】面板中设置该行单元格的【高】为 80。将鼠标指针置于表格之后，选择【插入】| HTML |【水平线】命令，插入一条水平线，并在【属性】面板中设置水平线的宽度为 100%，然后在水平线下方输入网页底部文本(网页版权信息)。

(34) 最后，按下 Ctrl+S 组合键，打开【另存为】对话框，将制作的网页文件以文件名 index.html 保存。按下 F12 键，在浏览器中查看网页的效果，如图 7-68 所示。

计算机基础与实训教材系列

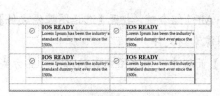

图 7-67　复制嵌套表格

图 7-68　网页效果

7.8　习题

1. 表格在网页中的作用是什么？如何在网页中插入表格？
2. 练习使用 Dreamweaver 在网页中创建表格，制作一个网页日历。
3. 练习使用 Dreamweaver 在网页中创建表格，制作一个商品报价表。

第 8 章

使用多媒体

除了在页面中使用文本和图像元素来表达网页信息以外，还可以增加音频、视频等多媒体内容。目前，在网页上没有关于音频和视频的标准，多数音频和视频都是通过插件来播放的。为此，HTML5 新增了音频和视频的标签。本节将结合 HTML5 的相关知识，介绍使用 Dreamweaver 在网页中插入各种多媒体的方法。

本章重点

- 使用网页音频标签 audio
- 使用网页视频标签 video
- 在网页中添加 FLV 文件
- 在网页中添加插件
- 在网页中添加 SWF 文件
- 在网页中添加滚动文字

二维码教学视频

【例 8-1】 设置网页背景音乐
【例 8-2】 设置网页音乐循环播放
【例 8-3】 设置网页音乐自动播放
【例 8-4】 在网页中添加视频文件
【例 8-5】 设置网页视频自动播放
【例 8-6】 使用鼠标控制视频播放
【例 8-7】 设置网页视频循环播放
【例 8-8】 设置网页视频静音播放
【例 8-9】 设置视频窗口高度和宽度
【例 8-10】 在网页中添加插件
【例 8-11】 在网页中添加 SWF 文件
本章其他视频参见视频二维码列表

8.1 使用网页音频标签<audio>

目前，大多数音频是通过插件来播放的，常见的播放插件有 Flash 等。这就是为什么用户在使用浏览器播放音乐时，常常需要安装 Flash 插件的原因，但是并不是所有的浏览器都拥有同样的插件。为此，和 HTML4 相比，HTML5 新增了<audio>标签。

8.1.1 <audio>标签简介

<audio>标签主要用于定义播放声音文件或者音频流的标准，支持 3 种音频格式，分别为 ogg、mp3 和 wav。如果需要在 HTML5 网页中播放音频，输入的基本格式如下：

```
<audio src="song.mp3" controls="controls">
</audio>
```

其中，src 属性是规定要播放的音频的地址，controls 属性是供添加播放、暂停和音量控件。另外，<audio>与</audio>之间插入的内容是供不支持 audio 元素的浏览器显示的。

8.1.2 audio 标签的属性

audio 标签的常见属性描述如表 8-1 所示。

表 8-1 audio 标签的常见属性描述

属　　性	值	说　　明
autoplay	autoplay(自动播放)	如果出现该属性，则音频在就绪后马上播放
	controls(控制)	如果出现该属性，则向用户显示控件，如【播放】按钮
	loop(循环)	如果出现该属性，则每当音频结束时重新开始播放
	preload(加载)	如果出现该属性，则音频在页面加载时进行加载，并预备播放。如果使用"autoplay "，则忽略该属性
	url(地址)	表示音频的 URL 地址
autobuffer	Autobuffer(自动缓冲)	在网页显示时，该属性表示是由用户代理(浏览器)自动进行内容缓冲，还是由用户使用相关 API 进行内容缓冲

另外，<audio>标签可以通过<source>标签添加多个音频文件，具体如下：

```
<audio controls="controls">
<source src="m1.ogg" type="audio/ogg">
<source src="m2.mp3" type="audio/mpeg">
</audio>
```

8.1.3　音频解码器

音频解码器定义了音频数据流编码和解码的算法。其中，编码器主要是对数据流进行编码操作，用于存储和传输。音频播放器主要是对音频文件进行解码，然后进行播放操作。目前，使用较多的音频解码器是 Vorbis 和 ACC。

8.1.4　设置网页音频文件

在网页中插入音频文件，可以使单调的页面变得生动。本节将主要介绍使用 Dreamweaver 为网页添加音频文件的具体方法。

1. 设置网页背景音乐

在本章的 8.1 节中介绍了网页音频标签<audio>的相关知识。在 Dreamweaver 中，要为网页添加<audio>标签，可以通过执行菜单栏中的【插入】| HTML | HTML5 Audio 命令来实现。

【例 8-1】 使用 Dreamweaver 为网页添加背景音乐。　　视频

(1) 将鼠标指针置于设计视图中，选择【插入】| HTML |HTML5 Audio 命令(或单击【插入】面板中的 HTML5 Audio 选项)，在代码视图中插入<audio>标签，然后为<audio>标签添加 src 属性："<audio src="">"，在 Dreamweaver 提示中选择【浏览】选项，打开【选择文件】对话框，选择背景音乐文件后，单击【确定】按钮，如图 8-1 所示。

图 8-1　添加<audio>标签并设置 src 属性

(2) 在<audio>标签中输入文本"您的浏览器不支持 audio 标签"，设置当浏览器不支持<audio>标签时，以文字方式向浏览者给出提示，如图 8-2 所示。

(3) 按下 F12 键预览网页，可在打开的浏览器中看到加载的音频播放控制条，如图 8-3 所示。

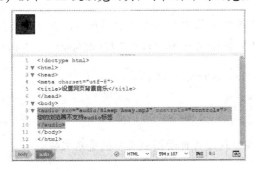

图 8-2　<audio>标签代码　　　　　　　　　图 8-3　添加网页背景音乐效果

计算机基础与实训教材系列

2. 设置音乐循环播放

在<audio>标签中使用 loop 属性可以规定当音频播放结束后将重新开始播放(如果设置了该属性,则音频将循环播放)。其语法格式如下:

```
<audio loop="loop"/>
```

【例 8-2】 设置网页中的背景音乐循环播放。 视频

(1) 继续【例 8-1】的操作,在设计视图中选中页面中添加的音频图标后,在【属性】面板中选中 Loop 复选框,在代码视图中为<audio>标签设置 loop 属性(loop="loop"),如图 8-4 所示。

(2) 按下 F12 键预览网页,可以看到加载的音频控制条并听到加载的音频,当音频播放结束后,将循环播放,如图 8-5 所示。

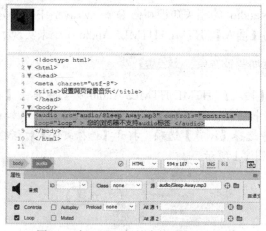

图 8-4 在<audio>标签中使用 loop 属性

图 8-5 网页音频循环播放

3. 设置音乐自动播放

在<audio>标签中使用 autoplay 属性,可以设置一旦网页中的音频就绪就马上开始播放。其语法格式如下:

```
<audio autoplay="autoplay"/>
```

【例 8-3】 设置网页中的背景音乐自动播放。 视频

(1) 继续【例 8-1】的操作,在设计视图中选中页面中添加的音频图标后,在【属性】面板中选中 Autoplay 复选框,在代码视图中为<audio>标签设置 autoplay 属性(autoplay="autoplay"):

```
<audio src="audio/Sleep Away.mp3" controls="controls" autoplay="autoplay" >
您的浏览器不支持 audio 标签
</audio>
```

(2) 按下 F12 键预览网页,当网页被浏览器加载时将自动播放其中的音乐文件。

8.2　使用网页视频标签<video>

与音频文件播放方式一样，大多数视频文件在网页上也是通过插件来播放的，如常见的播放插件为 Flash。由于不是所有浏览器都拥有同样的插件，为此，和 HTML4 相比，HTML5 新增了<video>标签。

8.2.1　<video>标签简介

<video>标签主要是定义播放视频文件或视频流的标准，支持 3 种视频格式，分别为 ogg、webm 和 mpeg4。在 HTML5 网页中播放视频的基本代码格式如下：

```
<video src="m2.mp4" controls="controls">
</video>
```

另外，在<video></video>之间插入的内容是供不支持 video 元素的浏览器显示的。

8.2.2　<video>标签的属性

<video>标签的常见属性和描述如表 8-2 所示。

表 8-2　audio 标签的常见属性和描述

属　　性	值	说　　明
autoplay	autoplay	如果使用该属性，则视频在就绪后马上播放
controls	controls	如果使用该属性，则向用户显示控件，例如播放按钮
	loop	如果使用该属性，则每当视频播放结束时重新开始播放
	preload	如果使用该属性，则视频在页面加载时进行加载，并预备播放。如果使用 autoplay 属性，则忽略该属性
	url	要播放视频的 URL
width	宽度值	设置视频播放器的宽度
height	高度值	设置视频播放器的高度
poster	url	当视频未响应或缓冲不足时，该属性值链接到一个图像，该图像将以一定比例显示

通过表 8-2 可以看出，用户可以自定义网页中视频文件显示的大小。例如，如果想让视频以 320 像素×240 像素大小显示，可以加入 width 和 height 属性。其格式如下：

```
<video width="320" height="240" controls src="music.mp4">
</video>
```

另外，<video>标签可以通过 source 属性添加多个视频文件。其格式如下：

```
<video controls="controls">
<source src="a.ogg" type="video/ogg">
<source src="b.mp4" type="video/mp4">
</video>
```

8.2.3 视频解码器

视频解码器定义了视频数据流编码和解码的算法。其中，编码器主要是对数据流进行编码操作，用于存储和传输。视频播放器主要是对视频文件进行解码，然后进行播放操作。目前，在HTML5 中使用比较多的视频解码文件是 Theora、H.264 和 VP8。

8.2.4 设置网页视频文件

在网页中加入视频文件，可以使单调的页面变得生动。

1. 在网页中添加视频

使用 Dreamweaver 在网页中添加视频的方式与设置网页背景音乐的方法类似。

【例 8-4】使用 Dreamweaver 为网页添加视频文件。 🎬 视频

(1) 将鼠标指针置于设计视图中，选择【插入】| HTML | HTML5 Video 命令，在代码视图中插入<video>标签。在设计视图中选中页面中添加的视频图标后，选中【属性】面板中的 Controls 复选框，如图 8-6 所示。

(2) 在代码视图中使用<source>标签链接不同的视频文件，如图 8-7 所示(浏览器会自动选择第一个可以识别的格式)。

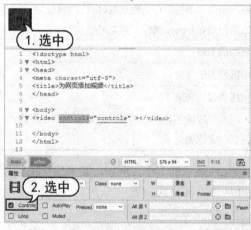

图 8-6　为<video>标签添加 controls 属性

图 8-7　使用<source>标签

(3) 在<source>标签后输入文本"您的浏览器不支持 video 标签"，设置当浏览器不支持<video>标签时，以文字方式向浏览者给出提示，如图 8-8 所示。

(4) 按下 F12 键在浏览器中预览网页,在打开的浏览器窗口中可以看到加载的视频播放界面,如图 8-9 所示,单击其中的【播放】按钮即可播放视频。

图 8-8　设置不支持\<video\>标签时的文本提示　　　　图 8-9　浏览器中的视频文件

提示

当为\<audio\>或\<video\>标签设置 controls 属性时,可以在页面中以默认方式进行播放控制。如果不设置 controls 属性,那么在播放时就不会显示播放控制界面。如果网页中播放的是音频,那么页面中任何信息都不会显示,因为\<audio\>标签的唯一可视化信息就是其对应的控制界面。如果播放的是视频,那么视频内容会显示。即使不添加 controls 属性也不会影响页面的正常显示。

2. 设置网页视频自动播放

在\<video\>标签中使用 autoplay 属性,可以设置一旦网页中的视频就绪就马上开始播放。其语法格式如下:

```
<video autoplay="autoplay"/>
```

【例 8-5】设置网页中的视频文件在网页被加载时自动播放。　　视频

(1) 继续【例 8-4】的操作,在设计视图中选中页面中添加的视频图标后,在【属性】面板中选中 Autoplay 复选框,在代码视图中为\<video\>标签设置 autoplay 属性(autoplay="autoplay")。

```
<video controls="controls" autoplay="autoplay" >
   <source src="video/video.Ogg" type="video/ogg">
   <source src="video/video.mp4" type="video/mp4">
您的浏览器不支持 video 标签
</video>
```

(2) 按下 F12 键预览网页,当网页被浏览器加载时将自动播放其中的视频文件。

用户也可以使用 JavaScript 脚本控制媒体的播放,例如:

▽ load():可以加载音频或者视频文件。

▽ play():可以加载并播放音频或视频文件,除非已经暂停,否则默认从头播放。

▽ pause():暂停处于播放状态的音频或视频文件。

计算机基础与实训教材系列

▽ canPlayType(type)：检测<video>标签是否支持给定 MIME 类型的文件。

【例 8-6】 使用 JavaScript 脚本设置通过鼠标移动来控制视频播放和暂停。 🎬 视频

(1) 继续【例 8-4】的操作，在设计视图中选中视频图标，取消选中【属性】面板中的 Controls 复选框，然后在代码视图中的<video>标签中添加以下代码：

```
<video id="movies" onMouseMove="this.play()" onMouseOut="this.pause()" autobuffer="true">
    <source src="video/video.Ogg" type="video/ogg">
    <source src="video/video.mp4" type="video/mp4">
您的浏览器不支持 video 标签
</video>
```

(2) 按下 F12 键预览网页，当鼠标指针放置在网页中的视频窗口上时，浏览器将播放网页中的视频。当鼠标指针离开视频窗口时，视频将停止播放。

3. 设置网页视频循环播放

在<video>标签中使用 loop 属性可以设置当视频播放结束后将重新开始播放(如果设置了该属性，则视频将循环播放)。其语法格式如下：

```
<video loop="loop"/>
```

【例 8-7】 设置网页中的视频文件在网页加载后循环播放。 🎬 视频

(1) 继续【例 8-4】的操作，在设计视图中选中页面中添加的视频图标后，在【属性】面板中选中 Loop 复选框，在代码视图中为<video>标签设置 loop 属性(loop="loop")。

```
<video controls="controls" autoplay="autoplay" loop="loop">
    <source src="video/video.Ogg" type="video/ogg">
    <source src="video/video.mp4" type="video/mp4">
您的浏览器不支持 video 标签
</video>
```

(2) 按下 F12 键预览网页，当页面中的视频播放结束后，将循环播放。

4. 设置网页视频静音播放

在<video>标签中使用 muted 属性，可以设置在网页中播放视频时不播放视频的声音。其语法格式如下：

```
<video muted="muted"/>
```

【例 8-8】 设置网页中的视频静音播放。 🎬 视频

(1) 继续【例 8-4】的操作，在设计视图中选中页面中添加的视频图标后，在【属性】面板中选中 Muted 复选框，在代码视图中为<video>标签设置 muted 属性(muted="muted")。

計算机基础与实训教材系列

```
<video controls="controls" muted="muted" >
  <source src="video/video.Ogg" type="video/ogg">
  <source src="video/video.mp4" type="video/mp4">
您的浏览器不支持 video 标签
</video>
```

(2) 按下 F12 键预览网页，当浏览者播放页面中的视频时，将不播放视频的声音。

5. 设置视频窗口的高度和宽度

在网页中添加视频后，如果没有设置视频的高度和宽度，在页面加载时会为视频预留出空间，使页面的整体布局发生变化。在 HTML5 中视频的高度和宽度通过 height 和 width 属性来设置，其语法格式如下：

```
<video width="value" height="value"/>
```

【例 8-9】 在 Dreamweaver 中设置页面中视频窗口的高度和宽度。📹视频

(1) 继续【例 8-4】的操作，在设计视图中选中视频图标，在【属性】面板的 W 文本框中输入 300，设置视频窗口的宽度为 300 像素；在 H 文本框中输入 200，设置视频窗口的高度为 200 像素，如图 8-10 所示。

(2) 按下 F12 键预览网页，浏览器中的视频窗口大小如图 8-11 所示。

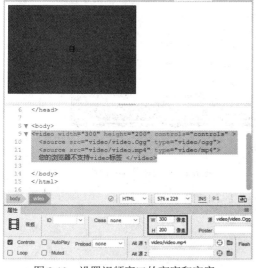

图 8-10 设置视频窗口的高度和宽度

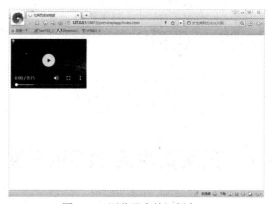

图 8-11 浏览器中的视频窗口

8.3 在网页中添加插件

<embed>标签是 HTML5 中的新标签。该标签用于定义嵌入的内容(比如插件)。其格式如下：

```
<embed src="url">
```

<embed>标签的常见属性及描述如表 8-3 所示。

表 8-3　embed 标签的常见属性及描述

属　　性	值	说　　明
height	pixels	设置嵌入内容的高度
src	url	设置嵌入内容的 URL
type	type	定义嵌入内容的类型
width	pixels	设置嵌入内容的宽度

【例 8-10】使用 Dreamweaver 在网页中添加一个插件。 视频

(1) 将鼠标指针置于设计视图中，选择【插入】|HTML|【插件】命令(或单击【插入】面板中的【插件】选项)，打开【选择文件】对话框，选择一个多媒体文件(音频或视频)，然后单击【确定】按钮，在网页中插入一个插件。

(2) 在设计视图中选中网页中的插件，在【属性】面板的【宽】和【高】文本框中设置插件的宽度和高度，如图 8-12 所示。

(3) 按下 F12 键，在浏览器中预览网页，效果如图 8-13 所示。

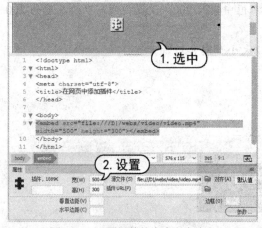

图 8-12　设置插件的宽度和高度

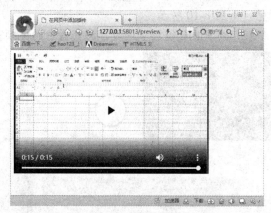

图 8-13　在浏览器中预览网页

8.4　在网页中添加 SWF 文件

在网页源代码中用于插入 Flash 动画的标签有两个，分别是<object>标签和<param>标签。

▽　<object>标签：<object>标签最初是 Microsoft 用来支持 ActiveX applet 的，但不久后，Microsoft 又添加了对 JavaScript、Flash 的支持。该标签的常用属性及说明如表 8-4 所示。

表 8-4　<object>标签的常用属性及说明

属　　性	说　　明
classid	指定包含对象的位置

(续表)

属　　性	说　　明
codebase	提供一个可选的 URL，浏览器从这个 URL 中获取对象
width	指定对象的宽度
height	指定对象的高度

▽　<param>标签：<param>标签将参数传递给嵌入的对象，这些参数是 Flash 对象正常工作所需要的，其属性及说明如表 8-5 所示。

表 8-5　<param>标签的属性及说明

属　　性	说　　明
name	指定参数的名称
value	指定参数的值

在 Dreamweaver 中，还使用了以下 JavaScript 脚本来保证在任何版本的浏览器平台下，Flash 动画都能正常显示。

```
<script src="Scripts/swfobject_modified.js"></script>
```

在页面的正文中，使用以下 JavaScript 脚本实现了对脚本的调用。

```
<script type="text/javascript">
swfobject.registerObject("FlashID");
</script>
```

提示

这里需要注意的是：如果要在浏览器中观看 Flash 动画，需要安装 Adobe Flash Player 播放器，该播放器可以通过 Adobe 官方网站下载。

【例 8-11】　使用 Dreamweaver 在网页中添加一个 SWF 文件。　视频

(1) 按下 Ctrl+N 键新建一个空白网页文件，选择【插入】| HTML | Flash SWF 命令(或单击【插入】面板中的 Flash SWF 选项)，在打开的提示对话框中单击【确定】按钮，先将创建的网页文件保存。

(2) 打开【选择 SWF】对话框，选择一个 SWF 文件后，单击【确定】按钮。

(3) 打开【对象标签辅助功能属性】对话框，单击【确定】按钮。

(4) 此时，将在设计视图中插入一个 Flash SWF 图标，选中该图标，用户可以在【属性】面板中设置其循环、自动播放、宽、高、对齐、垂直边距、水平边距、品质和比例等参数，如图 8-14 所示，并在代码视图中生成如图 8-15 所示的代码。

计算机基础与实训教材系列

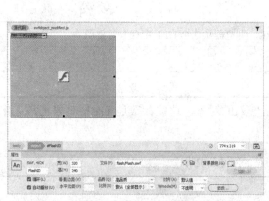

图 8-14　设计视图中插入的 Flash SWF 图标　　　　图 8-15　在代码视图中生成的代码

(3) 按下 F12 键，即可在打开的网页中播放 Flash SWF 文件。

8.5　在网页中添加 FLV 文件

　　FLV 是 Flash Video 的简称，FLV 流媒体格式是随着 Flash MX 的推出发展而来的视频格式。FLV 文件并不是 Flash 动画。它的出现是为了解决 Flash 以前对连续视频只能使用 JPEG 图像进行帧内压缩，并且压缩效率低，文件很大，不适合视频存储的弊端。FLV 文件采用帧间压缩的方法，可以有效地缩小文件，并保证视频的质量。

　　在 Dreamweaver 中选择【插入】| HTML | Flash Video 命令，打开如图 8-16 所示的【插入 FLV】对话框，在其中可以设置在网页中插入 FLV 文件。在【插入 FLV】对话框中单击【视频类型】下拉按钮，用户可以选择【累进式下载视频】和【流视频】两个选项将 FLV 文件传送给网页浏览者。

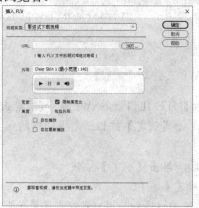

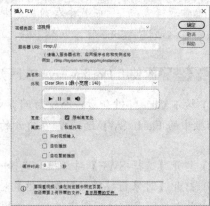

图 8-16　【插入 FLV】对话框

　　▽　累进式下载视频：将 FLV 文件下载到网页浏览者的计算机硬盘中，然后进行播放。但是，与常见的"下载并播放"视频传送方法不同，累进式下载允许在下载完成之前就开始播放视频文件。

▽ 流视频：对视频内容进行流式处理，并在一段可确保流畅播放的很短的缓冲时间后在网页上播放视频。若要在网页上启用流视频，网页浏览者必须具有访问 Adobe Flash Media Server 的权限。

【例 8-12】 使用 Dreamweaver 在网页中添加累进式下载视频。 视频

(1) 将鼠标指针插入设计视图中，选择【插入】| HTML | Flash Video 命令(或单击【插入】面板中的 Flash Video 选项)，打开【插入 FLV】对话框，单击【视频类型】下拉按钮，从弹出的列表中选择【累进式下载视频】选项，然后单击 URL 文本框右侧的【浏览】按钮，打开【选择 FLV】对话框，选择一个 FLV 文件，单击【确定】按钮。

(2) 返回【插入 FLV】对话框，单击【确定】按钮，即可在网页中插入一个 FLV 文件。选中该 FLV 文件，在【属性】面板的 W 和 H 文本框中分别输入 800，设置网页中 FLV 视频文件的高度和宽度分别为 800 像素，如图 8-17 所示。

(3) 此时，将在代码视图中自动生成如图 8-18 所示的代码。

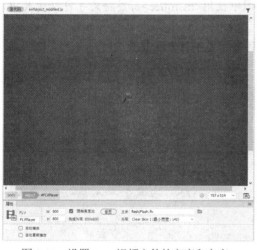

图 8-17　设置 FLV 视频文件的高度和宽度

图 8-18　代码视图

(4) 按下 F12 键预览网页，在视频播放窗口的左下角将显示如图 8-19 所示的控制条，通过该控制条，浏览者可以控制 FLV 视频的播放、暂停和停止。

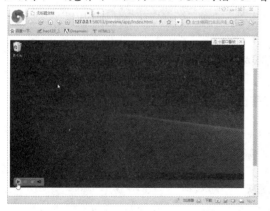
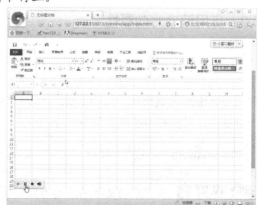

图 8-19　网页中的 FLV 视频

计算机基础与实训教材系列

8.6 在网页中添加滚动文字

网页中的多媒体元素一般包括动态文字、动态图像、声音以及动画等，其中在 HTML 中最容易实现的就是可以在网页中添加滚动文字。

8.6.1 设置网页滚动文字

在 HTML 中使用<marquee>标签可以将文字设置为动态滚动的效果。其语法格式如下：

<marquee>滚动文字</marquee>

【例 8-13】 使用 Dreamweaver 在网页中添加一段滚动文字。 视频

(1) 在设计视图中输入一段文字后，在代码视图中使用<marquee>标签将文字包括于其中，即可创建一段滚动文字，如图 8-20 所示。

(2) 按下 F12 键在浏览器中预览网页，可以看到滚动文字在未设置宽度时，在网页中独占一行显示，如图 8-21 所示。

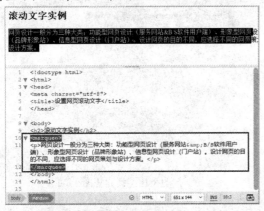

图 8-20 创建滚动文字

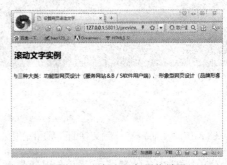

图 8-21 滚动文字预览效果

8.6.2 应用滚动方向属性

<marquee>标签的 direction 属性用于设置内容滚动方向，属性值有 left、right、up、down，分别代表向左滚动、向右滚动、向上滚动、向下滚动，其中向左滚动 left 的效果与如图 8-21 所示的默认文字滚动效果相同，而向上滚动的文字则常常出现在网站的公告栏中。

direction 属性的语法格式如下：

<marquee direction="滚动方向">滚动文字</marquee>

【例 8-14】 设置滚动文字的滚动方向。 视频

(1) 在代码视图中分别为 4 段文本设置不同的滚动方向，如图 8-22 所示。

（2）按下 F12 键预览网页，网页中第一行文字向左不停循环运行，第二行文字向右不停循环运行，第三行文字向上不停循环运行，第四行文字向下不停循环运行，如图 8-23 所示。

图 8-22　设置文字滚动方向

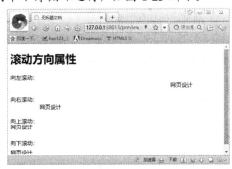

图 8-23　文字滚动方向效果

8.6.3　应用滚动方式属性

<marquee>标签的 behavior 属性用于设置滚动文本的滚动方式，默认参数为 scroll，即循环滚动，当其值为 alternate 时，内容将来回循环滚动。当其值为 slide 时，内容滚动一次即停止，不会循环。

behavior 属性的语法格式如下：

```
<marquee behavior="滚动方式">滚动文字</marquee>
```

【例 8-15】 设置滚动文字的滚动方式。 🎬视频

（1）在代码视图中分别为 3 段文本设置不同的滚动方式，如图 8-24 所示。

（2）按下 F12 键在浏览器中预览网页，其中第一行文字不停循环滚动；第二行文字则在第一次到达浏览器边缘时就停止滚动；第三行文字则在滚动到浏览器左侧边缘后开始反方向滚动，如图 8-25 所示。

图 8-24　设置文字滚动方式

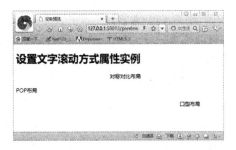

图 8-25　文字滚动方式效果

8.6.4　应用滚动速度属性

在网页中设置滚动文字时，有时需要文字滚动得慢一些，有时则需要文字滚动得快一些。使用<marquee>标签的 scrollamount 属性可以调整滚动文字的滚动速度，其语法格式如下：

```
<marquee scrollamount="滚动速度">滚动文字</marquee>
```

计算机基础与实训教材系列

【例 8-16】 设置滚动文字的滚动速度。 🔵视频

(1) 在代码视图中分别为 3 段文本设置不同的滚动速度，如图 8-26 所示。

(2) 按下 F12 键在浏览器中预览网页，可以看到页面中 3 行文字同时开始滚动，但是速度不一样，设置的 scrollamount 属性值越大，滚动文字的滚动速度越快，如图 8-27 所示。

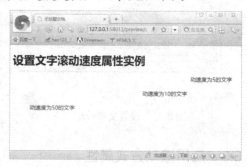

图 8-26　设置文字滚动速度　　　　　　　　　　图 8-27　文字滚动速度效果

8.6.5　应用滚动延迟属性

<marquee>标签的 scrolldelay 属性用于设置内容滚动的时间间隔。其语法格式如下：

<marquee scrollamount="时间间隔">滚动文字</marquee>

scrolldelay 属性的时间单位是毫秒，也就是千分之一秒。这一时间间隔是指滚动两步之间的间隔，如果设置的时间比较长，会造成滚动文字走走停停的效果。另外，如果将 scrolldelay 属性与 scrollamount 属性结合使用，效果会更明显。

【例 8-17】 设置滚动文字的滚动延迟时间。 🔵视频

(1) 在代码视图中分别为 3 段文本设置不同的滚动延迟，如图 8-28 所示。

(2) 按下 F12 键在浏览器中预览网页，其中第一行文字设置的延迟较小，因此滚动显示时速度较快，最后一行文字设置的延迟较大，因此滚动显示时速度较慢，如图 8-29 所示。

图 8-28　设置文字滚动延迟　　　　　　　　　　图 8-29　文字滚动延迟效果

8.6.6　应用滚动循环属性

在网页中设置滚动文字后，在默认情况下文字会不断循环显示。如果用户需要让文字在滚动几次后停止，可以使用 loop 参数来进行设置。其语法格式如下：

```
<marquee loop="循环次数">滚动文字</marquee>
```

【例 8-18】 设置滚动文字的滚动循环次数。　📹 视频

(1) 在网页中创建滚动文字后，在代码视图中的 `<marquee>` 标签中添加 loop 属性，并将其属性值设置为 3，如图 8-30 所示。

(2) 按下 F12 键在浏览器中预览网页，当页面中的文字循环滚动 3 次之后，滚动文字将不再出现，如图 8-31 所示。

图 8-30　设置文字滚动循环 3 次

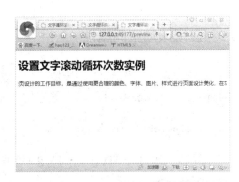

图 8-31　网页滚动文字循环效果

8.6.7　应用滚动范围属性

如果不设置滚动文字的背景面积，在默认情况下水平滚动的文字，其背景与文字一样高、与浏览器窗口同样宽。使用 `<marquee>` 标签的 width 和 height 属性可以调整其背景宽度和背景高度。其语法格式如下：

```
<marquee width=背景宽度  height=背景高度>滚动文字</marquee>
```

这里设置的 width(宽度)和 height(高度)的单位均为像素。

8.6.8　应用滚动背景颜色属性

`<marquee>` 标签的 bglolor 属性用于设置滚动文字内容的背景颜色(类似于 `<body>` 标签的背景色设置)。其语法格式如下：

```
<marquee bgcolor="颜色代码">滚动文字</marquee>
```

【例 8-19】 设置滚动文字的范围和背景颜色。 🎬 视频

(1) 在代码视图中的<marquee>标签中添加 width、height 和 bglolor 属性,如图 8-32 左图所示。

(2) 按下 F12 键在浏览器中预览网页,页面中滚动文字的效果如图 8-32 右图所示。

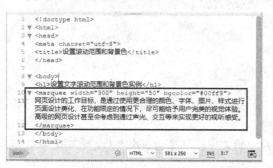
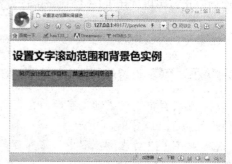

图 8-32　设置文字滚动范围和背景颜色

8.6.9　应用滚动空间属性

在默认情况下,滚动文字周围的文字或图像是与滚动背景紧密连接的,使用<marquee>标签中的 hspace 和 vspace 属性可以设置它们之间的空白空间。其语法格式如下:

<marquee hspace=水平范围　vspace=垂直范围>滚动文字</marquee>

以上语法中的 hspace(水平)和 vspace(垂直)的单位均为像素。

【例 8-20】 设置滚动文字的滚动空间。 🎬 视频

(1) 在网页中设置滚动文字后,在代码视图中的<marquee>标签中添加 hspace、vspacet 和 bglolor 属性,如图 8-33 左图所示。

(2) 按下 F12 键在浏览器中预览网页,可以看到设置水平和垂直等空间属性后的滚动文字效果,如图 8-33 右图所示。

图 8-33　设置滚动文字的滚动空间

8.7　实例演练

本章的实例演练部分将指导用户使用 Dreamweaver 在网页中制作一个音乐播放按钮。

【例 8-21】　使用 Dreamweaver 制作一个音乐播放按钮。　🎬视频

(1) 打开素材网页后，将鼠标指针插入网页中合适的位置，选择【插入】| HTML | HTML5 Audio 命令，在网页中插入一个 <audio> 标签。

(2) 在设计视图中选中页面中插入的 <audio> 标签，在【属性】面板中取消 Controls 复选框的选中状态，在 ID 文本框中输入 music，如图 8-34 所示。

(3) 单击【属性】面板中【源】文本框后的【浏览】按钮📁，在打开的对话框中选择一个音频文件，并单击【确定】按钮。

(4) 将鼠标指针插入网页中的文本 "Hello Welcome To Music Event" 之后，在代码视图中创建一个具有切换功能的按钮，以脚本的方式控制音频的播放，如图 8-35 所示，该按钮在初始化时会提示用户单击它播放音频。每次单击按钮时，都会触发 toggleSound() 函数：

```html
<button id="toggle" onClick="toggleSound()">播放</button>
```

图 8-34　设置 <audio> 标签　　　　　　　图 8-35　创建具有切换功能的按钮

(4) 在 </button> 标签之后添加以下代码，设置 toggleSound() 函数首先访问 DOM 中的 audio 元素和 button 元素：

```javascript
<script type="text/javascript">
function toggleSound(){
    var music = document.getElementById("music");
    var toggle = document.getElementById("toggle");
    if (music.paused) {
        music.play();
        toggle.innerHTML ="暂停";
    }
    }
```

计算机基础与实训教材系列

(5) 通过访问 audio 元素的 paused 属性,可以检测到用户是否已经暂停播放音频。如果音频还没有开始播放,那么 paused 属性默认值为 true,这种情况在用户第一次单击按钮时遇到。此时,需要调用 play()函数播放音频,同时修改按钮上的文字,提示再次单击就会暂停:

```
} else    {
    music.pause();
    toggle.innerHTML = "播放";
```

完整的代码如图 8-36 所示。

(6) 按下 F12 键预览网页,单击页面中的【播放】按钮即可播放音乐,如图 8-37 所示。在音乐播放时,按钮上显示"暂停"文本,单击【暂停】按钮将停止播放音乐。

图 8-36　使用脚本控制音频播放

图 8-37　网页中的音频播放控制按钮

8.8　习题

1. 在 Dreamweaver 中,用户可以向网页文档中添加哪些类型的声音文件?
2. 简述如何在网页中插入普通音频和视频。
3. 练习使用 Dreamweaver 在网页中插入音频和视频。
4. 练习使用 Dreamweaver 在网页中添加滚动文本。
5. 尝试使用 Dreamweaver 为网页中的视频添加字幕。

第9章

使用HTML5绘制图形

    HTML5 呈现了很多新特性，其中一个最值得提及的特性就是 HTML canvas。canvas 是一个矩形区域，使用 JavaScript 可以控制其每一个像素。本章将以 Dreamweaver CC 2019 软件为网页编辑器，介绍使用 HTML5 绘制图形的方法。

➡ 本章重点

- ◐ 绘制基本图形
- ◐ 绘制渐变图形
- ◐ 绘制文字

- ◐ 设置图形样式
- ◐ 操作图形

➡ 二维码教学视频

【例 9-1】 绘制矩形

【例 9-2】 绘制圆形

【例 9-3】 绘制有规律的弧形

【例 9-4】 绘制直线

【例 9-5】 绘制蓝色填充的三角形

【例 9-6】 绘制空心三角形

【例 9-7】 绘制圆角弧线

【例 9-8】 绘制贝济埃曲线

【例 9-9】 绘制线性渐变图形

【例 9-10】 绘制径向渐变图形

【例 9-11】 绘制不同线宽的直线

本章其他视频参见视频二维码列表

9.1 canvas 简介

canvas 是一个新的 HTML 元素,这个元素可以被 Script 语言(JavaScript)用来绘制图形。例如,可以用它来画图、合成图像或做简单的动画。

HTML5 的<canvas>标签是一个矩形区域,它包含两个属性 width 和 height,分别表示矩形区域的宽度和高度。这两个属性都是可选的,并且都可以通过 CSS 来定义,其默认值是 300px 和 150px。canvas 在网页中的常用形式如下:

```
<canvas id="myCanvas" width="300" height="300" style="border: 1px solid #E9E909;">
Your browser does not support the canvas element.
</canvas>
```

上面的代码中,id 表示画布对象名称,width 和 height 分别表示宽度和高度;最初的画布是不可见的,此处为了观察这个矩形区域,使用了 CSS 样式,即 style 标签。style 表示画布的样式。如果浏览器不支持画布标签,会显示画布中间的提示信息。

画布 canvas 本身不具有绘制图形的功能,只是一个容器,如果读者对于 Java 语言非常了解,就会发现 HTML5 的画布和 Java 中的 Panel 面板非常相似,都可以在容器中绘制图形。如果 canvas 画布元素放置好了,就可以使用脚本语言 JavaScript 在网页中绘制图形。

使用 canvas 结合 JavaScript 绘制图形,一般情况下需要执行以下几个步骤。

(1) JavaScript 使用 id 来寻找 canvas 元素,即获取当前画布对象。

```
var c=document.getElementById("myCanvas");
```

(2) 创建 context 对象,代码如下:

```
var cxt=c.getContext("2d");
```

getContext 方法返回一个指定 contextId 的上下文对象,如果指定的 id 不被支持,则返回 null,当前唯一被强制必须支持的是 “2d”,需要注意的是:指定的 id 是大小写区分的。对象 cxt 建立之后,就可以拥有多种绘制路径、矩形、圆形、字符及添加图像的方法。

(3) 绘制图形,代码如下:

```
cxt.fillStyle="#FF0000";
cxt.fillRect(0,0,150,75);
```

fillStyle 方法将图形染成红色,fillRect 方法规定了形状、位置和尺寸。这两行代码绘制了一个红色区域。

9.2 绘制基本图形

画布 canvas 元素结合 JavaScript 不但可以在网页中绘制简单的矩形,还可以绘制一些其他的常见图形,例如圆、直线等。

9.2.1 绘制矩形

单独一个<canvas>标签只是在页面中定义一个矩形区域，并没有特别之处，网页开发人员只有配合 JavaScript 脚本，才能完成各种图形、线条及复杂图形的变换操作。与基于 SVG 来实现同样的绘图效果比较，canvas 绘图是一种像素级别的位图绘图技术，而 SVG 则是一种矢量绘图技术。

使用 canvas 和 JavaScript 绘制一个矩形，可能会涉及一个或多个方法，如表 9-1 所示。

表 9-1 使用 canvas 和 JavaScript 绘制矩形的方法

方 法	功 能
fillRect	绘制一个矩形，这个矩形区域没有边框，只有填充颜色。这种方法包括 4 个参数，前两个表示左上角的坐标位置，第 3 个参数为长度，第 4 个参数为高度
strokeRect	绘制一个带边框的矩形，该方法的 4 个参数功能同上
clearRect	清除一个矩形区域，被清除的区域将没有任何线条，该方法的 4 个参数功能同上

【例 9-1】 在 Dreamweaver 中使用 canvas 绘制一个 100×100 的蓝色矩形。　视频

(1) 将鼠标指针插入设计视图中，选择【插入】|HTML|Canvas 命令，在网页中插入一个如图 9-1 所示的画布对象。

(2) 在【属性】面板的 ID 文本框中输入 myCanvas，在 W 文本框中输入 300，在 H 文本框中输入 200，设置画布对象的 ID、高度和宽度，如图 9-2 所示。

图 9-1 创建画布对象

图 9-2 设置【属性】面板

(3) 此时，代码视图中将自动生成以下代码：

```
<canvas id="myCanvas" width="300" height="200"></canvas>
```

将其修改为(定义画布边框的显示样式)：

```
<canvas id="myCanvas" width="300" height="200" style="border:1px solid blue"></canvas>
```

(4) 在代码视图<canvas></canvas>标签之间输入当浏览器不支持 canvsa 标签时的提示文本：

```
Your browser does not support the canvas element
```

计算机基础与实训教材系列

(4) 在代码视图中</canvas>标签之后输入以下代码:

```
<script type="text/javascript">
var c=document.getElementById("myCanvas");
var cxt=c.getContext("2d");
    cxt.fillStyle="rgb(0,0,200)";
    cxt.fillRect(10,20,100,100);
</script>
```

在上面的 JavaScript 代码中,首先获取画布对象,然后使用 getContext 获取当前 2d 的上下文对象,并使用 fillRect 绘制一个矩形。其中涉及一个 fillStyle 属性,fillStyle 用于设定填充的颜色、透明度等。如果设置为"rgb(200,0,0)",则表示一种颜色,不透明;如果设为"rgba(0,0,200,0.5)"则表示一种颜色,透明度为 50%。

(5) 此时,将在设计视图中生成如图 9-3 左图所示的矩形。保存网页后,按下 F12 键预览网页,效果如图 9-3 右图所示。

图 9-3　绘制矩形的效果

9.2.2　绘制圆形

基于 canvas 元素的图形并不是直接在<canvas>标签所创建的绘图画面上进行各种绘图操作,而是依赖画面所提供的渲染上下文(Rendering Context),所有的绘图命令和属性都定义在渲染上下文中。通过 canvas id 获取相应的 DOM 对象之后首先要做的事情就是获取渲染上下文对象。渲染上下文与 canvas 相互对应,无论对同一 canvas 对象调用几次 getContext()方法,都将返回同一个上下文对象。

在画布中绘制圆形,可能要涉及如表 9-2 所示的几种方法。

路径是绘制自定义图形的好方法,在 canvas 中通过 beginPath()方法开始绘制路径,这个时候就可以绘制直线、曲线等,绘制完成后调用 fill()和 stroke()完成填充和边框设置,通过 closePath()方法结束路径的绘制。

表 9-2　使用 canvas 绘制矩形的方法

方　　法	功　　能
beginPath()	开始绘制路径
arc(x,y,radius,startAngle, endAngle,anticlockwise)	x 和 y 定义的是圆的原点，radius 是圆的半径，startAngle 和 endAngle 是弧度，不是度数，anticlockwise 是用来定义画圆的方向，值是 true 或 false
closePath()	结束路径的绘制
fill()	进行填充
stroke()	设置边框

【例 9-2】 在 Dreamweaver 中使用 canvas 绘制一个圆形。　　视频

(1) 将鼠标指针置于设计视图中，选择【插入】|HTML|Canvas 命令，在网页中插入一个画布对象。在【属性】面板的 ID 文本框中输入 myCanvas，在 W 文本框中输入 200，在 H 文本框中输入 200。在代码视图中为 canvas 标签添加 style 属性，定义画布边框的显示样式，并在<canvas></canvas>标签之间输入提示文本:

```
<canvas id="myCanvas" width="200" height="200" style="border:1px solid red">
 Your browser does not support the canvas element
</canvas>
```

(2) 在代码视图中的</canvas>标签之后输入以下代码(如图 9-4 左图所示)。按下 F12 键预览网页，效果如图 9-4 右图所示。

```
<script>
    var c=document.getElementById("myCanvas");
    var cxt=c.getContext("2d");
    cxt.fillStyle="blue";
    cxt.beginPath();
    cxt.arc(100,75,15,0,Math.PI*2,true);
    cxt.closePath();
    cxt.fill();
</script>
```

图 9-4　绘制圆形的效果

在上面的 JavaScript 代码中，使用 beignPath()方法开启一个路径，然后绘制一个圆形，然后关闭这个路径并设置填充。

【例 9-3】 借助 JavaScript 的 for 循环语句绘制多条有规律的弧形。 📹 视频

(1) 将鼠标指针置于设计视图中，选择【插入】| HTML | Canvas 命令，在网页中插入一个画布对象。在【属性】面板的 ID 文本框中输入 myCanvas，在 W 文本框中输入 200，在 H 文本框中输入 200。在代码视图中为<canvas>标签添加 style 属性，定义画布边框的显示样式，并在<canvas></canvas>标签之间输入提示文本:

```
<canvas id="myCanvas" width="300" height="150" style="border: 2px solid red"></canvas>
```

(2) 在代码视图中的</canvas>标签之后输入以下代码。按下 F12 键预览网页，效果如图 9-5所示。

```
<script>
 var c=document.getElementById("myCanvas");
 var context=c.getContext("2d");
  for(var i=0;i<15;i++)
    {
      context.strokeStyle="green";
      context.beginPath();
      context.arc(0,150,i*10,0,Math.PI*3/2,true);
      context.stroke();
    }
</script>
```

在上面的 JavaScript 代码中，没有使用 closePath()方法。如果在"context.stroke();"语句前添加"context.closePath();"语句，则会得到如图 9-6 所示的效果。

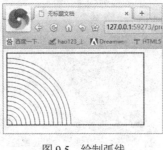

图 9-5 绘制弧线

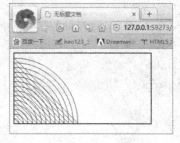

图 9-6 封闭路径

9.2.3 绘制直线

在每个 canvas 实例对象中都有一个 path 对象，创建自定义图形的过程就是不断对 path 对象进行操作的过程。每当开始一次新的图形绘制，都需要先使用 beginPath()方法来重置 path 对象至初始状态，进而通过一系列对 moveTo()/lineTo()等画线方法的调用，绘制需要的路径，其中

moveTo(x,y)方法可以用于设置绘图起始坐标，而 lineTO(x,y)等画线方法可以从当前起点绘制直线、圆弧及曲线到目标位置。最后一步是可选的步骤，这一步是调用 closePath()方法将自定义图形进行闭合，该方法将自动创建一条从当前坐标到起始坐标的直线。

绘制直线常用的方法是 moveTo()和 lineTo()，其含义说明如表 9-3 所示。

表 9-3 使用 canvas 绘制直线的方法/属性

方　法	功　能
moveTo(x,y)	不绘制图形，只将当前位置移动到新目标坐标(x,y)，并作为线条起始点
lineTo(x,y)	将路径中的两个点用直线连接起来(但不会真正绘制直线)
strokeStyle 属性	指定线条的颜色
lineWidth 属性	指定线条的粗细

【例 9-4】 在 Dreamweaver 中使用 canvas 绘制一条直线。 视频

(1) 将鼠标指针置于设计视图中，选择【插入】|HTML|Canvas 命令，在网页中插入一个画布对象。在【属性】面板的 ID 文本框中输入 myCanvas，在 W 文本框中输入 300，在 H 文本框中输入 200。在代码视图中为 canvas 标签添加 style 属性，定义画布边框的显示样式，并在<canvas></canvas>标签之间输入提示文本:

```
<canvas id="myCanvas" width="300" height="200" style="border:2px solid red">
Your browser does not support the canvas element
</canvas>
```

(2) 在代码视图中的</canvas>标签之后输入以下代码(如图 9-7 左图所示)。按下 F12 键预览网页，效果如图 9-7 右图所示。

```
<script>
    var c=document.getElementById("myCanvas");
    var cxt=c.getContext("2d");
    cxt.beginPath();
    cxt.strokeStyle="rgb(0,182,0)";
    cxt.moveTo(10,15);
    cxt.lineTo(250,50);
    cxt.lineTo(10,150);
    cxt.lineWidth=15;
    cxt.stroke();
    cxt.closePath;
</script>
```

在以上代码中，使用 moveTo()方法定义了一个坐标位置为(10,15)，下面的代码以此坐标为起点绘制了两条不同的直线，并使用 lineWidth 属性设置了直线的宽度，使用 strokeStyle 属性设置了直线的颜色，使用 lineTo()方法设置了两条不同直线的结束位置。

```
5    <title>绘制直线</title>
6    </head>
7
8 ▼  <body>
9 ▼  <canvas id="myCanvas" width="300" height="200"
       style="border:2px solid red">
10   Your browser does not support the canvas element.
11   </canvas>
12 ▼ <script>
13     var c=document.getElementById("myCanvas");
14     var cxt=c.getContext("2d");
15     cxt.beginPath();
16     cxt.strokeStyle="rgb(0,182,0)";
17     cxt.moveTo(10,15);
18     cxt.lineTo(250,30);
19     cxt.lineTo(10,150);
20     cxt.lineWidth=15;
21     cxt.stroke();
22     cxt.closePath();
23   </script>
24   </body>
25   </html>
26
```

图 9-7　绘制直线的效果

9.2.4　绘制多边形

多边形的绘制实际上就是绘制直线方法的重复应用，下面通过两个实例来介绍。

【例 9-5】绘制一个填充色为蓝色的三角形。 🔘视频

(1) 将鼠标指针置于设计视图中，选择【插入】| HTML | Canvas 命令，在网页中插入一个画布对象。在【属性】面板的 ID 文本框中输入 myCanvas，在 W 和 H 文本框中分别输入 200。在代码视图中为 canvas 标签添加 style 属性，定义画布边框的显示样式，并在<canvas></canvas>标签之间输入提示文本：

```
<canvas id="myCanvas" width="200" height="200" style="border: 2px solid red"></canvas>
```

(2) 在代码视图中的</canvas>标签之后输入以下 JavaScript 代码。按下 F12 键预览网页，效果如图 9-8 所示。

```
<script>
    var c=document.getElementById("myCanvas");
    var context=c.getContext("2d");
context.fillStyle="blue";
context.moveTo(25,25);
context.lineTo(150,25);
context.lineTo(25,150);
context.fill();
</script>
```

【例 9-6】绘制一个空心三角形。 🔘视频

(1) 重复【例 9-5】的步骤(1)的操作创建一个边框为红色的画布对象后，在代码视图中的</canvas>标签之后输入以下代码：

```
<script>
    var c=document.getElementById("myCanvas");
```

```
        var context=c.getContext("2d");
    context.fillStyle="blue";
    context.moveTo(25,25);
    context.lineTo(150,25);
    context.lineTo(25,150);
    context.closePath();
    context.stroke();
</script>
```

(2) 按下 F12 键预览网页，效果如图 9-9 所示。

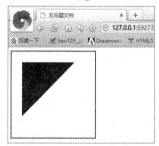

图 9-8　填充色为蓝色的三角形

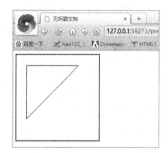

图 9-9　空心三角形

9.2.5　绘制曲线

使用 arcTo() 方法可以绘制曲线，该方法能够创建两条切线之间的弧或曲线。
arcTo() 方法的具体格式如下：

```
context.arcTo(x1,y1,x2,y2,r);
```

arcTo() 的参数说明如表 9-4 所示。

表 9-4　arcTo() 的参数说明

参　　数	说　　明
x1	弧起点的 x 坐标
y1	弧起点的 y 坐标
x2	弧终点的 x 坐标
y2	弧终点的 y 坐标
r	弧的半径

最后，使用 strok() 方法在画布上绘制确切的弧。

【例 9-7】分别使用 lineTo() 和 arcTo() 方法绘制直线和曲线，连成一个圆角弧线。🎬视频

(1) 将鼠标指针置于设计视图中，选择【插入】| HTML | Canvas 命令，在网页中插入一个画布对象。在【属性】面板的 ID 文本框中输入 myCanvas，在 W 文本框中输入 300，在 H 文本框

中输入 200。在代码视图中为<canvas>标签添加 style 属性，定义画布边框的显示样式，并在 <canvas></canvas>标签之间输入提示文本：

```
<canvas id="myCanvas" width="300" height="200" style="border:2px solid blue"></canvas>
```

(2) 在代码视图中的</canvas>标签之后输入以下代码(如图 9-10 左图所示)。按下 F12 键预览网页，效果如图 9-10 右图所示。

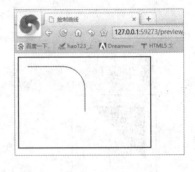

图 9-10　绘制曲线

9.2.6　绘制贝济埃曲线

在数学的数值分析领域中，贝济埃曲线是计算机图形学中相当重要的曲线。

bezierCurveTo()方法表示为一个画布的当前子路径添加一条三次贝济埃曲线。这条曲线的开始点是画布的当前点，结束点是(x,y)。两条贝济埃曲线控制点(cpX1, cpY1)和(cpX2, cpY2)定义了曲线的形状。

bezierCurveTo()方法的具体格式如下：

```
bezierCurveTo(cpX1, cpY1, cpX2, cpY2, x,y)
```

bezierCurveTo()的参数说明如表 9-5 所示。

表 9-5　bezierCurveTo()的参数说明

参　　数	说　　明
CpX1, CpY1	和曲线开始点(当前位置)相关联的控制点的坐标
CpX2, CpY2	和曲线结束点相关联的控制点的坐标
x,y	曲线的结束点的坐标

【例 9-8】 使用 bezierCurveTo()方法绘制贝济埃曲线。　　视频

(1) 在网页的<body>标签中添加 onLoad 事件：

```
<body onLoad="draw('canvas');">
```

(2) 在设计视图中输入标题文本“绘制贝济埃曲线”，然后选择【插入】| HTML | Canvas 命

令，在网页中插入一个画布对象。在【属性】面板的 W 文本框中输入 400，在 H 文本框中输入
300，如图 9-11 所示。

(3) 在</head>标签之前输入以下代码:

```
<script>
function draw(id)
{
    var canvas=document.getElementById(id);
if(canvas==null)
return false;
    var context=canvas.getContext('2d');
context.fillStyle="#eeeeff";
context.fillRect(0,0,400,300);
    var n=0;
    var dx=150;
    var dy=150;
    var s=100;
context.beginPath();
context.globalCompositeOperation='and';
context.fillStyle='rgb(100,255,100)';
context.strokeStyle='rgb(0,0,100)';
    var x=Math.sin(0);
    var y=Math.cos(0);
    var dig=Math.PI/15*11;
for(var i=0;i<30;i++)
    {
    var x=Math.sin(i*dig);
    var y=Math.cos(i*dig);
    context.bezierCurveTo(dx+x*s,dy+y*s-100,dx+x*s+100,dy+y*s,dx+x*s,dy+y*s);
    }
context.closePath();
context.fill();
context.stroke();
}
</script>
```

(4) 单击 Dreamweaver 状态栏右侧的【预览】按钮▣，从弹出的列表中选择 Internet Explorer
选项，在浏览器中预览网页，效果如图 9-12 所示。

在上面的代码中，首先是用语句 fillRect((0,0,400,300)绘制了一个矩形，其大小和画布相同，
并设置了填充色，然后定义了几个变量，用于设定曲线的坐标位置，在 for 循环中使用 bezierCurveTo
绘制贝济埃曲线。

图 9-11　设置画布对象

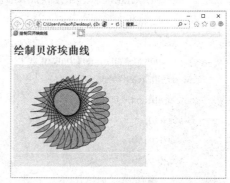

图 9-12　网页中的贝济埃曲线

9.3　绘制渐变图形

渐变是两种或更多颜色的平滑过渡效果,是在颜色集上使用逐步抽样算法,并将结果应用于描边样式和填充样式中。canvas 的绘图上下文支持两种类型的渐变:线性渐变和放射性渐变,其中放射性渐变也称为径向渐变。

9.3.1　绘制线性渐变

在 canvas 中可以绘制线性渐变或径向渐变。如果要绘制线性渐变,需要使用 creatLinearGradient()方法创建 canvasGradient 对象,然后使用 addColorStop()方法进行上色,具体步骤如下。

(1) 创建渐变对象,代码如下:

```
var gradient=cxt.createLinearGradient(0,0,0,canvas.height);
```

(2) 为渐变对象设置颜色,指明过渡方式,代码如下:

```
gradient.addColorStop(0,'#fff');
gradient.addColorStop(1,'#000');
```

(3) 为填充样式或者描边样式设置渐变,代码如下:

```
cxt.fillStyle=gradient;
```

要设置显示颜色,在渐变对象上使用 addColorStop()函数即可。除了可以变换成其他颜色外,还可以为颜色设置 alpha 值，并且 alpha 值也是可以变化的。为了达到这样的效果，需要使用颜色值的另一种表示方法，如内置 alpha 组件的 CSSrgba 函数。

绘制线性渐变，使用到的方法如表 9-6 所示。

表 9-6　绘制线性渐变的方法

方　　法	功　　能
addColorStop()	函数允许指定两个参数：颜色和偏移量。颜色参数是指开发人员希望在偏移位置描边或填充时所使用的颜色。偏移量是一个 0.0 到 1.0 之间的数值
createLinearGradient(x0,y0,x1,y1)	沿着直线从(x0,y0)至(x1,y1)绘制渐变

【例 9-9】绘制线性渐变图形。 视频

(1) 将鼠标指针置于设计视图中，选择【插入】| HTML | Canvas 命令，在网页中插入一个画布对象。在【属性】面板的 ID 文本框中输入 myCanvas，在 W 文本框中输入 400，在 H 文本框中输入 300。在代码视图中为<canvas>标签添加 style 属性，定义画布边框的显示样式，并在<canvas></canvas>标签之间输入提示文本：

```
<canvas id="myCanvas" width="400" height="300" style="border: 1px solid green"></canvas>
```

(2) 在代码视图中的</canvas>标签之后输入以下代码(如图 9-13 左图所示)。按下 F12 键预览网页，效果如图 9-13 右图所示。

```
<script>
var c=document.getElementById("myCanvas");
var cxt=c.getContext("2d");
var gradient=cxt.createLinearGradient(0,0,0,myCanvas.height);
gradient.addColorStop(0,'#fff');
gradient.addColorStop(1,'#000');
cxt.fillStyle=gradient;
cxt.fillRect(0,0,400,400);
</script>
```

图 9-13　线性渐变

计算机基础与实训教材系列

以上代码使用 2D 环境对象产生了一个线性渐变对象，渐变的起始点是(0,0)，渐变的结束点是(0,canvas.height)，然后使用 addColorStop()函数设置渐变颜色，最后将渐变填充到上下文环境的样式中。

9.3.2 绘制径向渐变

除了线性渐变以外，在 canvas 中还可以绘制径向渐变。径向渐变和线性渐变使用的颜色终止点是一样的。如果要实现径向渐变，需要使用 createRadialGradient()方法。其具体格式如下：

context.createRadialGradient(x0,y0,r0,x1,y1,r1)

creatRadialGradient()的参数说明如表 9-7 所示。

表 9-7　creatRadialGradient()的参数说明

参　　数	说　　明
x0	渐变开始圆的 x 坐标
y0	渐变开始圆的 y 坐标
r0	开始圆的半径
x1	渐变结束圆的 x 坐标
y1	渐变结束圆的 y 坐标
r1	结束圆的半径

【例 9-10】绘制径向渐变图形。　　视频

(1) 将鼠标指针置于设计视图中，选择【插入】| HTML | Canvas 命令，在网页中插入一个画布对象。在【属性】面板的 ID 文本框中输入 myCanvas，在 W 文本框中输入 400，在 H 文本框中输入 300。在代码视图中为<canvas>标签添加 style 属性，定义画布边框的显示样式，并在<canvas></canvas>标签之间输入提示文本：

```
<canvas id="myCanvas" width="400" height="300" style="border: 2px solid red"></canvas>
```

(2) 在代码视图中的</canvas>标签之后输入以下代码(如图 9-14 左图所示)。按下 F12 键预览网页，效果如图 9-14 右图所示。

```
<script>
var c=document.getElementById("myCanvas");
var cxt=c.getContext("2d");
var gradient=cxt.createRadialGradient(myCanvas.width/2,myCanv
as.height/2,0,myCanvas.width/2,myCanvas.height/2,150);
gradient.addColorStop(0,'#fff');
gradient.addColorStop(1,'#000');
cxt.fillStyle=gradient;
```

```
cxt.fillRect(0,0,400,400);
</script>
```

在上面的代码中，首先创建渐变对象 gradient，此处使用方法 createRadialGradient()创建了一个径向渐变，然后使用 addColorStop()添加颜色，最后将渐变填充到上下文环境中。

图 9-14　径向渐变

9.4　设置图形样式

canvas 支持多种颜色和样式选项，用户可以为图形设置不同的线型、渐变、图案、透明度和阴影。

9.4.1　设置线型

使用以下 4 个属性，可以为线条应用不同的线型。

▽ lineWidth：设置线条的粗细。

▽ lineCap：设置线条端点样式。

▽ lineJoin：设置线条连接处样式。

▽ miterLimit：设置绘制交点的方式。

下面通过实例详细介绍这些属性的应用方法。

1. 设置线条的粗细

使用 lineWidth 属性可以设置线条的粗细(即线宽)，即路径中心到两边的距离。该属性的值必须为正数，默认为 1.0。

【例 9-11】借助 JavaScript 的 for 循环语句在画布上绘制不同线宽的直线。 📹视频

(1) 将鼠标指针置于设计视图中，选择【插入】| HTML | Canvas 命令，在网页中插入一个画布对象。在【属性】面板的 ID 文本框中输入 myCanvas，在 W 文本框中输入 300，在 H 文本框中输入 200，如图 9-15 所示。在代码视图中添加以下<canvas>标签：

计算机基础与实训教材系列

```
<canvas id="myCanvas" width="300" height="200"></canvas>
```

(2) 在代码视图中的</canvas>标签之后输入以下代码。按下 F12 键预览网页，效果如图 9-16 所示。

```
<script>
var ctx=document.getElementById('myCanvas').getContext("2d");
for (var i=0;i<12;i++){
    ctx.strokeStyle="red";
    ctx.lineWidth=1+i;
    ctx.beginPath();
    ctx.moveTo(5,5+i*14);
    ctx.lineTo(140,5+i*14);
    ctx.stroke();
}
</script>
```

图 9-15　设置画布对象

图 9-16　使用 lineWidth 属性设置线宽

2. 设置线条端点样式

使用 lineCap 属性可以为线段设置端点样式，包括 butt、round 和 square 3 种。

【例 9-12】 设置网页中从上到下 3 条线段的端点样式。 视频

(1) 将鼠标指针置于设计视图中，选择【插入】| HTML | Canvas 命令，在网页中插入一个画布对象。在【属性】面板的 ID 文本框中输入 myCanvas，在 W 文本框中输入 300，在 H 文本框中输入 200。在代码视图中添加以下<canvas>标签：

```
<canvas id="myCanvas" width="300" height="200"></canvas>
```

(2) 在代码视图中的</canvas>标签之后输入以下代码：

```
<script>
var c=document.getElementById("myCanvas");
var ctx=c.getContext("2d");
//第一条直线段
    ctx.beginPath();
    ctx.lineWidth=10;
    ctx.lineCap="butt";
    ctx.moveTo(20,20);
    ctx.lineTo(200,20);
    ctx.stroke();
//第二条直线段
    ctx.beginPath();
    ctx.lineCap="round";
    ctx.moveTo(20,40);
    ctx.lineTo(200,40);
    ctx.stroke();
//第三条直线段
    ctx.beginPath();
    ctx.lineCap="square";
    ctx.moveTo(20,60);
    ctx.lineTo(200,60);
    ctx.stroke();
</script>
```

(3) 按下 F12 键预览网页，效果如图 9-17 所示。

3. 设置线条连接处样式

使用 lineJoin 属性可以设置两条线段连接处的样式，包括 round、bevel 和 minter 3 种样式。

【例 9-13】 为两条直线的连接处设置圆角样式。 视频

(1) 将鼠标指针置于设计视图中，选择【插入】|HTML|Canvas 命令，在网页中插入一个画布对象。在【属性】面板的 ID 文本框中输入 myCanvas，在 W 文本框中输入 300，在 H 文本框中输入 150。在代码视图中添加以下<canvas>标签：

```
<canvas id="myCanvas" width="300" height="150" style="border:1px solid blue"> </canvas>
```

(2) 在代码视图中的</canvas>标签之后输入以下代码：

```
<script>
var c=document.getElementById("myCanvas");
var ctx=c.getContext("2d");
    ctx.beginPath();
```

```
        ctx.lineWidth=10;
        ctx.lineJoin="round";
        ctx.moveTo(20,20);
        ctx.lineTo(100,50);
        ctx.lineTo(20,100);
        ctx.stroke();
    </script>
```

(3) 按下 F12 键预览网页，效果如图 9-18 所示。

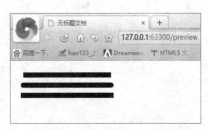

图 9-17　lineCap 属性应用实例

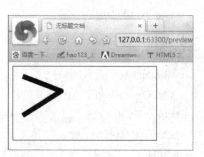

图 9-18　lineJoin 属性应用实例

4. 设置绘制交点的方式

使用 miterLimit 属性可以设置两条线段连接处交点的绘制方式，其作用是为斜面的长度设置一个上限，默认为 10，即规定斜面的长度不能超过线条宽度的 10 倍。当斜面的长度达到线条宽度的 10 倍时，就会变为斜角。这里需要注意的是：当 lineJoin 属性值为 round 或 bevel 时，miterLimit 属性无效。

【例 9-14】 设置 miterLimit 属性的值。　📀视频

(1) 将鼠标指针置于设计视图中，选择【插入】|HTML|Canvas 命令，在网页中插入一个画布对象。在【属性】面板的 ID 文本框中输入 myCanvas，在 W 文本框中输入 300，在 H 文本框中输入 300。在代码视图中添加以下<canvas>标签：

```
<canvas id="myCanvas" width="300" height="300" style="border:1px solid #d3d3d3;">
</canvas>
```

(2) 在代码视图中</canvas>标签之后输入以下代码：

```
<script type="text/javascript">
var c=document.getElementById("myCanvas");
var ctx = document.getElementById('myCanvas').getContext("2d");
    for (var i=1;i<10;i++){
        ctx.strokeStyle = 'blue';
        ctx.lineWidth = 10;
        ctx.lineJoin = 'miter';
        ctx.miterLimit = i*10;
```

计算机基础与实训教材系列

```
    ctx.beginPath();
    ctx.moveTo(10,i*30);
    ctx.lineTo(100,i*30);
    ctx.lineTo(10,33*i);
    ctx.stroke();
    }
</script>
```

(3) 按下 F12 键预览网页，效果如图 9-19 所示。

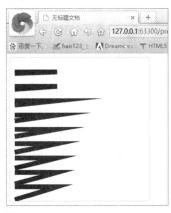

图 9-19　miterLimit 属性应用实例

9.4.2　设置不透明度

使用 globalAlpha 属性可以设置绘制图形的不透明度，另外也可以通过色彩的不透明度参数来为图形设置不透明度，这种方法相对于使用 globalAlpha 属性，更加灵活。

使用 rgba()方法可以设置具有不透明度的颜色，其格式如下：

```
rgba(R,G,B,A)
```

其中 R、G、B 将颜色中的红色、绿色和蓝色成分指定为 0 到 255 之间的十进制整数，A 把 alpha(不透明)成分指定为 0.0 和 1.0 之间的一个数值，0.0 为完全透明，1.0 为完全不透明。例如，可以用：

```
rgba(255,0,0,0.5)
```

表示半透明的红色。

【例 9-15】 使用 for 语句创建多个圆形，用 rgba()方法为圆设置不同的不透明度。

(1) 将鼠标指针置于设计视图中，选择【插入】|HTML|Canvas 命令，在网页中插入一个画布对象。在【属性】面板的 ID 文本框中输入 myCanvas，在 W 文本框中输入 500，在 H 文本框中输入 300。在代码视图中添加以下</canvas>标签：

```
<canvas id="myCanvas" width="500" height="300"></canvas>
```

计算机基础与实训教材系列

```
<script>
        var ctx = document.getElementById('myCanvas').getContext("2d");
        ctx.translate(200,20);
        for (var i=1;i<50;i++){
        ctx.save();
        ctx.transform(0.95,0,0,0.95,30,30);
        ctx.rotate(Math.PI/12);
        ctx.beginPath();
        ctx.fillStyle='rgba(255,0,0,'+(1-(i+10)/40)+')';
        ctx.arc(0,0,50,0,Math.PI*2,true);
        ctx.closePath();
        ctx.fill();
        }
</script>
```

(2) 按下 F12 键预览网页，效果如图 9-20 所示。

图 9-20 用 rgba()方法设置图形不透明度实例

9.4.3 设置阴影

要在 canvas 中创建阴影效果，需要用到 shadowOffsetX、shadowOffsetY、shadowBlur 和 shadowColor 4 个属性。

▽ shadowOffsetX：设置用于阴影的颜色。

▽ shadowOffsetY：设置用于阴影的模糊级别。

▽ shadowBlur：设置阴影距离形状的水平距离。

▽ shadowColor：设置阴影距离形状的垂直距离。

【例 9-16】 为网页中的文本和图形设置阴影效果。 视频

(1) 将鼠标指针置于设计视图中，选择【插入】|HTML|Canvas 命令，在网页中插入一个画布对象。在【属性】面板的 ID 文本框中输入 myCanvas，在 W 文本框中输入 400，在 H 文本框中输入 200。在代码视图中添加以下</canvas>标签：

```
<canvas id="myCanvas" width="400" height="200"></canvas>
<script type="text/javascript">
    var ctx = document.getElementById('myCanvas').getContext('2d');
    // 设置阴影
    ctx.shadowOffsetX = 3;
    ctx.shadowOffsetY = 3;
    ctx.shadowBlur = 2;
    ctx.shadowColor = "rgba(0,0,0,0.5)";
    // 绘制矩形
    ctx.fillStyle = "#33ccff";
    ctx.fillRect(20,20,300,100);
    ctx.fill();
    // 绘制文本
    ctx.font = "45px 黑体";
    ctx.fillStyle = "white";
    ctx.fillText("Dreamweaver",30,64);
</script>
```

(2) 按下 F12 键预览网页，效果如图 9-21 所示。

图 9-21　为文字和图形设置阴影效果

9.5　操作图形

在画布中适当运用图形变换操作，可以创建复杂、多变的图形。

9.5.1　清除绘图

在 canvas 中绘制了图形后，可能需要再清除绘制的图形。这时，使用 clearRect()方法可以清除指定矩形区域内的所有图形，显示画布的背景，其格式如下：

```
context.clearRect(x,y,width,height);
```

clearRect()方法的参数说明如表 9-8 所示。

表 9-8　clearRect()方法的参数说明

参　　数	说　　明
x	要清除的矩形左上角的 x 坐标
y	要清除的矩形左上角的 y 坐标
width	要清除的矩形的宽度,以像素为单位
height	要清除的矩形的高度,以像素为单位

【例 9-17】 使用 clearRect()方法在给定矩形内清除一个矩形区域。 📹视频

(1) 将鼠标指针置于设计视图中,选择【插入】| HTML | Canvas 命令,在网页中插入一个画布对象。在【属性】面板的 ID 文本框中输入 myCanvas,在 W 文本框中输入 300,在 H 文本框中输入 150。在代码视图中添加以下<canvas>标签:

```
<canvas id="myCanvas" width="300" height="150" style="border:1px solid #d3d3d3;">
</canvas>
```

(2) 在代码视图中的</canvas>标签之后输入以下代码:

```
<script>
var c=document.getElementById("myCanvas");
var ctx=c.getContext("2d");
ctx.fillStyle="red";
ctx.fillRect(0,0,300,150);
ctx.clearRect(20,20,100,50);
</script>
```

(3) 按下 F12 键预览网页,效果如图 9-22 所示。

图 9-22　清除画布中的矩形区域

9.5.2　移动坐标

在默认状态下,画布以左上角(0,0)为原点作为绘图参考,用户可以使用 translate()方法移动坐标原点,这样新绘制的图形就以新的坐标原点为参考进行绘制,其格式如下:

```
context.translate(dx, dy);
```

其中参数 dx 和 dy 分别为坐标原点沿水平和垂直两个方向的偏移量，如图 9-23 所示。

【例 9-18】 使用 translate()方法重新映射画布上的 (0,0) 位置。 🎬视频

(1) 将鼠标指针置于设计视图中，选择【插入】|HTML|Canvas 命令，在网页中插入一个画布对象。在【属性】面板的 ID 文本框中输入 myCanvas，在 W 文本框中输入 300，在 H 文本框中输入 150。在代码视图中为<canvas>标签添加 style 属性(定义画布边框的显示样式)。

```
<canvas id="myCanvas" width="300" height="150" style="border:1px solid #d3d3d3;"> </canvas>
```

(2) 在代码视图中的</canvas>标签之后输入以下代码:

```
<script>
var c=document.getElementById("myCanvas");
var ctx=c.getContext("2d");
ctx.fillRect(10,10,100,50);
ctx.translate(70,70);
ctx.fillRect(10,10,100,50);
</script>
```

(3) 按下 F12 键预览网页，效果如图 9-24 所示。

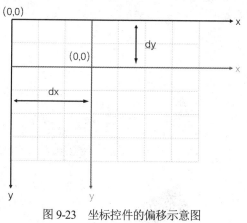

图 9-23　坐标控件的偏移示意图

图 9-24　移动坐标控件后绘制矩形

9.5.3　旋转坐标

使用 rotate()方法可以旋转当前的绘图，其实质是以原点为中心旋转 canvas 上下文对象的坐标控件，其具体格式如下:

```
context.rotate(angle);
```

rotate()方法只有一个参数，即旋转角度 angle，旋转角度以顺时针方向为正方向，以弧度为单位，旋转中心为 canvas 的原点，如图 9-25 所示。

若需要将角度转换为弧度，用户可以使用 degrees*Math.PI/180 公式进行计算。例如，要旋转 5°，可套用公式：

```
5*Math.PI/180
```

【例 9-19】 使用 rotate()方法将矩形旋转 30°。 👁 视频

(1) 将鼠标指针置于设计视图中，选择【插入】| HTML | Canvas 命令，在网页中插入一个画布对象。在【属性】面板的 ID 文本框中输入 myCanvas，在 W 文本框中输入 300，在 H 文本框中输入 150。在代码视图中为添加以下<canvas>标签：

```
<canvas id="myCanvas" width="300" height="150" style="border:1px solid #d3d3d3;"> </canvas>
```

(2) 在代码视图中的</canvas>标签之后输入以下代码：

```
<script>
var c=document.getElementById("myCanvas");
var ctx=c.getContext("2d");
ctx.rotate(30*Math.PI/180);
ctx.fillRect(50,20,100,50);
</script>
</body>
</html>
```

(3) 按下 F12 键预览网页，效果如图 9-26 所示。

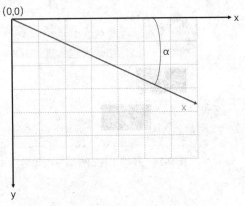

图 9-25　以原点为中心旋转 canvas

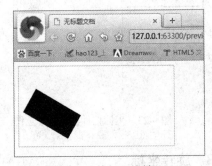

图 9-26　将矩形旋转 30°

9.5.4　缩放图形

使用 scale()方法可以缩放当前绘图，使图形变大或变小，其实质就是增减 canvas 上下文对象的像素数目，从而实现图形或位图的放大或缩小，其具体格式如下：

```
context.scale(x,y);
```

其中 x、y 为必须接受的参数，x 为横轴的缩放因子，y 为纵轴的缩放因子，它们的值必须是正值。如果需要放大图形，则将参数值设置为大于 1 的数值，如果需要缩小图形，则将参数值设置为小于 1 的数值，当参数值等于 1 时没有任何效果。

【例 9-20】 使用 scale()方法将绘制的矩形放大 500%。 📹视频

(1) 将鼠标指针置于设计视图中，选择【插入】| HTML | Canvas 命令，在网页中插入一个画布对象。在【属性】面板的 ID 文本框中输入 myCanvas，在 W 文本框中输入 300，在 H 文本框中输入 150。在代码视图中添加以下<canvas>标签：

```
<canvas id="myCanvas" width="300" height="150" style="border:1px solid #d3d3d3;"></canvas>
```

(2) 在代码视图中的</canvas>标签之后输入以下代码：

```
<script>
var c=document.getElementById("myCanvas");
var ctx=c.getContext("2d");
ctx.strokeRect(5,5,25,15);
ctx.scale(5,5);
ctx.strokeRect(5,5,25,15);
</script>
</body>
</html>
```

(3) 按下 F12 键预览网页，效果如图 9-27 所示。

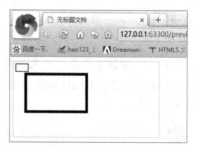

图 9-27　放大图形效果

9.5.5　组合图形

当两个或两个以上的图形存在重叠区域时，默认情况下一个图形画在前一个图形之上。通过指定图形 globalCompositeOperation 属性的值可以改变图形的绘制顺序或绘制方式。

【例 9-21】 使用不同的 globalCompositeOperation 值绘制矩形。 🎥视频

(1) 将鼠标指针置于设计视图中，选择【插入】| HTML | Canvas 命令，在网页中插入一个画布对象。在【属性】面板的 ID 文本框中输入 myCanvas，在 W 文本框中输入 300，在 H 文本框中输入 150。

(2) 在代码视图中的</canvas>标签之后输入以下代码:

```
<body>
<canvas id="myCanvas" width="300" height="150"></canvas>
<script>

var c=document.getElementById("myCanvas");
var ctx=c.getContext("2d");
    ctx.globalAlpha=1;
ctx.fillStyle="red";
ctx.fillRect(20,20,75,50);
ctx.fillStyle="blue";
ctx.globalCompositeOperation="source-over";
ctx.fillRect(50,50,75,50);
ctx.fillRect(150,20,75,50);
ctx.fillStyle="blue";
ctx.globalCompositeOperation="destination-over";
ctx.fillRect(180,50,75,50);

</script>
</body>
```

(3) 按下 F12 键预览网页，效果如图 9-28 所示。

以上代码中如果将 globalAlpha 的值改为 0.5(ctx.globalAlpha=0.5;)，则组合的图形将变为半透明，如图 9-29 所示。

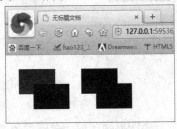

图 9-28 组合图形

图 9-29 半透明效果

表 9-9 给出了 globalCompositeOperation 属性所有可用的值。B 为先绘制的图形(原有内容为 destintation)，A 为后绘制的图形(新图形为 source)。在应用时注意 globalCompositeOperation 语句的位置，应处在原有内容与新图形之间。

表 9-9　globalCompositeOperation 属性所有可用的值

参　　数	图　　形	说　　明
source-over(默认值)		A over B，这是默认设置，即新图形覆盖在原有内容之上
destination-over		B over A，即原有内容覆盖在新图形之上
source-atop		只绘制原有内容和新图形与原有内容重叠的部分，且新图形位于原有内容之上
destination-atop		只绘制新图形和新图形与原有内容重叠的部分，且原有内容位于重叠部分之下
source-in		新图形只出现在与原有内容重叠的部分，其余区域变为透明
destination-in		原有内容只出现在与新图形重叠的部分，其余区域为透明
source-out		新图形中与原有内容不重叠的部分被保留
destination-out		原有内容中与新图形不重叠的部分被保留
lighter		两图形重叠的部分做加色处理
copy		只保留新图形
xor		将重叠部分变为透明
darker		两图形重叠的部分做减色处理

计算机基础与实训教材系列

9.5.6　裁切路径

使用 clip()方法能够从原始画布中剪切任意形状和尺寸。其原理与绘制普通 canvas 图形类似，只不过 clip()的作用是形成一个蒙版，没有被蒙版覆盖的区域会被隐藏。

这里需要注意的是：一旦剪切了某个区域，则所有之后的绘图都会被限制在被剪切的区域内，不能访问画布上的其他区域。

【例 9-22】 从画布中剪切 200×120 像素的矩形区域，然后绘制绿色矩形。 📷视频

(1) 将鼠标指针置于设计视图中，选择【插入】| HTML | Canvas 命令，在网页中插入一个画布对象。在【属性】面板的 ID 文本框中输入 myCanvas，在 W 文本框中输入 300，在 H 文本框中输入 150。

(2) 在代码视图中的</canvas>标签之后输入以下代码：

```
<canvas id="myCanvas" width="300" height="150">
</canvas>
<script>
//不使用 clip()方法
var c=document.getElementById("myCanvas");
var ctx=c.getContext("2d");
// Draw a rectangle
    ctx.rect(50,20,200,120);
    ctx.stroke();
// Draw red rectangle
    ctx.fillStyle="green";
    ctx.fillRect(0,0,150,100);
</script>
```

(3) 按下 F12 键预览网页，效果如图 9-30 所示。

(4) 将以上代码改为：

```
<canvas id="myCanvas" width="300" height="150">
</canvas>
<script>
//使用 clip()方法
var c=document.getElementById("myCanvas");
var ctx=c.getContext("2d");
// Clip a rectangular area
    ctx.rect(50,20,200,120);
    ctx.stroke();
    ctx.clip();
// Draw red rectangle after clip()
    ctx.fillStyle="green";
    ctx.fillRect(0,0,150,100);
</script>
```

(5) 按下 F12 键预览网页，效果如图 9-31 所示。

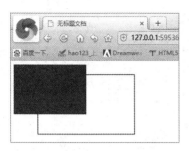　　　　　　　　　　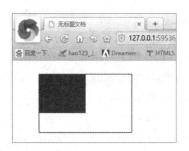

　　　图 9-30　不使用 clip()方法　　　　　　　　　　图 9-31　使用 clip()方法

9.6　绘制文字

使用 fillText()和 strokeText()方法，可以分别绘制填充文字和轮廓文字。

9.6.1　绘制填充文字

fillText()方法能够用于在画布上绘制填充文字，其格式如下：

```
context.fillText(text,x,y,maxWidth);
```

fillText()的参数说明如表 9-10 所示。

表 9-10　fillText()方法的参数说明

参　　数	说　　明
text	规定在画布上输出的文字
x	开始绘制文字的 x 坐标位置(相对于画布)
y	开始绘制文字的 y 坐标位置(相对于画布)
maxWidth	允许的最大宽度(单位为像素)

　　使用 fillText()方法在画布上绘制填充文字，文字的默认颜色是黑色。用户可以使用 font 属性定义字体和字号，使用 fillStyle 属性以一种颜色或渐变渲染文字。

【例 9-23】　使用 fillText()方法，在画布上绘制文本。　视频

　　(1) 将鼠标指针置于设计视图中，选择【插入】| HTML | Canvas 命令，在网页中插入一个画布对象。在【属性】面板的 ID 文本框中输入 myCanvas，在 W 文本框中输入 300，在 H 文本框中输入 150。

　　(2) 在代码视图中的</canvas>标签之后输入以下代码：

```
<canvas id="myCanvas" width="300" height="150">
</canvas>
<script>
var c=document.getElementById("myCanvas");
```

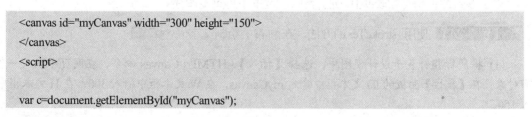

```
var ctx=c.getContext("2d");

ctx.font="20px Georgia";
ctx.fillText("Dreamweaver CC 2019",10,50);
ctx.font="30px Verdana";
// Create gradient
var gradient=ctx.createLinearGradient(0,0,c.width,0);
gradient.addColorStop("0","magenta");
gradient.addColorStop("0.5","blue");
gradient.addColorStop("1.0","red");
// Fill with gradient
ctx.fillStyle=gradient;
ctx.fillText("网页制作实例教程",10,90);

</script>
```

(3) 按下 F12 键预览网页，效果如图 9-32 所示。

图 9-32　绘制填充文字

9.6.2　绘制轮廓文字

使用 strokeText()方法可以在画布上绘制无填充色的文字。文字的默认颜色是黑色，可以使用 font 属性定义字体和字号，使用 strkeStyle 属性以另一种颜色或渐变渲染文字。具体用法如下：

```
context.strokeText(text,x,y,maxWidth);
```

以上参数的说明与如表 9-10 所示类似，这里不再重复阐述。

【例 9-24】 使用 strokeText()方法，在画布上绘制文字。　📹视频

(1) 将鼠标指针置于设计视图中，选择【插入】| HTML | Canvas 命令，在网页中插入一个画布对象。在【属性】面板的 ID 文本框中输入 myCanvas，在 W 文本框中输入 300，在 H 文本框中输入 150。

(2) 在代码视图中的</canvas>标签之后输入以下代码:

```
<canvas id="myCanvas" width="300" height="150"></canvas>
<script>

var c=document.getElementById("myCanvas");
var ctx=c.getContext("2d");

ctx.font="20px Georgia";
ctx.strokeText("Dreamweaver CC 2019",10,50);

ctx.font="30px Verdana";
// Create gradient
var gradient=ctx.createLinearGradient(0,0,c.width,0);
gradient.addColorStop("0","magenta");
gradient.addColorStop("0.5","blue");
gradient.addColorStop("1.0","red");
// Fill with gradient
ctx.strokeStyle=gradient;
ctx.strokeText("网页制作实例教程",10,90);

</script>
```

(3) 按下 F12 键预览网页,效果如图 9-33 所示。

图 9-33 绘制轮廓文字

9.6.3 设置文字属性

上面的实例用到了有关文字的一些属性,下面介绍未在上面的实例中出现的其他属性的用法。

1. font

font 属性用于指定正在绘制的文字的样式,其语法与 CSS 字体样式的指定方法相同。如果要在绘制文字时改变字体样式，只需要更改这个属性的值即可。默认的字体样式为 10px sans-serif。例如，可以采用以下方法来指定字体样式：

```
context.font="20pt times new roman";
```

2. textAlign

textAlign 属性用于指定正在绘制的文字的对齐方式，有 left、right、center、start 和 end 5 种对齐方式，默认值为 start。

▽ left：左对齐。

▽ right：右对齐。

▽ center：居中对齐。

▽ start：如果文字从左到右排版则左对齐，从右到左排版则右对齐。

▽ end：如果文字从右到左排版则左对齐，从左到右排版则右对齐。

3. texBaseline

texBaseline 属性用于指定正在绘制的文字的基线，有 top、hanging、middle、alphabetic、ideographic 和 bottom 6 种属性值，默认值为 alphabetic。

▽ top：文本基线与字元正方形空间顶部对齐。

▽ hanging：文本基线是悬挂的基线(当前不支持)。

▽ middle：文本基线位于字元正方形空间的中间位置。

▽ alphabetic：指定文本基线为通常的字母基线。

▽ ideographic：指定文本基线为表意字基线，即如果表意字符的主体突出到字母基线的下方，则表意字基线与表意字符的底部对齐。

▽ bottom：文本基线与字元正方形控件底部的边界框对齐。因为表意字基线不能识别下行字符，故可用此种基线来与表意字基线相区分。

9.7 实战演练

本章的实战练习部分，将指导用户掌握在 canvas 中导入图像的方法。

在 canvas 中导入图像的步骤如下。

1. 确定图像来源

确定图像来源有 4 种方式，具体如下。

▽ 页面内的图片：如果已知图片元素的 ID，则可以通过 document.images 集合、document.getElementsByTagName()或 document.getElementById()等方法获取页面内的该图片元素。

▽ 其他 canvas 元素：可以通过 document.getElementsByTagName()或 document.getElement ById()等方法获取已经设计好的 canvas 元素。例如，可以用这种方法为一个比较大的

canvas 生成缩略图。

▽ 用脚本创建一个新的 image 对象：使用脚本可以从零开始创建一个新的 image 对象。

▽ 使用 data:url 方式引用图像：这种方法允许用 Base64 编码的字符串来定义一个图片，优点是图片可以即时使用，不必等待装载，而且迁移也非常容易。缺点是无法缓存图像，所以如果图片较大，则不太适合用这种方法，因为这会导致嵌入的 URL 数据相当庞大。

2. 使用 drawImage()方法将图像绘制到 canvas 中

无论采用以上哪一种方式获取图像来源，之后的工作都是使用 drawImage()方法将图像绘制到 canvas 中。drawImage()方法能够在画布上绘制图像、画布或视频。该方法也能够绘制图像的某些部分，以及增大或缩小图像的尺寸。其用法如下：

```
//语法 1：在画布上定位图像
context.drawImage(img,x,y);
//语法 2：在画布上定位图像，并规定图像的宽度和高度
context.drawImage(img,x,y,width,height);
//语法 3：剪切图像，并在画布上定位被剪切的部分
context.drawImage(img,sx,sy,swidth,sheight,x,y,width,height);
```

drawImage()方法的参数说明如表 9-11 所示。

表 9-11　drawImage()方法的参数说明

参　　数	说　　明
img	规定要使用的图像、画布或视频
sx	开始剪切的 x 坐标位置
sy	开始剪切的 y 坐标位置
swidth	被剪切图像的宽度
sheight	被剪切图像的高度
x	在画布上放置图像的 x 坐标位置
y	在画布上放置图像的 y 坐标位置
width	要使用的图像的宽度，可以实现增大或缩小图像
height	要使用的图像的高度，可以实现增大或缩小图像

【例 9-25】 在画布上绘制图片。 🎬视频

(1) 将鼠标指针置于设计视图中，选择【插入】|Image 命令，打开【选择图像源文件】对话框，选择一个图片文件后，单击【确定】按钮，在网页中插入一个图像，在【属性】面板的 ID 文本框中输入 tulip，如图 9-34 所示。

(2) 将鼠标指针置于网页中插入图像之后，按下回车键另起一行。选择【插入】|HTML|Canvas 命令，在网页中插入一个画布对象。在【属性】面板的 ID 文本框中输入 myCanvas，在 W 文本框中输入 500，在 H 文本框中输入 300。在代码视图中为 canvas 标签添加 style 属性，定义画布边框的显示样式，并在<canvas>标签之后输入以下代码：

计算机基础与实训教材系列

```
<canvas id="myCanvas" width="500" height="300" style="border:1px solid
#d3d3d3;background:#ffffff;"></canvas>
<script>
var c=document.getElementById("myCanvas");
var ctx=c.getContext("2d");
var img=document.getElementById("tulip");
ctx.drawImage(img,10,10);
</script>
```

(3) 单击 Dreamweaver 状态栏右侧的【预览】按钮，从弹出的列表中选择 Internet Explorer 选项，使用 IE 浏览器预览网页，效果如图 9-35 所示。

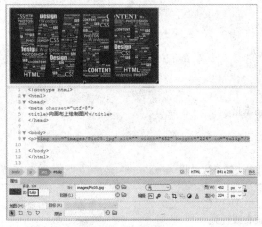

图 9-34　设置图像 ID

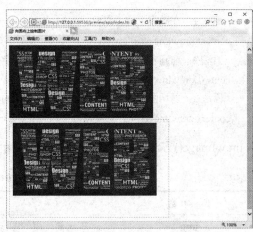

图 9-35　在画布上绘制图像

9.8　习题

1. 是否可以在 CSS 属性中定义 canvas 宽度和高度？
2. 画布中的 stroke 和 fill 图形的区别是什么？
3. 练习使用 Dreamweaver 在网页中绘制基本形状。
4. 练习使用 Dreamweaver 在网页中绘制渐变图形。
5. 尝试在 Dreamweaver 中使用 canvas 制作动画。

第 10 章

使用CSS

CSS 是英语 Cascading Style Sheets(层叠样式表)的缩写。它是一种用于表现 HTML 或 XML 等文件样式的计算机语言。用户在制作网页的过程中，使用 CSS 样式，可以对页面的布局、字体、颜色、背景和其他效果实现精确控制。

本章重点

- CSS 样式表的功能和规则
- CSS 样式表的类型
- 编辑 CSS 样式效果
- 在 Dreamweaver 中创建 CSS 样式表
- 在 Dreamweaver 中添加 CSS 选择器

二维码教学视频

【例 10-1】 在网页中附加外部样式表
【例 10-2】 定义类选择器
【例 10-3】 定义 ID 选择器
【例 10-4】 定义标签选择器
【例 10-5】 定义通配符选择器
【例 10-6】 定义分组选择器
【例 10-7】 定义后代选择器
【例 10-8】 定义伪类选择器
【例 10-9】 定义伪元素选择器
【例 10-10】 设置滚动文本字体格式
【例 10-11】 替换网页背景图像
本章其他视频参见视频二维码列表

10.1 CSS 样式表简介

由于 HTML 语言本身的一些客观因素，导致了其结构与显示结果不分离的特点，这也是阻碍其发展的一个原因。因此，W3C 发布 CSS(层叠样式表)解决这一问题，使不同的浏览器能够正常地显示同一页面。

10.1.1 CSS 样式表的功能

使用 CSS 样式，可以快速调整整个站点或多个网页文档中的字体、图像等页面元素的格式，并且，CSS 样式可以实现多种不能用 HTML 样式实现的功能。

CSS 是用来控制一个网页文档中的某文本区域外观的一组格式属性。使用 CSS 能够简化网页代码，加快下载速度，减少上传的代码数量，从而可以避免重复操作。CSS 样式表是对 HTML 语法的一次革新，它位于文档的<head>区，作用范围由 CLASS 或其他任何符合 CSS 规范的文本来设置。对于其他现有的文档，只要其中的 CSS 样式符合规范，Dreamweaver 就能识别它们。

在制作网页时采用 CSS 技术，可以对页面的布局、字体、颜色、背景和其他效果实现精确控制。CSS 样式表的主要功能如下。

▽ 几乎在所有的浏览器中都可以使用。
▽ 以前一些只有通过图片转换实现的功能，现在用 CSS 就可以轻松实现，从而可以更快地下载页面。
▽ 使页面的字体变得更漂亮、更容易编排，使页面真正赏心悦目。
▽ 可以轻松地控制页面的布局。
▽ 可以将许多网页的风格格式同时更新，不用再一页一页地更新。

10.1.2 CSS 样式表的规则

CSS 样式表的主要功能就是将某些规则应用于文档同一类型的元素中，以减少网页设计者在设计页面时的工作量。要通过 CSS 功能设置网页元素的属性，使用正确的 CSS 规则至关重要。

1. 基本规则代码

每条规则有两个部分：选择器和声明。每条声明实际上是属性和值的组合。每个样式表由一系列规则组成，但规则并不总是出现在样式表里。CSS 最基本的规则(声明段落 p 样式)代码如下。

```
p {text-align:center;}
```

其中，规则左侧的 p 为选择器。选择器是用于选择文档中应用样式的元素。规则的右边 text-align:center;部分是声明，由 CSS 属性 text-align 及其值 center 组成。

声明的格式是固定的，某个属性后跟冒号，然后是其取值。如果使用多个关键字作为一个属性的值，通常用空白符将它们分开。

2. 多个选择符

当需要将同一条规则应用于多个元素，也就是有多个选择器时，代码(声明段落 p 和二级标题的样式)如下。

```
p,H2{text-align: center;}
```

将多个元素同时放在规则的左边并且用逗号隔开，右边为声明，规则将被同时应用于两个选择器。其中的逗号告诉浏览器在这一条规则中包含两个不同的选择器。

10.1.3　CSS 样式表的类型

CSS 指令规则由两部分组成：选择器和声明(大多数情况下为包含多个声明的代码块)。选择器是标识已设置格式元素的术语，如 p、h1、类名称或 ID，而声明块则用于定义样式属性。例如，下面的 CSS 规则中，h1 是选择器，大括号({})之间的所有内容都是声明块。

```
h1 {
font-size: 12 pixels;
font-family: Times New Roman;
font-weight:bold;
}
```

每个声明都由属性(如上面规则中的 font-family)和值(如 Times New Roman)两部分组成。在上面的 CSS 规则中，已经创建了 h1 标签样式，即所有链接到此样式的文本的大小为 12 像素、字体为 Times New Roman、字体样式为粗体。

在 Dreamweaver 中，选择【窗口】|【CSS 设计器】命令，可以打开如图 10-1 所示的【CSS设计器】面板。在【CSS 设计器】面板的【选择器】窗格中单击【+】按钮，可以定义选择器的样式类型，并将其运用到特定的对象中。

1. 类

在某些局部文本中需要应用其他样式时，可以使用"类"。

类是自定义样式，用来设置独立的格式，然后可以对选定的区域应用此自定义样式。如图 10-2 所示的 CSS 语句就是应用了自定义样式，其定义了.large 样式。

在 Dreamweaver 工作窗口中选中一个区域,应用.large 样式,则选中的区域将变为如图 10-2所示的效果。

图 10-1　【CSS 设计器】面板

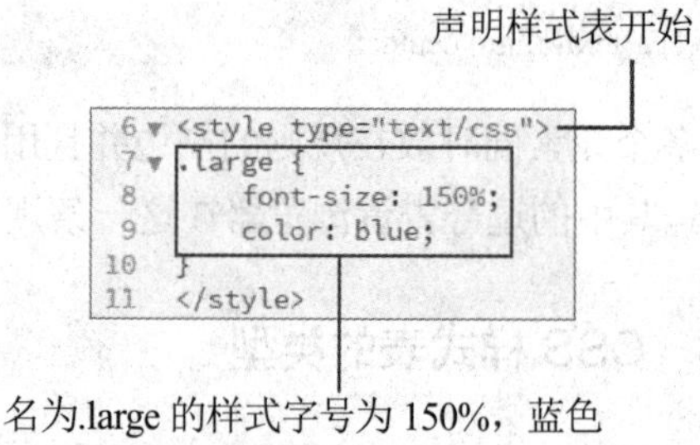

声明样式表开始

```
6 ▼ <style type="text/css">
7 ▼ .large {
8       font-size: 150%;
9       color: blue;
10    }
11 </style>
```

名为.large 的样式字号为 150%，蓝色

图 10-2　自定义.large 样式

2. 标签

定义特定的标签样式，可以在使用该标签的不同部分应用同样的样式。例如，如果要在网页中取消所有链接的下画线，可以对制作链接的<a>标签定义相应的样式。若想要在所有文本中统一字体和字体颜色，可以对制作段落的<p>标签定义相应的样式。标签样式只要定义一次，就可以在之后的网页制作中应用。

HTML 标签用于定义某个 HTML 标签的格式，也就是定义某种类型页面元素的格式，如图 10-3 所示的 CSS 语句代码。该代码中 p 这个 HTML 标签用于设置段落格式，如果应用了此 CSS 语句，网页中所有的段落文本都将采用代码中的格式。

3. 复合内容

复合内容可以帮助用户轻松制作出可应用在链接中的样式。例如，当光标移动到链接上方时出现字体颜色变化或显示/隐藏背景颜色等效果。

复合内容用于定义 HTML 标签的某种类型的格式，CSS "复合内容" 的作用范围比 HTML 标签要小，只是定义 HTML 标签的某种类型。如图 10-4 所示的 CSS 语句就是 CSS "复合内容" 类型。该代码中 A 这个 HTML 标签用于设置链接。其中，A:visited 表示链接的已访问类型，如果应用了此 CSS 语句，网页中所有被访问过的链接都将采用语句中设定的格式。

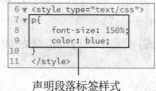

声明段落标签样式

图 10-3　定义网页中所有段落文本的格式

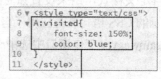

声明访问过后的链接样式

图 10-4　定义网页中所有被访问过的链接格式

计算机基础与实训教材系列

4. ID

ID 选择器类似于类选择符，但其前面必须用符号(#)。类和 ID 的不同之处在于，类可以分配给任何数量的元素，而 ID 只能在某个 HTML 文档中使用一次。另外，ID 对给定元素应用何种样式具有比类更高的优先权。以下代码定义了#id 样式。

```
<style type="text/css">
#id {
font-size: 150%;
color: blue;
}
</style>
```

10.2　创建 CSS 样式表

在 Dreamweaver 中，利用 CSS 样式表可以设置非常丰富的样式，如文本样式、图像样式、背景样式以及边框样式等，这些样式决定了页面中的文字、列表、背景、表单、图片和光标等各种元素。本节将介绍在 Dreamweaver 中创建 CSS 样式的具体操作。

在 Dreamweaver 中，有外部样式表和内部样式表，区别在于应用的范围和存放位置。Dreamweaver 可以判断现有文档中定义的符合 CSS 样式准则的样式，并且在设计视图中直接呈现已应用的样式。但要注意的是，有些 CSS 样式在 Microsoft Internet Explorer、Netscape、Opera、Apple Safari 或其他浏览器中呈现的外观不相同，而有些 CSS 样式目前不被任何浏览器支持。下面是这两种样式表的介绍。

▽ 外部 CSS 样式表：存储在一个单独的外部 CSS(.css)文件中的若干组 CSS 规则。此文件利用文档头部分的链接或@import 规则链接到网站中的一个或多个页面。

▽ 内部 CSS 样式表：内部 CSS 样式是若干组包括在 HTML 文档头部分的<style>标签中的CSS 规则。

10.2.1　创建外部样式表

在 Dreamweaver 中按下 Shift+F11 组合键(或选择【窗口】|【CSS 设计器】命令)，打开【CSS设计器】面板。在【源】窗格中单击【+】按钮，在弹出的列表中选择【创建新的 CSS 文件】选项，如图 10-5 所示，可以创建外部 CSS 样式，方法如下。

(1) 打开【创建新的 CSS 文件】对话框，单击其中的【浏览】按钮，如图 10-6 所示。

(2) 打开【将样式表文件另存为】对话框，在【文件名】文本框中输入样式表文件的名称，单击【保存】按钮，如图 10-7 所示。

(3) 返回【创建新的 CSS 文件】对话框，单击【确定】按钮，即可创建一个新的外部 CSS文件。此时，【CSS 设计器】面板的【源】窗格中将显示创建的 CSS 样式。

图 10-5　创建新的 CSS 文件　　　　　　图 10-6　【创建新的 CSS 文件】对话框

(4) 完成 CSS 样式的创建后，在【CSS 设计器】面板的【选择器】窗格中单击【+】按钮，在显示的文本框中输入.large，按下回车键，即可定义一个"类"选择器，如图 10-8 所示。

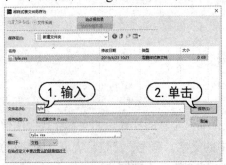

图 10-7　【将样式表文件另存为】对话框　　　图 10-8　定义一个"类"选择器

(5) 在【CSS 设计器】面板的【属性】窗格中，取消选中【显示集】复选框，可以为 CSS 样式设置属性声明(本章将在后面的内容中详细讲解各 CSS 属性值的功能)，如图 10-9 所示。

10.2.2　创建内部样式表

要在当前打开的网页中创建一个内部 CSS 样式表，在【CSS 设计器】面板的【源】窗格中单击【+】按钮，在弹出的列表中选择【在页面中定义】选项即可。

完成内部样式表的创建后，在【源】窗格中将自动创建一个名为<style>的源项目，在【选择器】窗格中单击【+】按钮，设置一个选择器，可以在【属性】窗格中设置 CSS 样式的属性声明，如图 10-10 所示。

图 10-9　【属性】窗格　　　　　　　　图 10-10　创建内部样式表

10.2.3　附加外部样式表

根据样式表的使用范围，可以将其分为外部样式表和内部样式表。通过附加外部样式表的方式，可以将一个 CSS 样式表应用在多个网页中。

【例 10-1】使用 Dreamweaver 在网页中附加外部样式表。📹 视频

(1) 按下 Shift+F11 组合键，打开【CSS 设计器】面板。单击【源】窗格中的【+】按钮，在弹出的列表中选择【附加现有的 CSS 文件】选项。

(2) 打开【使用现有的 CSS 文件】对话框，单击【浏览】按钮，如图 10-11 所示。

(3) 打开【选择样式表文件】对话框，选择一个 CSS 样式表文件，单击【确定】按钮即可，如图 10-12 所示。

图 10-11　【使用现有的 CSS 文件】对话框

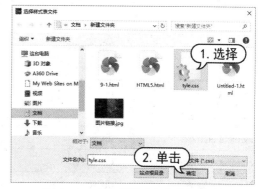

图 10-12　【选择样式表文件】对话框

此时，【选择样式表文件】对话框中被选中的 CSS 样式表文件将被附加至【CSS 设计器】面板的【源】窗格中，如图 10-13 所示。

在网页源代码中，<link>标签将当前文档和 CSS 文档建立一种联系，用于指定样式表的<link>及 href 和 type 属性，必须都出现在文档的<head>标签中。例如，如图 10-14 所示代码链接外部的 style.css，类型为样式表。

图 10-13　【源】窗格

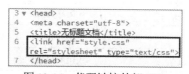

图 10-14　代码链接外部 CSS

在【使用现有的 CSS 文件】对话框中，用户可以在【添加为】选项区域中设置附加外部样式表的方式，包括【链接】和【导入】两种。其中，【链接】外部样式表指的是客户端浏览网页时先将外部的 CSS 文件加载到网页当中，然后再进行编译显示，这种情况下显示出来的网页

跟使用者预期的效果一样；而【导入】外部样式表指的是客户端在浏览网页时先将 HTML 结构呈现出来，再把外部的 CSS 文件加载到网页当中，这种情况下显示出的网页虽然效果与【链接】方式一样，但在网速较慢的环境下，浏览器会先显示没有 CSS 布局的网页。

10.3 添加 CSS 选择器

　　CSS 选择器用于选择需要添加样式的元素。在 CSS 中有很多强大的选择器，可以帮助用户灵活地选择页面元素，如表 10-1 所示。

表 10-1　CSS 选择器

选 择 器	例　　子	说　　明
.class	.intro	选择 class="intro" 的所有元素
#id	#firstname	选择 id="firstname" 的所有元素
*	*	选择所有元素
element	p	选择所有 <p> 元素
element,element	div,p	选择所有 <div> 元素和所有 <p> 元素
element element	div p	选择 <div> 元素内部的所有 <p> 元素
element>element	div>p	选择父元素为 <div> 元素的所有 <p> 元素
element+element	div+p	选择紧接在 <div> 元素之后的所有 <p> 元素
[attribute]	[target]	选择带有 target 属性的所有元素
[attribute=value]	[target=_blank]	选择 target="_blank" 的所有元素
[attribute~=value]	[title~=flower]	选择 title 属性包含单词 "flower" 的所有元素
[attribute|=value]	[lang|=en]	选择 lang 属性值以 "en" 开头的所有元素
:link	a:link	选择所有未被访问的链接
:visited	a:visited	选择所有已被访问的链接
:active	a:active	选择活动链接
:hover	a:hover	选择鼠标指针位于其上的链接
:focus	input:focus	选择获得焦点的 input 元素
:first-letter	p:first-letter	选择每个 <p> 元素的首字母
:first-line	p:first-line	选择每个 <p> 元素的首行
:first-child	p:first-child	选择属于父元素的第一个子元素的每个 <p> 元素
:before	p:before	在每个 <p> 元素的内容之前插入内容
:after	p:after	在每个 <p> 元素的内容之后插入内容
:lang(language)	p:lang(it)	选择带有以 "it" 开头的 lang 属性值的每个 <p> 元素

(续表)

选 择 器	例 子	说 明
element1~element2	p~ul	选择前面有 <p> 元素的每个 <ul> 元素
[attribute^=value]	a[src^="https"]	选择其 src 属性值以"https"开头的每个<a>元素
[attribute$=value]	a[src$=".pdf"]	选择其 src 属性值以 ".pdf" 结尾的所有 <a> 元素
[attribute*=value]	a[src*="abc"]	选择其 src 属性值中包含"abc"子串的每个<a>元素
:first-of-type	p:first-of-type	选择属于其父元素的首个<p>元素的每个<p>元素
:last-of-type	p:last-of-type	选择属于其父元素的最后<p>元素的每个<p>元素
:only-of-type	p:only-of-type	选择属于其父元素唯一的<p>元素的每个<p>元素
:only-child	p:only-child	选择属于其父元素的唯一子元素的每个 <p> 元素
:nth-child(n)	p:nth-child(2)	选择属于其父元素的第二个子元素的每个<p>元素
:nth-last-child(n)	p:nth-last-child(2)	同上，但是从最后一个子元素开始计数
:nth-of-type(n)	p:nth-of-type(2)	选择属于其父元素第二个<p>元素的每个<p>元素
:nth-last-of-type(n)	p:nth-last-of-type(2)	同上，但是从最后一个子元素开始计数
:last-child	p:last-child	选择属于其父元素最后一个子元素的每个<p>元素
:root	:root	选择文档的根元素
:empty	p:empty	选择没有子元素的每个<p>元素(包括文本节点)
:target	#news:target	选择当前活动的#news 元素
:enabled	input:enabled	选择每个启用的<input>元素
:disabled	input:disabled	选择每个禁用的<input>元素
:checked	input:checked	选择每个被选中的<input>元素
:not(selector)	:not(p)	选择非<p>元素的每个元素
::selection	::selection	选择被用户选取的元素部分

下面将举例介绍在 Dreamweaver 中添加常用选择器的方法。

1. 添加类选择器

在【CSS 设计器】面板的【选择器】窗格中单击【+】按钮，然后在显示的文本框中输入符号(.)和选择器的名称，即可创建一个类选择器。

类选择器用于选择指定类的所有元素。下面用一个简单的例子说明其应用。

【例 10-2】 定义一个名为.large 的类选择器，设置其属性为改变文本颜色(红色)。 视频

(1) 按下 Shift+F11 组合键，打开【CSS 设计器】窗口，在【选择器】窗格中单击【+】按钮，添加一个选择器，设置其名称为.large。

(2) 在【属性】窗格中，取消【显示集】复选框的选中状态，单击【文本】按钮，在显示的属性设置区域中单击 color 按钮，如图 10-15 所示。

(3) 打开颜色选择器，单击红色色块，然后在页面空白处单击，如图 10-16 所示。

图 10-15　设置 color 参数

图 10-16　颜色选择器

(4) 选中页面中的文本，在 HTML 的【属性】面板中单击【类】下拉按钮，在弹出的列表中选择 large 选项，即可将选中文本的颜色设置为【红色】。

(5) 在设计视图中输入一段文本，选中该文本后在【属性】面板中单击【类】下拉按钮，从弹出的列表中选择 large 选项，如图 10-17 所示。

(6) 按下 F12 键预览网页，效果如图 10-18 所示。

图 10-17　将类选择器应用于文本

图 10-18　网页预览效果

2. 添加 ID 选择器

在【CSS 设计器】面板的【选择器】窗格中单击【+】按钮，然后在显示的文本框中输入符号(#)和选择器的名称，即可创建一个 ID 选择器。

ID 选择器用于选择具有指定 ID 属性的元素。下面用一个实例说明其应用。

【例 10-3】定义名为 "#Welcome" 的 ID 选择器，设置其属性为设置网页对象大小。 📹视频

(1) 按下 Shift+F11 组合键，打开【CSS 设计器】窗口。在【选择器】窗格中单击【+】按钮，添加一个选择器，设置其名称为#sidebar。

(2) 打开【属性】窗格，单击【布局】按钮▦，在显示的选项设置区域中将 width 参数值设置为 200px，将 height 参数值设置为 100px，如图 10-19 所示。

(3) 单击【文本】按钮▣，设置 color 属性，为文本选择一种颜色，如图 10-20 所示，然后单击页面空白处。

图 10-19　设置布局属性参数

图 10-20　设置文本属性参数

(4) 选择【插入】|Div 命令，打开【插入 Div】对话框，在 ID 文本框中输入 sidebar，单击【确定】按钮，如图 10-21 所示。

(5) 此时，将在网页中插入一个宽 200 像素、高 100 像素的 Div 标签，如图 10-22 所示。

图 10-21　【插入 Div】对话框

图 10-22　插入 Div 标签

ID 选择器和类选择器最主要的区别就在于 ID 选择器不能重复，只能使用一次，一个 ID 只能用于一个标签对象，而类选择器可以重复使用，同一个类选择器可以定义在多个标签对象上，且一个标签可以定义多个类选择器。

3. 添加标签选择器

在【CSS 设计器】面板的【选择器】窗格中单击【+】按钮，然后在显示的文本框中输入一个标签，即可创建一个标签选择器。

标签选择器用于选择指定标签名称的所有元素。下面通过一个实例说明其应用。

【例 10-4】 定义名为 a 的标签选择器，设置其属性为给网页文本链接添加背景颜色。　视频

(1) 在设计视图中输入文本，并为文本设置超链接。按下 Shift+F11 组合键，打开【CSS 设

计算器】窗口，在【选择器】窗格中单击【+】按钮，添加一个选择器，设置其名称为 a。

(2) 在【属性】窗格中单击【背景】按钮，在显示的选项设置区域中单击 background-color 选项后的按钮，打开颜色选择器，选择一个背景颜色。

(3) 按下 F12 键在浏览器中查看网页，文本链接将添加如图 10-23 所示的背景颜色。

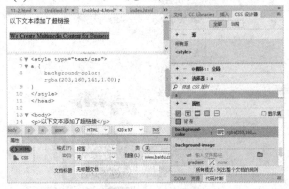

图 10-23　在文本链接上添加背景颜色

4. 添加通配符选择器

通配符指的是用于代替不确定字符的字符。因此通配符选择器是指对对象可以使用模糊指定的方式进行选择的选择器。CSS 的通配符选择器可以使用 "*" 作为关键字。

【例 10-5】定义通配符选择器。 视频

(1) 分别选择【插入】|Div 命令和【插入】|Image 命令，在网页中插入一个 Div 标签和一个图像，如图 10-24 所示。

(2) 按下 Shift+F11 组合键，打开【CSS 设计器】面板，在【选择器】窗格中单击【+】按钮，添加一个选择器，设置名称为 "*"。

(2) 在【属性】窗格中将 width 设置为 300px，将 height 设置为 250px，此时 Div 标签和图像效果如图 10-25 所示。

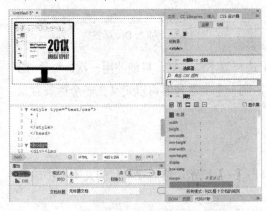
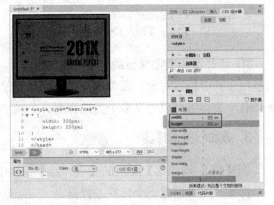

图 10-24　网页中的 Div 标签和图片　　　　图 10-25　定义通配符选择器

5. 添加分组选择器

CSS 样式表中具有相同样式的元素，就可以使用分组选择器，把所有元素组合在一起。元

素之间用逗号分隔，这样只需要定义一组 CSS 声明。

【例 10-6】 定义分组选择器，将页面中的 h1~h6 元素以及段落的颜色设置为红色。 视频

(1) 在网页中输入文本，并为文本设置如图 10-26 所示的标题和段落标签。

(2) 按下 Shift+F11 组合键，打开【CSS 设计器】面板。在【选择器】窗格中单击【+】按钮，添加一个选择器，设置名称为 h1,h2,h3,h4,h5,h6,p

(3) 在【属性】面板中单击【文本】按钮，在显示的选项设置区域中，将 color 设置为 red，如图 10-27 所示。

图 10-26 网页中的标题和段落文本

图 10-27 创建分组选择器

(4) 此时，设计视图中的 h1~h6 元素及段落文本的颜色变为红色。

6. 添加后代选择器

后代选择器用于选择指定元素内部的所有子元素。例如，在制作网页时不需要去掉页面中所有链接的下画线，而只要去掉所有列表链接的下画线，这时就可以使用后代选择器。

【例 10-7】 利用后代选择器去掉网页中所有列表链接的下画线。 视频

(1) 按下 Shift+F11 组合键，打开【CSS 设计器】面板，在【选择器】窗格中单击【+】按钮，添加一个选择器，设置名称为 "li a"。

(2) 在【属性】窗格中单击【文本】按钮，在显示的选项设置区域中，单击 text-decoration 选项后的 none 按钮，如图 10-28 所示。

(3) 此时，页面中所有列表文本上设置的链接不再显示下画线。

7. 添加伪类选择器

伪类是一种特殊的类，由 CSS 自动支持，属于 CSS 的一种扩展类型和对象，其名称不能被用户自定义，在使用时必须按标准格式使用。下面用一个实例进行介绍。

计算机基础与实训教材系列

【例 10-8】 定义用于将网页中未访问文本链接的颜色设置为红色的伪类选择器。 视频

(1) 按下 Shift+F11 组合键，打开【CSS 设计器】面板，在【选择器】窗格中单击【+】按钮，添加一个选择器，设置名称为 "a:link"。

(2) 在【属性】窗格中单击【文本】按钮回，将 color 设置为 red，如图 10-29 所示。

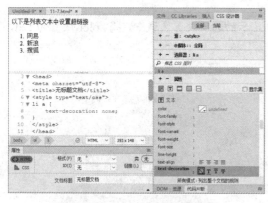

图 10-28 创建后代选择器

图 10-29 创建伪类选择器

在如图 10-29 所示的代码视图中，:link 就是伪类选择器设定的标准格式，其作用为选择所有未访问的链接。表 10-2 中列出了几个常用的伪类选择器及其说明。

表 10-2 常用的伪类选择器及其说明

伪类选择器	说 明
:link	选择所有未访问的链接
:visited	选择所有访问过的链接
:active	用于选择活动的链接，当单击一个链接时，它就会成为活动链接，该选择器主要用于向活动链接添加特殊样式
:target	用于选择当前活动的目标元素
:hover	用于定义当鼠标移至链接时的特殊样式(该选择器可用于所有元素，不仅是链接，主要用于定义鼠标滑过效果)

8. 添加伪元素选择器

CSS 伪元素选择器有许多独特的使用方法，可以实现一些非常有趣的网页效果，其常用来添加一些选择器的特殊效果。下面用一个简单的例子，来介绍伪元素选择器的使用方法。

【例 10-9】 在网页中所有段落之前添加文本 "(转载自《实例教程系列》)"。 视频

(1) 在网页中输入多段文本，并为其设置段落格式。按下 Shift+F11 组合键，打开【CSS 设计器】面板。在【选择器】窗格中单击【+】按钮，添加一个选择器，设置名称为 "p:before"。

(2) 在【CSS 设计器】面板的【属性】窗格中单击【更多】按钮回，在显示的文本框中输入 content。

(3) 按下回车键，在 content 选项后的文本框中输入以下文字(如图 10-30 所示)。

"转载自《实用教程系列》"

(4) 按下 Ctrl+S 组合键保存网页，按下 F12 键预览网页，效果如图 10-31 所示。

图 10-30　创建伪元素选择器　　　　　　　　　　　图 10-31　网页效果

除了【例 10-9】介绍的应用以外，使用 ":before" 选择器结合其他选择器，还可以实现各种不同的效果。例如，要在列表中将列表前的小圆点去掉，并添加一个自定义的符号，可以采用以下操作。

(1) 在【CSS 设计器】面板的【选择器】窗格中单击【+】按钮，添加一个名为 li 的标签选择器。在【属性】窗格中单击【更多】按钮⊟，在显示的文本框中输入 list-style，按下回车键后在该选项后的参数栏中选择 none 选项，如图 10-32 所示。

(2) 此时，网页中列表文本前的小圆点就被去掉了，如图 10-33 所示。

(3) 在【选择器】窗格中单击【+】按钮，添加一个名为 li:before 的选择器。

(4) 在【属性】窗格中单击【更多】按钮⊟，在显示的文本框中输入 content，并在其后的文本框中输入"★"，如图 10-34 所示。

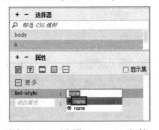

图 10-32　设置 list-style 参数　　　　　　　　　　图 10-33　列表修改后的效果

(5) 按下 F12 键预览网页，页面中列表的效果如图 10-35 所示。

图 10-34　设置 content 参数　　　　　　　　　　　图 10-35　列表效果

如表 10-3 所示为常用的伪元素选择器及其说明。

表 10-3　常用的伪元素选择器及其说明

伪元素选择器	说　明
:before	在指定元素之前插入内容
:after	在指定元素之后插入内容
:first-line	对指定元素第一行设置样式
:first-letter	选取指定元素首字母

10.4　编辑 CSS 样式效果

通过上面的实例可以看出，使用【CSS 设计器】的【属性】面板可以为 CSS 设置非常丰富的样式，包括文字样式、背景样式和边框样式等各种常用效果，这些样式决定了页面中的文字、列表、背景、表单、图片和光标等各种元素。

在制作网页时，如果用户需要对页面中具体对象上应用的 CSS 样式效果进行编辑，可以在 CSS【属性】面板的【目标规则】列表中选中需要编辑的选择器，单击【编辑规则】按钮，打开如图 10-36 所示的【CSS 规则定义】对话框进行设置。

10.4.1　CSS 类型设置

在【CSS 规则定义】对话框的【分类】列表中选中【类型】选项后(如图 10-36 所示)，在对话框右侧的选项区域中，可以编辑 CSS 样式最常用的属性，包括字体、字号、文字样式、文字修饰、字体粗细等。

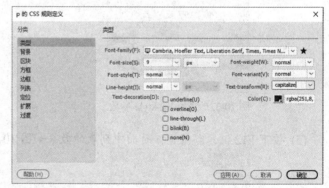

图 10-36　打开【CSS 规则定义】对话框

▽ Font-family：用于为 CSS 样式设置字体。

▽ Font-size：用于定义文字大小，可以通过选择数字和度量单位选择特定的大小，也可以选择相对大小。

▽ Font-style：用于设置字体样式，可选择 normal(正常)、italic(斜体)或 oblique(偏斜体)等选项。

▽ Line-height：用于设置文字所在行的高度。通常情况下，浏览器会用单行距离，也就是以下一行的上端到上一行的下端只有几磅间隔的形式显示文本框。在 Line-height 下拉列表中可以选择行高，若选择 normal 选项，则由软件自动计算行高和文字大小；如果希望指定行高值，在其中输入需要的数值，然后选择单位即可。

▽ Text-decoration：用于向文本中添加下画线(underline)、上画线(overline)、删除线(line-through)或闪烁线(blink)。选择该选项区域中相应的复选框，会激活相应的修饰格式。如果不需要使用格式，可以取消相应复选框的选中状态；如果选中 none(无)复选框，则不应用任何格式。在默认状态下，普通文本的修饰格式为 none(无)，而链接文本的修饰格式为 underline(下画线)。

▽ Font-weight：对文字应用特定或相对的粗体量。在该文本框中输入相应的数值，可以指定文字的绝对粗细程度；若使用 bolder 和 lighter 值可以得到比父元素字体更粗或更细的文字。

▽ Font-variant：这个属性包括 normal 和 small-caps 两个值，其中 normal 为默认值，表示显示字体的常规版本；small-caps 可以用来替换字体的显示形式，即将小写字母替换为大写字母。(但在文档窗口中不能直接显示，必须按下 F12 键，在浏览器中才能看到效果。)

▽ Color：用于设置文本颜色，单击该按钮，可以打开颜色选择器。

▽ Text-transform：用于将所选内容中的每个单词的首字母大写，或将文本设置为全部大写或小写。在该选项中如果选择 capitalize(首字母大写)选项，则可以指定将每个单词的第一个字母大写；如果选择 uppercase(大写)或 lowercase(小写)选项，则可以分别将所有被选择的文本都设置为大写或小写；如果选择 none(无)选项，则会保持选中字符本身带有的大小写格式。

【例 10-10】通过编辑 CSS 样式类型，设置网页中滚动文本的格式和效果。 视频

(1) 打开网页素材文档后，将指针置入滚动文本中，在 CSS【属性】面板中单击【编辑规则】按钮，如图 10-37 所示。

(2) 在打开的对话框中选中【分类】列表中的【类型】选项，在对话框右侧的选项区域中单击 Font-family 按钮，在弹出的列表中选中一个字体堆栈。

(3) 在 Font-size 文本框中输入 15，单击该文本框后的按钮，在弹出的列表中选择 px 选项，如图 10-38 所示。

(4) 单击 Font-style 按钮，在弹出的列表中选择 oblique 选项，设置滚动文本为偏斜体。

(5) 单击 Font-variant 按钮，在弹出的列表中选择 small-caps 选项，将滚动文本中的小写字母替换为大写字母。

(6) 在 Text-decoration 选项区域中选中 none 复选框,设置滚动文本无特殊修饰，如图 10-38 所示，然后单击【确定】按钮。

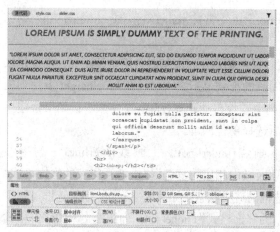

图 10-37　设置文字样式

图 10-38　设置【类型】选项区域

(7) 按下 F12 键可以在浏览器中预览网页中被修改后的滚动文本效果。

CSS 的类型属性说明如表 10-4 所示。

表 10-4　CSS 的类型属性说明

属　　性	说　　明
Font-family	设置字体
Font-size	设置字号
Font-style	设置文字样式
Line-height	设置文字行高
Font-weight	设置文字粗细
Font-variant	设置英文字母大小写转换
Text-transform	控制英文字母大小写
Color	设置文字颜色
Text-decoration	设置文字修饰

10.4.2　CSS 背景设置

在【CSS 规则定义】对话框中选中【背景】选项后，将显示如图 10-39 所示的【背景】选项区域，在该选项区域中用户不仅能够设置 CSS 样式对网页中的任意元素应用背景属性，还可以设置背景图像的位置。

▽ Background-color：用于设置元素的背景颜色。

▽ Background-image 下拉列表：用于设置元素的背景图像。单击该选项后的【浏览】按钮可以打开【选择图像源文件】对话框。

▽ Background-repeat：确定是否以及如何重复背景图像。该选项一般用于图片面积小于页面元素面积的情况，包括 no-repeat、repeat、repeat-x 和 repeat-y 4 个选项。

▽ Background-attachment：确定背景图像是固定在其原始位置还是随内容一起滚动。其中包括 fixed 和 scroll 两个选项。

▽ Background-position(X)和 Background-position(Y)：指定背景图像相对于元素的初始位置。可以选择 left、right、center 或 top、bottom、center 选项，也可以直接输入数值。

下面用一个实例，介绍设置 CSS 背景效果的具体方法。

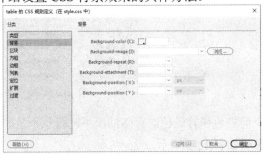

图 10-39　【背景】选项区域

【例 10-11】通过编辑 CSS 样式背景，替换网页的背景图像。　视频

(1) 打开如图 10-40 所示的网页后，按下 Shift+F11 组合键，显示【CSS 设计器】面板。

图 10-40　打开网页

(2) 在【CSS 设计器】面板的【选择器】窗格中单击【+】按钮创建一个名称为 body 的标签选择器。

(3) 单击状态栏上的<body>标签，按下 Ctrl+F3 组合键打开【属性】面板，在 HTML【属性】面板中单击【编辑规则】按钮。

(4) 打开【CSS 规则定义】对话框，在【分类】列表中选择【背景】选项，在对话框右侧的选项区域中单击 Background-image 选项后的【浏览】按钮。

(5) 打开【选择图像源文件】对话框，选择一个背景图像素材文件，单击【确定】按钮。

(6) 返回【CSS 规则定义】对话框，单击 Background-repeat 按钮，在弹出的列表中选择 no-repeat 选项，设置背景图像在网页中不重复显示。

(7) 单击 Background-position(X)按钮，在弹出的列表中选择 center 选项，设置背景图像在网页中水平居中显示。

(8) 单击 Background-position(Y)按钮，在弹出的列表中选择 Top 选项，设置背景图像在网页中垂直靠顶端显示。

(9) 在 Background-color 文本框中输入 rgba(138,135,135,1)，设置网页中不显示背景图像的背景区域的颜色，如图 10-41 所示。单击【确定】按钮，网页背景图像的效果如图 10-42 所示。

图 10-41　设置背景参数

图 10-42　网页背景图像设置效果

文档中的每个元素都有前景色和背景色。有些情况下，背景不是颜色，而是一幅色彩丰富的图像。CSS 的背景属性说明如表 10-5 所示。

表 10-5　CSS 的背景属性说明

属　　性	说　　明
Background-color	设置元素的背景颜色
Background-image	设置元素的背景图像
Background-repeat	设置一个指定背景图像的重复方式
Background-attachment	设置背景图像是否固定显示
Background-position	设置背景图像在水平和垂直方向上的位置

10.4.3　CSS 区块设置

在【CSS 规则定义】对话框中选中【区块】选项，将显示【区块】选项区域，如图 10-43 所示。

▽ Word-spacing：用于设置字词的间距。如果要设置特定的值，在下拉列表中选择【值】选项后输入数值。

▽ Letter-spacing：用于设置增大或减小字母或字符的间距。与单词间距的设置相同，该选项可以在字符之间添加额外的间距。用户可以输入一个值，然后在 Letter-spacing 选项右侧的下拉列表中选择数据的单位。(是否可以通过负值来缩小字符间距要根据浏览器的情况而定。另外，字母间距的优先级高于单词间距。)

▽ Vertical-align：用于指定应用此属性的元素的垂直对齐方式。

▽ Text-align：用于设置文本在元素内的对齐方式，包括 left、right、center 和 justify 等几个选项。

▽ Text-indent：用于指定第一行文本缩进的程度(允许为负值)。

▽ White-space：用于确定如何处理元素中的空白部分。其中有 3 个属性值，选择 normal 选项，按照正常方法处理空格，可以使多重的空白合并成一个；选择 pre 选项，则保留应用样式元素中空白的原始形象，不允许多重的空白合并成一个；选择 nowrap 选项，则长文本不自动换行。

▽ Display：用于指定是否以及如何显示元素。(若选择 none 选项，它将禁用指定元素的 CSS 显示。)

下面通过一个实例，介绍设置 CSS 区块效果的具体方法。

【例 10-12】 通过定义 CSS 样式区块设置，调整网页中文本的排列方式。 📀视频

(1) 打开网页文档后，选中页面中如图 10-44 左图所示的标题文本。

(2) 在 CSS【属性】面板中单击【编辑规则】按钮，打开【CSS 规则定义】对话框，在【分类】列表中选中【区块】选项。

(3) 在对话框右侧的选项区域中的 Letter-spacing 文本框中输入 5，然后单击该文本框后的按钮，在弹出的列表中选择 px 选项，设置选中文本字母间距为 5 像素。

(4) 单击 Text-align 按钮，在弹出的列表中选择 center 选项，设置选中文本在 Div 标签中水平居中对齐。单击【确定】按钮后，页面中的文本效果如图 10-44 右图所示。

图 10-43 【区块】选项区域

图 10-44 标题文本的变化效果

CSS 样式表可以对字体属性和文本属性加以区分，前者控制文本的大小、样式和外观，而后者控制文本对齐和呈现给用户的方式。CSS 的区块属性说明如表 10-6 所示。

表 10-6 CSS 的区块属性说明

属 性	说 明
Word-spacing	定义一个附加在单词之间的间隔数量
Letter-spacing	定义一个附加在字母之间的间隔数量
Text-align	设置文本的水平对齐方式
Text-indent	设置文本的首行缩进
Vertical-align	设置文本水平和垂直方向上的位置
White-space	设置处理空白
Display	设置如何显示元素

10.4.4 CSS 方框设置

在【CSS 规则定义】对话框中选中【方框】选项，将显示【方框】选项区域，如图 10-45 所示。在该选项区域中用户可以设置用于控制元素在页面上放置方式的标签和属性。

▽ Width 和 Height：用于设置元素的宽度和高度。选择 Auto 选项表示由浏览器自行控制，也可以直接输入一个值，并在右侧的下拉列表中选择值的单位。只有当该样式应用到图像或分层上时，才可以直接从文档窗口中看到设置的效果。

▽ Float：用于在网页中设置各种页面元素(如文本、Div、表格等)围绕元素的哪个具体的边浮动。利用该选项可以将网页元素移动到页面范围之外，如果选择 left 选项，则将元素放置到网页左侧空白处；如果选择 right 选项，则将元素放置到网页右侧空白处。

▽ Clear：在该下拉列表中可以定义允许分层。如果选择 left 选项，则表示不允许分层出现在应用该样式的元素的左侧；如果选择 right 选项，则表明不允许分层出现在应用该样式的元素的右侧。

▽ Padding：用于指定元素内容与元素边框之间的间距，取消选中【全部相同】复选框，可以设置元素各个边的填充。

▽ Margin 选项区域：该选项区域用于指定一个元素的边框与另一个元素之间的间距。取消选中【全部相同】复选框，可以设置元素各个边的边距。

在网页源代码中 CSS 的方框属性说明如表 10-7 所示。

表 10-7　CSS 的方框属性说明

属　　性	说　　明
Float	设置文字环绕在一个元素的四周
Clear	指定在某一个元素的某一条边是否允许有环绕的文字或对象
Width	设定对象的宽度
Height	设定对象的高度
Margin-Left、Margin-Right、Margin-Top 和 Margin-Bottom	分别设置在边框与内容之间的左、右、上、下的空间距离
Padding-Left、Padding-Right、Padding-Top 和 Padding-Bottom	分别设置边框外侧的左、右、上、下的空白区域大小

10.4.5　CSS 边框设置

在【CSS 规则定义】对话框中选中【边框】选项后，将显示【边框】选项区域，如图 10-46 所示，在该选项区域中用户可以设置边框属性，如宽度、颜色和样式等。

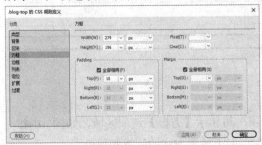
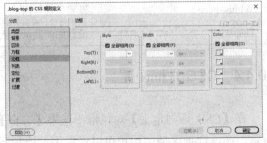

图 10-45　【方框】选项区域　　　　　　　图 10-46　【边框】选项区域

▽ Style：可以设置边框的样式外观，有多个选项，每个选项代表一种边框样式。

▽ Width：可以定义应用该样式元素的边框宽度。在 Top、Right、Bottom 和 Left 这 4 个下拉列表中，可以分别设置边框上每个边的宽度。用户可以选择相应的宽度选项，如细、中、粗或直接输入数值。

▽ Color：可以分别设置上下左右边框的颜色，或选中【全部相同】复选框为所有边线设置相同的颜色。

边框属性用于设置元素边框的宽度、样式和颜色等。CSS 的边框属性说明如表 10-8 所示。

表 10-8 CSS 的边框属性说明

属　性	说　明
border-color	用于设置边框颜色
border-style	用于设置边框样式
border	用于设置文本的水平对齐方式
width	用于设置边框宽度
border-top-color	用于设置上边框颜色
border-left-color	用于设置左边框颜色
border-right-color	用于设置右边框颜色
border-bottom-color	用于设置下边框颜色
border-top-style	用于设置上边框样式
border-left-style	用于设置左边框样式
border-right-style	用于设置右边框样式
border-bottom-style	用于设置下边框样式
border-top-width	用于设置上边框宽度
border-left-width	用于设置左边框宽度
border-right-width	用于设置右边框宽度
border-bottom-width	用于设置下边框宽度
border	用于组合设置边框属性
border-top	用于组合设置上边框属性
border-left	用于组合设置左边框属性
border-right	用于组合设置右边框属性
border-bottom	用于组合设置下边框属性

计算机基础与实训教材系列

边框属性只能设置 4 种边框，为了给出一个元素的 4 种边框的不同值，网页制作者必须用一个或更多属性，如上边框、右边框、下边框、左边框、边框颜色、边框宽度、边框样式、上边框宽度、右边框宽度、下边框宽度或左边框宽度等。

其中，border-style 属性根据 CSS3 模型，可以为 HTML 元素边框应用许多修饰，包括 none、dotted、dashed、solid、double、groove、ridge、inset 和 outset，具体说明如下。

▽ none: 用于设置无边框。　　　　▽ groove: 用于设置边框带有立体感的沟槽。

▽ dotted: 用于设置边框由点组成。　▽ ridge: 用于设置边框成脊形。

▽ dashed: 用于设置边框由短线组成。▽ inset: 用于设置边框内嵌一个立体边框。

▽ solid: 用于设置边框为实线。　　▽ outset: 用于设置边框外嵌一个立体边框。

▽ double: 用于设置边框为双实线。

10.4.6　CSS 列表设置

在【CSS 规则定义】对话框的【分类】列表框中选择【列表】选项，对话框右侧将显示相应的选项区域，如图 10-47 所示。其中，各选项的功能说明如下。

▽ List-style-type: 该属性决定了有序和无序列表项如何显示在能识别样式的浏览器上，可为每行的前面加上项目符号或编号，用于区分不同的文本行。

▽ List-style-image: 用于设置以图片作为无序列表的项目符号，可以在其中输入图片的 URL 地址，也可以通过单击【浏览】按钮，从磁盘上选择图片文件。

▽ List-style-Position: 用于设置列表项的换行位置。List-style-Position 属性接受 inside 或 outside 两个值。

CSS 中有关列表的属性丰富了列表的外观，CSS 的列表属性说明如表 10-9 所示。

表 10-9　CSS 的列表属性说明

属　　性	说　　明
List-style-type	用于设置引导列表项目的符号类型
List-style-image	用于设置列表样式为图像
List-style-Position	用于决定列表项目缩进的程度

10.4.7　CSS 定位设置

在【CSS 规则定义】对话框的【分类】列表框中选择【定位】选项，在显示的选项区域中可以定义定位样式，如图 10-48 所示。

1. Position

Position 用于设置浏览器放置 AP Div 的方式，包含以下 4 项参数。

▽ static: 应用常规的 HTML 布局和定位规则，并由浏览器决定元素的框的左边缘和上边缘。

▽ relative: relative 即相对定位，是相对于元素前面容器的定位。

▽ absolute: absolute 即绝对定位，是相对于浏览器的定位。

▽ fixed: 将元素相对于其显示的页面或窗口进行定位。像 absolute 定位一样，从包含流中去除元素时，其他的元素也会相应发生移动。

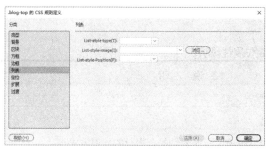

图 10-47 【列表】选项区域

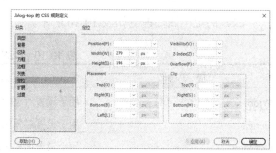

图 10-48 【定位】选项区域

2. Visibility

Visibility 用于设置层的初始化显示位置，包含以下 3 个选项。

▽ inherit：继承分层父级元素的可视性属性。

▽ visible：无论分层的父级元素是否可见，都显示层内容。

▽ hidden：无论分层的父级元素是否可见，都隐藏层内容。

3. Width 和 Height

Width 和 Height 用于设置元素本身的大小。

4. Z-Index

Z-Index 用于定义层的顺序，即层重叠的顺序。可以选择 Auto 选项，或输入相应的层索引值。索引值可以为正数或负数。较高值所在的层会位于较低值所在层的上端。

5. Overflow

Overflow 用于定义层中的内容超出了层的边界时的处理方式，包含以下选项。

▽ visible：当层中的内容超出层范围时，层会自动向下或向右扩展大小，以容纳分层内容使之可见。

▽ hidden：当层中的内容超出层范围时，层的大小不变，也不出现滚动条，超出分层边界的内容不显示。

▽ scroll：无论层中的内容是否超出层范围，层上总会出现滚动条，这样即使分层内容超出分层范围，也可以利用滚动条浏览。

▽ auto：当层中的内容超出分层范围时，层的大小不变，但是会出现滚动条，以便通过滚动条的滚动显示所有分层内容。

6. Placement

Placement 用于设置层的位置和大小。在 Top、Right、Bottom 和 Left 这 4 个下拉列表中，可以分别输入相应的值，在右侧的下拉列表中，可以选择相应的数值单位，默认的单位是像素。

7. Clip

Clip 用于定义可视层的局部区域的位置和大小。如果指定了层的碎片区域，则可以通过脚本语言(如 JavaScript)进行操作。在 Top、Right、Bottom 和 Left 这 4 个下拉列表中，可以分别输入相应的值，在右侧的下拉列表中，可以选择相应的数值单位。

CSS 的定位属性说明如表 10-10 所示。

表 10-10　CSS 的定位属性说明

属　　性	说　　明
Width	用于设置对象的宽度
Height	用于设置对象的高度
Overflow	用于设置当层内的内容超出层所能容纳的范围时的处理方式
Z-Index	用于定义层的顺序
Position	用于设置对象的位置
Visibility	用于设置层的初始化显示位置

10.4.8　CSS 扩展设置

在【CSS 规则定义】对话框的【分类】列表框中选择【扩展】选项，可以在显示的选项区域中定义扩展样式，如图 10-49 所示。

▽ 分页：通过样式为网页添加分页符号。允许用户指定在某元素前或后进行分页，分页是指打印网页中的内容时在某指定的位置停止，然后将接下来的内容打印在下一页纸上。

▽ Cursor：改变光标形状，光标放置于此设置修饰的区域上时，形状会发生改变。

▽ Filter：使用 CSS 语言实现滤镜效果，在其下拉列表中有多种滤镜可以选择。

CSS 的扩展属性说明如表 10-11 所示。

表 10-11　CSS 的扩展属性说明

属　　性	说　　明
Cursor	用于设定光标
Page-break	用于控制分页
Filter	用于设置滤镜

其中，Cursor 属性值的说明如下。

▽ hand：显示为"手"形。

▽ crosshair：显示为交叉十字。

▽ text：显示为文本选择符号。

▽ wait：显示为 Windows 沙漏形状。

▽ default：显示为默认光标形状。

▽ help：显示为带问号的光标。

▽ e-resize：显示为向东的箭头。

▽ ne-resize：显示为指向东北的箭头。

▽ n-resize：显示为向北的箭头。

▽ nw-resize：显示为指向西北的箭头。

▽ w-resize：显示为指向西的箭头。

▽ sw-resize：显示为指向西南的箭头。

▽ s-resize：显示为指向南的箭头。

▽ se-resize：显示为指向东的箭头。

10.4.9　CSS 过渡设置

在【CSS 规则定义】对话框的【分类】列表框中选择【过渡】选项，可以在显示的选项区域中定义过渡样式，如图 10-50 所示。

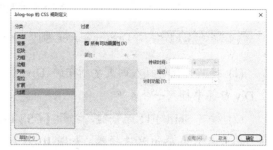

图 10-49　【扩展】选项区域　　　　　　　　　　图 10-50　【过渡】选项区域

▽ 所有可动画属性：如果需要为过渡的所有 CSS 属性指定相同的持续时间、延迟和计时功能，可以选中该复选框。

▽ 属性：向过渡效果添加 CSS 属性。

▽ 持续时间：以秒(s)或毫秒(ms)为单位输入过渡效果的持续时间。

▽ 延迟：设置过渡效果开始之前的时间，以秒或毫秒为单位。

▽ 计时功能：从可用选项中选择过渡效果样式。

CSS 的过渡属性说明如表 10-12 所示。

表 10-12　CSS 的过渡属性说明

属　　性	说　　明
transition-property	用于指定某种属性产生渐变效果
transition-duration	用于指定渐变效果的时长，单位为秒
transition-timing-function	用于指定渐变效果的变化过程
transition-delay	用于指定渐变效果的延迟时间，单位为秒
transition	用于组合设置渐变属性

其中，transition-property 可以指定元素中一个属性发生改变时的过渡效果，其属性值说明如下。

▽ none：没有属性发生改变。　　　　　　　　▽ ident：指定 CSS 属性列表。

▽ all：所有属性发生改变。

transition-timing-function 控制变化过程，其属性值说明如下。

▽ ease：逐渐变慢。　　　　　　　　　　　　▽ east-in-out：由慢到快再到慢。

▽ ese-in：由慢到快。　　　　　　　　　　　▽ cubic-bezier：自定义贝塞尔曲线。

▽ ease-out：由快到慢。　　　　　　　　　　▽ linear：匀速线性过渡。

10.5 实例演练

本章的实例演练将指导用户使用 CSS 美化网站留言页面。

【例 10-13】 使用 Dreamweaver 制作一个网站留言页面。 🎬视频

(1) 将鼠标指针插入网页素材中的 Div 标签内，在【插入】面板中单击【表单】按钮▦，在 Div 标签中插入一个表单。

(2) 按下 Shift+F11 组合键，打开【CSS 设计器】面板。在【选择器】窗格中单击【+】按钮，添加名称为.form 的选择器，如图 10-51 所示。

(3) 在表单【属性】面板中单击 Class 按钮，在弹出的列表中选择 form 选项。

(4) 在【CSS 设计器】面板的【选择器】窗格中选中.form 选择器，然后在【属性】窗格中单击【布局】按钮▦。在展开的选项区域中设置 margin 顶部参数为 2%，左侧和右侧间距参数为 15%，如图 10-52 所示。

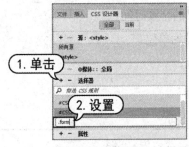

图 10-51 添加.form 选择器

图 10-52 设置 margin 参数

(5) 将鼠标指针插入表单中，输入文本并插入一条水平线。

(6) 将鼠标指针置于水平线的下方，在【插入】面板中单击【文本】按钮▢，在表单中插入一个文本域，如图 10-53 所示。

(7) 选中表单中的文本域，在【属性】面板中的 Value 文本框中输入 "Your Name..."。

(8) 编辑表单中文本域前的文本，并设置文本的字体格式，选中文本域，如图 10-54 所示。

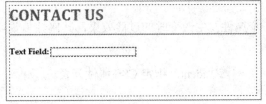

图 10-53 在表单中插入文本域

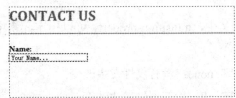

图 10-54 选中表单中的文本域

(9) 在【CSS 设计器】的【选择器】窗格中单击【+】按钮，添加一个名称为.b1 的选择器。

(10) 单击【属性】面板中的 Class 下拉按钮，在弹出的列表中选择 b1 选项，为文本域应用 b1 类样式。

(11) 在【CSS 设计器】面板的【属性】窗格中单击【边框】按钮□，在展开的选项区域中单击【所有边】按钮□，将 color 参数设置为 rgba(211,209,209,1.00)，如图 10-55 所示。

(12) 单击【左侧】按钮，将 width 参数设置为 5px，如图 10-56 所示。

图 10-55　设置边框颜色参数

图 10-56　设置左侧边框 Width 参数

(13) 单击【属性】窗格中的【布局】按钮▥，在显示的选项区域中将 width 参数设置为 200px，height 参数设置为 25px，如图 10-57 所示。

(14) 将鼠标指针插入文本域的下方，在【插入】面板中单击【电子邮件】按钮和【文本】按钮，在表单中插入一个【电子邮件】对象和【文本域】对象。

(15) 编辑表单中软件自动插入的文本，分别选中【电子邮件】对象和【文本域】对象，在【属性】面板中单击 Class 下拉按钮，在弹出的列表中选择 b1 选项，并设置对象的 Value 值。

(16) 将鼠标指针插入 SUBJECT 文本域之后，在【插入】面板中单击【文本区域】按钮□，在表单中插入一个文本区域，并编辑文本域前的文本，如图 10-58 所示。

图 10-57　设置布局参数

图 10-58　在表单中插入文本区域

(17) 在【CSS 设计器】窗口的【选择器】窗格中右击.b1 选择器，在弹出的菜单中选择【直接复制】命令。复制一个.b1 选择器，将复制后的选择器命名为.b2。

(18) 在【选择器】窗格中选中.b2 选择器，在【属性】窗格中单击【布局】按钮▥，在展开的选项区域中将 width 设置为 500 像素，height 设置为 100 像素。

(19) 选中表单中的文本区域，在【属性】面板中单击 Class 按钮，在弹出的列表中选择 b2 选项。将鼠标指针插入文本区域的下方，在【插入】面板中单击【"提交"按钮】按钮，在表单中插入一个【提交】按钮，如图 10-59 所示。

计算机基础与实训教材系列

计算机基础与实训教材系列

(20) 在【CSS设计器】窗格的【选择器】窗格中单击【+】按钮，添加一个名称为.b3 的选择器。

(21) 在【选择器】窗格中选中.b3 选择器，在【属性】面板中单击【布局】按钮▦，在展开的选项区域中将 width 设置为 150 像素，height 设置为 25 像素。

(22) 在【属性】窗格中单击【背景】按钮▨，在展开的选项区域中单击 background-image 选项下的【浏览】按钮▱，如图 10-60 所示。

图 10-59　在表单中插入【提交】按钮

图 10-60　设置背景参数

(23) 打开【选择图像源文件】对话框，选中一个图像素材文件，单击【确定】按钮。

(24) 在【属性】窗格中单击【文本】按钮▣，在展开的选项区域中将 color 的值设置为 rgba(150,147,147,1.00)，将 font-size 的值设置为 12px。

(25) 选中表单中的按钮，在【属性】面板中单击 Class 下拉按钮，在弹出的列表中选择 b3 选项，在 Value 文本框中将文本"提交"修改为 SEND MESSAGE，如图 10-61 所示。

(26) 完成以上设置后，网站留言页面的效果如图 10-62 所示。

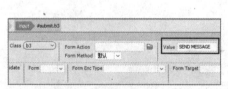

图 10-61　设置按钮【属性】面板

图 10-62　网站留言页面

10.6　习题

1. 简述 CSS 样式表的功能和规则。
2. 简述如何在 Dreamweaver 中创建 CSS 样式表。
3. 尝试在 Dreamweaver 中使用动态伪类设计一组 3D 动态效果的按钮。
4. 尝试使用 CSS 美化表格样式，在网页中制作一个介绍 CSS 选择器的表格。

第11章

制作HTML+CSS页面

Dreamweaver 中的 Div 元素实际上来自于 CSS 中的定位技术，只不过是在软件中对其进行了可视化操作。Div 体现了网页技术从二维空间向三维空间的延伸，是一种新的发展方向。通过 Div，用户不仅可以在网页中制作出诸如下拉菜单、图片与文本的各种运动效果等网页效果，还可以实现对页面整体内容的排版布局。

本章重点

- Div 与盒模型
- 网页结构标准语言与表现标准语言
- 内容、结构、表现和行为
- 常用 Div+CSS 布局方式

二维码教学视频

【例 11-1】 在网页中插入 Div 标签
【例 11-2】 创建高度自适应 Div 标签
【例 11-3】 制作首字下沉效果
【例 11-4】 制作图文混排网页
【例 11-5】 制作伸缩菜单

11.1　Div 与盒模型简介

Div 的全称是 Division(中文翻译为"区分")，是一个区块容器标记，即<div>与</div>标签之间的内容，可以容纳段落、标题、表格、图片等各种 HTML 元素。

11.1.1　Div

<div>标签是用来为 HTML 文档中的大块(block-level)内容提供结构和背景的元素。<div>起始标签和结束标签之间的所有内容都是用于构成这个块的，其中包含元素的特性由<div>标签的属性来控制，或者通过使用样式表格式化这个块来进行控制。

<div>标签常用于设置文本、图像、表格等网页对象的摆放位置。当用户将文本、图像或其他对象放置在<div>标签中时，可称为 div block(层次)，如图 11-1 所示。

11.1.2　盒模型

盒模型是 CSS 控制页面时的一个重要概念，用户只有很好地掌握盒模型以及其中每个元素的用法，才能真正地控制页面中每个元素的位置。

CSS 假定所有的 HTML 文档元素都生成一个描述该元素在 HTML 文档布局中所占空间的矩形元素框(element box)，可以形象地视为盒子。CSS 围绕这些盒子产生了"盒模型"的概念，通过定义一系列与盒子相关的属性，可以极大地丰富和优化各个盒子乃至整个 HTML 文档的表现效果和布局结构。

HTML 文档中的每个盒子都可以看成由从内到外的 4 个部分构成，即内容(content)、填充(padding)、边框(border)和边界(margin)。另外，在盒模型中还有高度与宽度两个辅助属性，如图 11-2 所示。

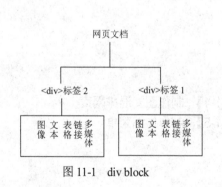

图 11-1　div block

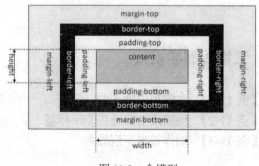

图 11-2　盒模型

内容是盒模型的中心，呈现了盒子的主要信息内容。这些内容可以是文本、图片等多种类型。内容是盒模型必需的组成部分，其他 3 部分都是可选的。内容区域有 3 个属性：width、height 和 overflow。使用 width 和 height 属性可以指定盒子内容区域的高度和宽度，值可以是长度计量值或百分比值。

填充区域是内容区域和边框之间的空间，可视为内容区域的背景区域。填充属性有 5 个，即 padding-top、padding-bottom、padding-left、padding-right，以及综合了以上 4 个填充方向的快捷填充属性 padding。使用这 5 个属性可以指定内容区域的信息内容与各方向边框间的距离，属性值的类型与 width 和 height 相同。

边框是环绕内容区域和填充区域的边界。边框属性有 border-style、border-width、border-color，以及综合了以上 3 个属性的快捷边框属性 border。边框样式属性 border-style 是边框最重要的属性。根据 CSS 规范，如果没有指定边框样式，其他的边框属性都会被忽略，边框将不存在。

边界位于盒子的最外围，不是一条边线，而是添加在边框外面的空间。边界使元素的盒子之间不必紧密地连接在一起，是 CSS 布局的一个重要手段。边界属性有 5 个，即 margin-top、margin-bottom、margin-left、margin-right，以及综合了以上 4 个属性的快捷边界属性 margin。

> **提示**
>
> 以上就是对盒模型 4 个组成部分的简单介绍，利用盒模型的相关属性，可以使 HTML 文档内容的表现效果变得丰富，而不再像只使用 HTML 标签那样单调。

11.2　理解标准布局

站点标准不是某个标准，而是一系列标准的集合。网页主要由结构(structure)、表现(presentation)和行为(behavior)3 部分组成，对应的标准也分为 3 个方面：结构标准语言主要包括 XHTML 和 XML，表现标准语言主要为 CSS，行为标准语言主要为 DOM 和 ECMAScript 等。这些标准大部分是由 W3C 起草和发布的，也有一些标准是由其他标准组织制定的。

11.2.1　网页标准

1. 结构标准语言

结构标准语言包括 XML 和 XHTML。XML 是 Extensible Markup Language 的缩写，意为"可扩展标记语言"。XML 是用于网络上数据交换的语言，具有与描述网页的 HTML 语言相似的格式，但它们是具有不同用途的两种语言，XHTML 是 Extensible HyperText Markup Language 的缩写，意为"可扩展超文本标记语言"。W3C 于 2000 年发布了 XHTML 1.0 版本。XHTML 是一门基于 XML 的语言，所以从本质上说，XHTML 是过渡，结合了 XML 的部分强大功能以及 HTML 的大多数简单特征。

2. 表现标准语言

表现标准语言主要指 CSS。将纯 CSS 布局与结构式 XHTML 相结合，能够帮助网页设计者分离外观与结构，使站点的访问及维护更容易。

3. 行为标准

行为标准指的是 DOM 和 ECMAScript，DOM 是 Document Object Model 的缩写，意为"文档对象模型"。DOM 是一种用于浏览器、平台、语言的接口，使得用户可以访问页面的其他标准组件。DOM 解决了 Netscape 的 JavaScript 和 Microsoft 的 JavaScript 之间的冲突难题，给予网页设计者和开发者一种标准的方法，让他们访问站点中的数据、脚本和表现层对象。ECMAScript

是 ECMA 制定的标准脚本语言。

使用网页标准有以下几个好处。

▽ 开发与维护更简单：使用更具语义和结构化的 HTML，将可以使用户更容易、快速地理解他人编写的代码，便于开发与维护。

▽ 更快的网页下载和读取速度：更少的 HTML 代码带来的是更小的文件和更快的下载速度。

▽ 更好的可访问性：更具语义的 HTML 可以让使用不同浏览设备的网页访问者都能很容易看到内容。

▽ 更高的搜索引擎排名：内容和表现的分离使内容成为文本的主体，与语义化的标记相结合能提高网页在搜索引擎中的排名。

▽ 更好的适应性：可以很好地适应打印和其他显示设备。

11.2.2 内容、结构、表现和行为

HTML 和 XHTML 页面都由内容、结构、表现、行为 4 个方面组成。内容是基础，附上结构和表现，最后对它们加上行为。

▽ 内容：放在页面中，是想要网页浏览者看到的信息。

▽ 结构：对内容部分加上语义化、结构化的标记。

▽ 表现：用于改变内容外观的一种样式。

▽ 行为：是对内容加上交互及操作效果。

11.3 使用 Div+CSS

Div 布局页面主要通过 Div+CSS 技术来实现。在这种布局中，Div 全称为 Division，意为"区分"，Div 的使用方法与其他标记一样，其承载的是结构；采用 CSS 技术可以有效地对页面布局、文字等方面实现更精确的控制，其承载的是表现。结构和表现的分离对所见即所得的传统表格布局方式是很大的冲击。

CSS 布局的基本构造块是<div>标签，它属于 HTML 标签，在大多数情况下用作文本、图像或其他页面元素的容器。当创建 CSS 布局时，会将<div>标签放在页面上，向这些标签中添加内容，然后将它们放在不同的位置。与表格单元格(被限制在表格的行和列中的某个现有位置)不同，<div>标签可以出现在网页中的任何位置，可以用绝对方式(指定 x 和 y 坐标)或相对方式(指定与其他页面元素的距离)定位<div>标签。

使用 Div+CSS 布局可以将结构与表现分离，减少 HTML 文档内的大量代码，只留下页面结构的代码，方便对其阅读，还可以提高网页的下载速度。

用户在使用 Div+CSS 布局网页时，必须知道每个属性的作用，它们或许目前与要布局的页面并没有关系，但在后面遇到问题时可以尝试利用这些属性来解决。如果需要为 HTML 页面启动 CSS 布局，不需要考虑页面外观，而要考虑页面内容的语义和结构，也就是需要分析内容块，以及每块内容服务的目的，然后根据这些内容的服务目的建立起相应的 HTML 结构。

一个页面按功能块划分，可以分成：标志和站点名称、主页面内容、站点导航、子菜单、搜索框、功能区、页脚等。通常采用 Div 元素将这些结构定义出来，如表 11-1 所示。

表 11-1　Div 元素定义页面结构

方　　法	代　　码
声明 header 的 Div 区	<div id="header"></div>
声明 content 的 Div 区	<div id="content"></div>
声明 globalnav 的 Div 区	<div id="globalnav"></div>
声明 subnav 的 Div 区	<div id="subnav"></div>
声明 search 的 Div 区	<div id="search"></div>
声明 shop 的 Div 区	<div id="shop"></div>
声明 footer 的 Div 区	<div id="footer"></div>

每个内容块可以包含任意的 HTML 元素——标题、段落、图片、表格等。每个内容块都可以放在页面中的任何位置，再指定这个内容块的颜色、字体、边框、背景以及对齐属性等。

通过给内容块套上 Div 并加上唯一的 ID，就可以用 CSS 选择器来精确定义每个页面元素的外观表现，包括标题、列表、图片、链接等。例如，为#header 编写一条 CSS 规则，就可以使用完全不同于#content 中的样式规则。另外，也可以通过不同的规则来定义不同内容块里的链接样式，例如#globalnav a:link、#subnav a:link 或#content a:link，也可以将不同内容块中相同元素的样式定义得不一样。例如，通过#content p 和#footer p 分别定义#content 和#footer 中 p 元素的样式。

11.4　插入 Div 标签

用户可以通过选择【插入】|Div 命令，打开【插入 Div】对话框，插入 Div 标签并对其应用 CSS 定位样式来创建页面布局。Div 标签用于定义 Web 页面内容的逻辑区域，可以使用 Div 标签将内容块居中，创建列效果以及定义不同区域的颜色等。

【例 11-1】使用 Div 标签创建用于显示网页 Logo 的内容编辑区。　　视频

(1) 选择【插入】|Div 命令，打开【插入 Div】对话框，在 ID 文本框中输入 wrapper，单击【新建 CSS 规则】按钮，如图 11-3 所示。

(2) 打开【新建 CSS 规则】对话框，保持默认设置，单击【确定】按钮。

(3) 打开【CSS 规则定义】对话框，在【分类】列表框中选择【方框】选项，在对话框右侧的选项区域中将 Height 设置为 800px，取消选中 Margin 选项区域中的【全部相同】复选框，将Top 和 Bottom 设置为 20px，将 Right 和 Left 设置为 40px，单击【确定】按钮，如图 11-4 所示。

(4) 返回【插入 Div】对话框，将在设计视图的页面中插入如图 11-5 所示的 Div 标签。

(5) 将鼠标光标插入 Div 标签中删除软件自动生成的文本，再次选择【插入】|Div 命令，打开【插入 Div】对话框，在 ID 文本框中输入 logo，单击【新建 CSS 规则】按钮，打开【新建 CSS

规则】对话框,单击【确定】按钮。

图 11-3 【插入 Div】对话框

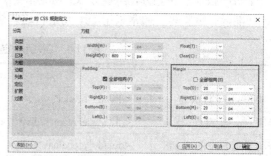

图 11-4 设置【方框】选项区域

(6) 打开【CSS 规则定义】对话框,在【分类】列表框中选择【背景】选项,在对话框右侧的 Background-color 文本框中输入颜色代码,如图 11-5 所示。

(7) 在【分类】列表框中选择【定位】选项,将 Position 设置为 absolute,将 Width 设置为 23%,单击【确定】按钮,如图 11-6 所示。

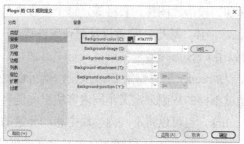

图 11-5 设置【背景】选项区域

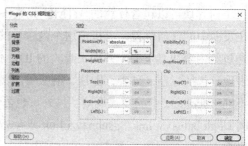

图 11-6 设置【定位】选项区域

(8) 返回【插入 Div】对话框,单击【确定】按钮,即可插入一个嵌套的 Div 标签,用于插入 Logo 图像,如图 11-7 所示。

(9) 删除 Div 标签中软件自动生成的文本,按下 Ctrl+Alt+I 组合键,在嵌套的 Div 标签中插入 Logo 图像文件,如图 11-8 所示。

图 11-7 嵌套 Div 标签

图 11-8 插入 Logo 图片

以上实例在代码视图中生成的代码如下：

```
<!doctype html>
<html>
<head>
<meta charset="utf-8">
<title>插入 Div 标签</title>
<style type="text/css">
#wrapper {
    margin-top: 20px;
    margin-right: 40px;
    margin-bottom: 20px;
    margin-left: 40px;
}
#logo {
    background-color: #7A7777;
    position: absolute;
    width: 23%;
}
</style>
</head>
<body>
<div id="wrapper">
   <div id="logo"><img src="images/Pic01.jpg" width="416" height="69" alt=""/></div>
</div>
</body>
</html>
```

【插入 Div】对话框中的各项参数的含义说明如下。

▽ 【插入】下拉列表：包括【在插入点】【在开始标签结束之后】和【在结束标签之前】
等选项。其中，【在插入点】选项表示会将 Div 标签插入当前光标指示的位置；【在开
始标签结束之后】选项表示会将 Div 标签插入选择的开始标签之后；【在结束标签之前】
选项表示会将 Div 标签插入选择的结束标签之前。

▽ 【开始标签】下拉列表：若在【插入】下拉列表中选择【在开始标签结束之后】或【在
结束标签之前】选项，可以在该下拉列表中选择文档中所有的可用标签作为开始标签。

▽ Class(类)下拉列表：用于定义 Div 标签可用的 CSS 类。

▽ 【新建 CSS 规则】：根据 Div 标签的 CSS 类或编号标记等，为 Div 标签建立 CSS 样式。

在设计视图中，可以使 CSS 布局块可视化。CSS 布局块是一个 HTML 页面元素，用户可以
将它定位到页面上的任意位置。Div 标签就是一个标准的 CSS 布局块。

Dreamweaver 提供了多个可视化助理，供用户查看 CSS 布局块。例如，在设计时可以为 CSS

布局块启用外框、背景和模型模块。将光标移动到布局块上时，也可以查看显示了选定 CSS 布局块属性的工具提示。

另外，选择【查看】|【设计视图选项】|【可视化助理】命令，在弹出的子菜单中，Dreamweaver 可以使用以下几个命令。

▽ CSS 布局外框：显示页面上所有 CSS 布局块的效果。

▽ CSS 布局背景：显示各个 CSS 布局块的临时指定背景颜色，并隐藏通常出现在页面上的其他所有背景颜色或图像。

▽ CSS 布局框模型：显示所选 CSS 布局块的框模型(即填充和边距)。

11.5　常用 Div+CSS 布局方式

CSS 布局方式一般包括高度自适应布局、网页内容居中布局、网页元素浮动布局等几种。本节将详细介绍这些常见的布局方式。

11.5.1　高度自适应布局

高度自适应是指相对于浏览器而言，盒模型的高度随着浏览器高度的改变而改变，这时需要用到高度的百分比。

【例 11-2】在网页中新建高度自适应的 Div 标签。　🎬 视频

(1) 按下 Ctrl+N 组合键，打开【新建文档】对话框，创建一个网页。

(2) 选择【插入】|Div 命令，打开【插入 Div】对话框，在 ID 文本框中输入 box，然后单击【新建 CSS 规则】按钮，如图 11-9 所示。

(3) 打开【新建 CSS 规则】对话框，保持默认设置，单击【确定】按钮。

(4) 打开【CSS 规则定义】对话框，在【分类】列表框中选择【背景】选项，在对话框右侧的选项区域中设置 Background-color 的值为 "#FCF"，如图 11-10 所示。

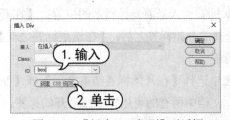

图 11-9　【新建 CSS 规则】对话框

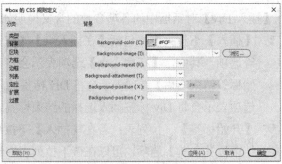

图 11-10　设置 Background-color 的值

(5) 在【分类】列表框中选择【方框】选项，在对话框右侧的选项区域中设置 Width 和 Height 的值分别为 800px 和 600px，然后单击【确定】按钮，如图 11-11 所示，

(6) 返回【插入 Div】对话框，单击【确定】按钮，即可看到网页中新建的 Div 标签，删除标签中的文本，如图 11-12 所示。

(7) 使用相同的方法，创建一个 id 为 left 的 Div，具体设置如下：Background-color 为 "#CF0"、Width 为 "200px"、Float 为 "left"、Height 为 "590px"、Clear 为 "none"，如图 11-12 所示。

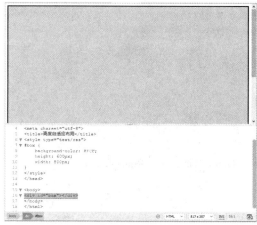
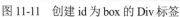

图 11-11　创建 id 为 box 的 Div 标签

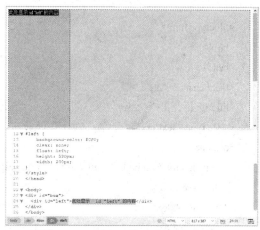

图 11-12　创建 id 为 left 的 Div 标签

(8) 继续执行相同的操作，插入一个名为 right 的 Div 标签，设置 Background-color 为 "#FC3"、Float 为 "right"、Height 为 "100%"、Width 为 "590px"、Margin 为 "5px"，如图 11-13 所示。单击【确定】按钮后，此时可以看到该 Div 标签的高度与文本内容的高度相同。在其中输入内容后，高度将被自动填充，如图 11-14 所示。

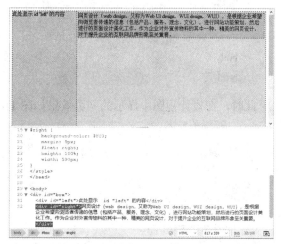

图 11-13　创建 id 为 right 的 Div 标签并在其中输入文本

11.5.2　网页内容居中布局

Dreamweaver 默认的布局方式为左对齐，如果需要使网页中的内容居中，需要结合元素的属性进行设置。可通过设置自动外边距居中、结合相对定位与负边距，以及设置父容器的 padding 属性来实现。

1. 自动外边距居中

自动外边距居中指的是设置 Margin 属性的 Left 和 Right 值为 "auto"，但在实际设置时，可

计算机基础与实训教材系列

为需要设置居中的元素创建一个 Div 容器，并为该容器指定宽度，以避免出现在不同的浏览器中观看效果不同的现象。

例如，以下代码在网页中定义一个 Div 标签及其 CSS 属性：

```
<!doctype html>
<html>
<head>
<meta charset="utf-8">
<title>无标题文档</title>
<style type="text/css">
#content {
    font-family: Cambria, "Hoefler Text", "Liberation Serif", Times, "Times New Roman", serif;
    font-size: 18px;
    height: 500px;
    width: 600px;
    margin-right: auto;
    margin-left: auto;
}
</style>
</head>
<body>
<div id=" content ">居中显示的内容</div>
</body>
</html>
```

此时，在设计视图中显示的网页效果如图 11-14 右图所示。

图 11-14　外边距自动居中的 Div 标签

2. 结合相对定位与负边距

结合相对定位与负边距布局的原理是：通过设置 Div 标签的 position 属性为 relative，使用负边距抵消边距的偏移量。

例如，在网页中定义以下 Div 标签：

```
<!doctype html>
```

```
<html>
<head>
<meta charset="utf-8">
<title>无标题文档</title>
<style type="text/css">
#content {
    background-color: #38DBD8;
    height: 800px;
    width: 600px;
    position: relative;
    left: 50%;
 margin-left: -300px;
}
</style>
</head>
<body>
<div id="content">网页整体居中布局</div>
</body>
</html>
```

此时，在设计视图中显示的网页效果如图 11-15 右图所示。

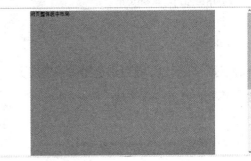

图 11-15　使用负边距抵消边距偏移量的效果

以上代码中的"position:relative;"表示内容是相对于父元素 body 标签进行定位的；"left: 50%;"表示将左边框移动到页面的正中间；"margin-left: -300px;"表示从中间位置向左偏移一半的距离，具体值需要根据 Div 标签的宽度值来计算。

3. 设置父容器的 padding 属性

使用前面介绍的两种方法需要先确定父容器的宽度，当一个元素处于一个容器中时，如果想让其宽度随窗口大小的变化而改变，同时保持内容居中，可以通过 padding 属性来进行设置，使其父元素左右两侧的填充相等。

例如，以下代码在 HTML 中定义了一个 Div 标签与 CSS 属性：

```
<!doctype html>
<html>
<head>
<meta charset="utf-8">
<title>无标题文档</title>
<style type="text/css">
body {
 padding-top: 50px;
 padding-right: 100px;
 padding-bottom: 50px;
 padding-left: 100px;
}
#content {
 border: 1px;
 background-color: #CEF5D7;
}
</style>
</head>
<body>
<div id="content">一种随浏览器窗口大小而改变的具有弹性的居中布局，只需要保持父元素左右两侧的
填充相等即可</div>
</body>
</html>
```

此时，按下 F12 键在浏览器中预览网页，效果如图 11-16 所示。

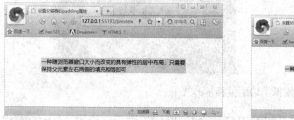 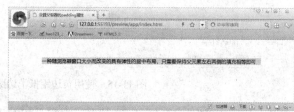

图 11-16　宽度随浏览器窗口大小变化的 Div 标签效果

11.5.3　网页元素浮动布局

CSS 中的任何元素都可以浮动，可以通过 float 属性来设置网页元素的对齐方式。通过将该属性与其他属性结合使用，可使网页元素达到特殊的效果，如首字下沉、图文混排等。同时在进行布局时，还要适当地清除浮动，以避免因元素超出父容器的边距而影响布局的效果。

1. 首字下沉

首字下沉指的是将文章中的第一个字放大并与其他文字并列显示，以吸引浏览者的关注。在

Dreamweaver 中，可以通过 CSS 的 float 与 padding 属性进行设置。

【例 11-3】 制作首字下沉效果。 视频

(1) 按下 Ctrl+N 组合键，打开【新建文档】对话框，创建一个空白网页，并通过<p>和<span>标签输入一段文本，代码如下：

```
<!doctype html>
<html>
<head>
<meta charset="utf-8">
<title>首字下沉实例</title>
<style type="text/css">
.span {
}
</style>
</head><body>
<p><span>由</span>于 Python 语言的简洁性、易读性以及可扩展性，在国外用 Python 做科学计算的研究机构日益增多，一些知名大学已经采用 Python 来教授程序设计课程。例如卡内基梅隆大学的编程基础、麻省理工学院的计算机科学及编程导论就使用 Python 语言讲授。众多开源的科学计算软件包都提供了 Python 的调用接口，例如著名的计算机视觉库 OpenCV、三维可视化库 VTK、医学图像处理库 ITK。而 Python 专用的科学计算扩展库就更多了，例如以下 3 个十分经典的科学计算扩展库：NumPy、SciPy 和 matplotlib，它们分别为 Python 提供了快速数组处理、数值运算以及绘图功能。因此 Python 语言及其众多的扩展库所构成的开发环境十分适合工程技术、科研人员处理实验数据、制作图表，甚至开发科学计算应用程序。 </p>
</body>
</html>
```

(2) 选择【窗口】|【CSS 设计器】命令，打开【CSS 设计器】面板，单击【添加 CSS 源】按钮，在弹出的下拉列表中选择【在页面中定义】选项，如图 11-17 所示。

(3) 在【选择器】窗格中单击【添加选择器】按钮，在显示的文本框中输入 ".span"，然后按下回车键，如图 11-18 所示。

图 11-17　添加 CSS 源　　　　　　　　　图 11-18　添加选择器

(4) 在【属性】面板中选择 CSS 选项卡，在【目标规则】下拉列表中选择【.span】选项，然后单击【编辑规则】按钮。

计算机基础与实训教材系列

(5) 打开【CSS 规则定义】对话框，在【分类】列表框中选择【类型】选项，在对话框右侧的选项区域中设置 Font-size 为 60px、Color 为 "#E7191C"、Font-weight 为 bolder，如图 11-19 所示。

(6) 在【分类】列表框中选择【方框】选项，在对话框右侧的选项区域中设置 Float 为 left、Padding-Right 为 5px，然后单击【确定】按钮，如图 11-20 所示。

图 11-19　设置【类型】选项区域　　　　　　　图 11-20　设置【方框】选项区域

(7) 在【CSS 设计器】面板的【选择器】窗格中双击 ".span" 选择器，删除其前面的 "."，如图 11-21 所示。此时切换至代码视图，可以查看添加 CSS 后的源代码如下：

```
span {
    font-family: Cambria, "Hoefler Text", "Liberation Serif", Times, "Times New Roman", serif;
    font-size: 60px;
    font-weight: bolder;
    color: #E7191C;
    float: left;
    padding-right: 5px;
}
```

(8) 切换回设计视图，可以看到应用 CSS 后的网页效果如图 11-22 所示。

图 11-21　重命名选择器　　　　　　　　　图 11-22　首字下沉效果

2. 图文混排

图文混排就是将图片与文字混合排列，文字可在图片的四周、嵌入图片下方或浮于图片上方等。在 Dreamweaver 中可以通过 CSS 的 float、padding、margin 等属性进行设置。

【例 11-4】 制作左图右文的图文混排效果。 视频

(1) 继续使用【例 11-3】创建的网页，将鼠标置于设计视图中，选择【插入】| Image 命令，在页面中插入图片并输入如图 11-23 所示的文本。

(2) 在<style>标签中输入以下代码，设置<img>标签的 CSS 属性：

```
img {
  float: left;
  margin:15px 20px 20px 0px;
}
```

(3) 此时网页中的图片将向左浮动，且与文本的上、右、下和左的距离分别为 15px、20px、20px 和 0px，如图 11-24 所示。

图 11-23　在网页中插入图片和文本

图 11-24　图文混排效果

3. 清除浮动

如果页面中的 Div 元素太多，且使用 float 属性较为频繁，可通过清除浮动的方法来消除页面中溢出的内容，使父容器与其中的内容契合。清除浮动的常用方法有以下几种。

▽ 定义<div>或<p>标签的 CSS 属性 clear:both。

▽ 在需要清除浮动的元素中定义其 CSS 属性 overflow:auto。

▽ 在浮动层下设置 Div 元素。

11.6　实例演练

本章的实例演练将指导用户练习设计一个网站的置顶导航栏，该导航栏能够适应设备的类型，根据打开网页的设备显示不同的伸缩盒布局效果。

【例 11-5】 在 Dreamweaver 中制作一个伸缩菜单。 视频

(1) 按下 Ctrl+N 组合键，打开【新建文档】对话框，创建一个空白网页。

(2) 在代码视图中输入以下代码：

```
<!doctype html>
<html>
```

计算机基础与实训教材系列

```
<head>
<meta charset="utf-8">
<title>伸缩菜单实例</title>
<style type="text/css">
/*默认伸缩布局*/
.navigation {
    list-style: none;
    background-color: deepskyblue;
    margin: 3px;
    display: -WebKit-box;
    display: -moz-box;
    display: -ms-flexbox;
    display: -WebKit-flex;
    display: flex;
-WebKit-flex-flow:row wrap;
/*所有列面向主轴终点位置靠齐*/
justify-content: flex-end;}
.navigation a {
    text-decoration: none;
    display: block;
    padding: 1em;
    color: white;}
.navigation a:hover { background: blue;}
/*在小于 800 像素设备下伸缩布局}
@media all and {max-width:800px} {
    ./*在中等屏幕中，导航项目居中显示，并且剩余空间平均分布在列表之间*、
.navigation {justify-content: space-around;}}
/*在小于 600 像素设备下伸缩布局*/
@media all and (max-width: 600px) {
.navigation { /*在小屏幕下，没有足够空间行排列，可以换成列排列*/
    -WebKit-flex-flow: column wrap;
    flex-flow: column wrap;
    padding: 0;}
    .navigation a {
    text-align: center;
    padding: 10px;
    border-top: 1px solid ridge(255,255,255,0.3);
    border-bottom: 1px solid rgba(0,0,0,0.1);}
.navigation li:last-of-type a { border-bottom: none;}
```

```
    }
</style>
</head>
<body>
<ur class="navigation">
<li><a href="#">主站</a></li>
<li><a href="#">资源</a></li>
<li><a href="#">服务</a></li>
<li><a href="#">联系</a></li>
</ur>
</body>
</html>
```

(2) 单击工具栏中的【设计】下拉按钮，从弹出的列表中选择【实时视图】选项，将文档窗口上半部分窗口切换为实时视图，预览网页效果如图 11-25 所示。

(3) 单击状态栏中的【窗口大小】下拉按钮，从弹出的列表中选择 600 像素以内的选项，在设计视图中显示当设备小于 600 像素时的网页显示效果如图 11-26 所示。

图 11-25　通过实时视图预览网页效果

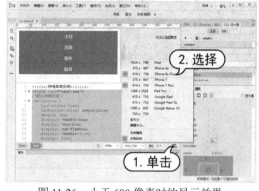

图 11-26　小于 600 像素时的显示效果

(4) 按下 F12 键预览网页，伸缩菜单会随着浏览器窗口的变化而变化，如图 11-27 所示。

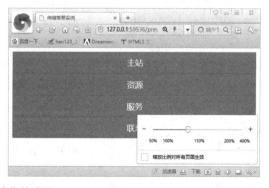

图 11-27　伸缩菜单效果

计算机基础与实训教材系列

11.7 习题

1. 简述 Div 标签与盒模型。
2. 简述网页标准。
3. 简述使用 Dreamweaver 在网页中插入<div>标签的方法。
4. 练习在 Dreamweaver 中使用 HTML+CSS 制作一个如图 11-28 所示的网站首页。
5. 练习在 Dreamweaver 中使用 HTML+CSS 制作一个如图 11-29 所示的图片网页。

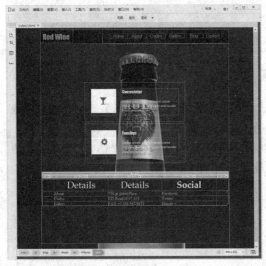

图 11-28 网站首页

图 11-29 图片网页

第12章

使用行为

在网页中使用【行为】可以创建各种特殊的网页效果，如弹出信息、交换图像、跳转菜单等。行为是一系列使用 JavaScript 程序预定义的页面特效工具，是 JavaScript 在 Dreamweaver 中建的程序库。

本章重点

- 行为的基础知识
- 使用行为调节浏览器窗口
- 使用行为加载多媒体
- 为网页图像应用行为
- 使用行为显示文本
- 使用行为控制表单

二维码教学视频

【例 12-1】 使用"交换图像"行为
【例 12-2】 使用"拖动 AP 元素"行为
【例 12-3】 使用"设置状态栏文本"行为
【例 12-4】 使用"检查插件"行为
【例 12-5】 使用"显示-隐藏元素"行为
【例 12-6】 使用"检查表单"行为

12.1 行为简介

Dreamweaver 网页行为是 Adobe 公司借助 JavaScript 开发的一组交互特效代码库。在 Dreamweaver 中，用户可以通过简单的可视化操作对交互特效代码进行编辑，从而创建出丰富的网页应用。

12.1.1 行为的基础知识

行为是指在网页中进行的一系列动作，通过这些动作，可以实现用户同网页的交互，也可以通过动作使某个任务被执行。在 Dreamweaver 中，行为由事件和动作两个基本元素组成。这一切都是在【行为】面板中进行管理的，选择【窗口】|【行为】命令，可以打开【行为】面板。

▽ 事件：事件的名称是事先设定好的，单击网页中的某个部分时，使用的是 onClick；光标移动到某个位置时使用的是 onMouseOver。同时，根据使用的动作和应用事件的对象的不同，需要使用不同的事件。

▽ 动作：动作指的是 JavaScript 源代码中运行函数的部分。在【行为】面板中单击【+】按钮，就会显示行为列表，软件会根据用户当前选中的应用部分，显示不同的可使用行为。

在 Dreamweaver 中事件和动作组合起来称为"行为"(Behavior)。若要在网页中应用行为，首先要选择应用对象，在【行为】面板中单击【+】按钮，选择所需的动作，然后选择运行该动作的事件。动作是由预先编写的 JavaScript 代码组成的，这些代码可执行特定的任务，如打开浏览器窗口、显示隐藏元素、显示文本等。Dreamweaver 提供的动作(包括 20 多个)是由软件设计者精心编写的，可以提供最大的跨浏览器兼容性。如果用户需要在 Dreamweaver 中添加更多的行为，可以在 Adobe Exchange 官方网站下载，网址如下：

http://www.adobe.com/cn/exchange

12.1.2 JavaScript 代码简介

JavaScript 是为网页文件中插入的图像或文本等多种元素赋予各种动作的脚本语言。脚本语言在功能上与软件几乎相同，当它使用在试算表程序或 HTML 文件中时，才可以发挥作用。

网页浏览器中从<script>开始到</script>的部分即为 JavaScript 源代码。JavaScript 源代码大致分为两个部分，一个是定义功能的(function)部分；另一个是运行函数的部分。如图 12-1 所示的代码，运行后单击页面中的【打开新窗口】链接，可以在打开的新窗口中同时显示网页 www.baidu.com。

从如图 12-1 所示的代码可以看出，从<script>到</script>的部分为 JavaScript 源代码。下面简单介绍 JavaScript 源代码。

1. 定义函数的部分

JavaScript 源代码中用于定义函数的部分如图 12-2 所示。

```
1   <!doctype html>
2 ▼ <html>
3 ▼ <head>
4   <meta charset="utf-8">
5   <title>无标题文档</title>
6 ▼ <script>
7 ▼ function new_win() { //v2.0
8     window.open('http://www.baidu.com');
9   }
10  </script>
11  </head>
12 ▼ <body>
13 ▼ <a href="#" onClick="new_win()">
14  打开新窗口
15  </a>
16  </body>
17  </html>
```

图 12-1　【打开新窗口】源代码

```
7 ▼ function new_win() { //v2.0
8     window.open('http://www.baidu.com');
9   }
```

图 12-2　JavaScript 代码中定义函数的部分

2. 运行函数的部分

以下代码是运行上面定义的函数 new_win()的部分，表示的是只要单击(onClick) "打开新窗口"链接，就会运行 new_win()函数。

```
<a href="#" onClick="new_win()"></a>
```

以上语句可以简单理解为，"执行了某个动作(onClick)，就进行什么操作(new_win)"。在这里某个动作即单击动作本身，在 JavaScript 中，通常称为事件(Event)，代码会提示需要做什么(new_win())的部分，即 onClick(事件处理，Event Handle)，并在事件处理中始终显示需要运行的函数名称。

综上所述，JavaScript 定义函数后，再以事件处理="运行函数"的形式来运行上面定义的函数。在这里不要试图完全理解 JavaScript 源代码的具体内容，只要掌握事件和事件处理以及函数的关系即可。

12.2　调节窗口

在网页中最常使用的 JavaScript 源代码是调节浏览器窗口的源代码，它可以按照设计者的要求打开新窗口或更换新窗口的形状。

12.2.1　打开浏览器窗口

创建链接时，若目标属性设置为_blank，则可以使链接文档显示在新窗口中，但是不可以设置新窗口的脚本。此时，利用 "打开浏览器窗口" 行为，不仅可以调节新窗口的大小，还可以设置工具箱或滚动条是否显示。具体方法如下。

(1) 选中网页中的文本，按下 Shift+F4 组合键打开【行为】面板，如图 12-3 所示。

(2) 单击【行为】面板中的【+】按钮，在弹出的列表中选择【打开浏览器窗口】选项，如图 12-4 所示。

图 12-3　打开【行为】面板

图 12-4　选择【打开浏览器窗口】选项

(3) 打开【打开浏览器窗口】对话框，单击【浏览】按钮。

(4) 打开【选择文件】对话框，选择一个网页后，单击【确定】按钮。

(5) 返回【打开浏览器窗口】对话框，在【窗口高度】和【窗口宽度】文本框中输入参数 500，单击【确定】按钮，如图 12-5 所示。

(6) 在【行为】面板中单击【事件】栏后的☑按钮，在弹出的列表中选择 onClick 选项，如图 12-6 所示。

图 12-5　【打开浏览器窗口】对话框

图 12-6　设置事件

(7) 按下 F12 键预览网页，单击其中的链接 Welcome，即可打开一个新的窗口(宽度和高度都为 500)显示本例所设置的网页文档。

【打开浏览器窗口】对话框中各选项的功能说明如下。

▽ 【要显示的 URL】文本框：用于输入链接的文件名或网址。链接文件时，单击该文本框后的【浏览】按钮后进行选择。

▽ 【窗口宽度】和【窗口高度】文本框：用于设置窗口的宽度和高度，其单位为像素。

▽ 【属性】选项区域：用于设置需要显示的结构元素。

▽ 【窗口名称】文本框：指定新窗口的名称。输入同样的窗口名称时，并不是继续打开新的窗口，而是只打开一次新窗口，然后在同一个窗口中显示新的内容。

在 Dreamweaver 的代码视图中，用户可以查看网页源代码。此时可以看到使用"打开浏览器窗口"行为后，<head>中添加的代码声明 MM_openBrWindow()函数，使用 Windows 窗口对象的 open 方法传递函数参数实现弹出浏览器功能，如图 12-6 所示。

<body>标签中会使用相关事件调用 MM_openBrWindow()函数。以下代码表示当页面载入后，调用 MM_openBrWindow()函数，显示 Untitled-1.html 页面，窗口宽度和高度都为 500 像素。

```
<p onClick="MM_openBrWindow('file:///C|/Users/miaof/Documents/新建文件夹
/Untitled-1.html','','width=500,height=500')">
```

12.2.2 转到 URL

在网页中使用下面介绍的方法设置"转到 URL"行为，可以在当前窗口或指定的框架中打开一个新页面(该操作尤其适用于通过一次单击更改两个或多个框架的内容)。

(1) 选中网页中的某个元素(文字或图片)，按下 Shift+F4 组合键打开【行为】面板，单击其中的【+】按钮，在弹出的列表中选择【转到 URL】选项。

(2) 打开【转到 URL】对话框，单击【浏览】按钮，如图 12-7 所示，在打开的【选择文件】对话框中选中一个网页文件，单击【确定】按钮。

(3) 返回【转到 URL】对话框后，单击【确定】按钮即可为选中的元素添加"转到 URL"行为，如图 12-8 所示。

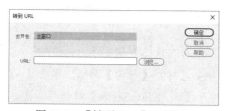

图 12-7 【转到 URL】对话框

图 12-8 设置"跳转 URL"行为

(4) 按下 F12 键预览网页，单击步骤(1)中选中的网页元素，浏览器将自动跳转到相应的网页。

【转到 URL】对话框中各选项的具体功能说明如下。

▽ 【打开在】列表框：从该列表框中选择 URL 的目标。列表框中自动列出当前框架集中所有框架的名称以及主窗口，如果网页中没有任何框架，则主窗口是唯一的选项。

▽ URL 文本框：单击其后的【浏览】按钮，可以在打开的对话框中选择要打开的网页文档，或者直接在文本框中输入该文档的路径。

从如图 12-8 所示的代码视图中可以看到，在使用"转到 URL"行为后，\<head\>中添加了代码声明 MM_goToURL()函数。

```html
<head>
<meta charset="utf-8">
<title>跳转 URL</title>
<script type="text/javascript">
function MM_goToURL() { //v3.0
  var i, args=MM_goToURL.arguments; document.MM_returnValue =
  false;
  for (i=0; i<(args.length-1); i+=2)
  eval(args[i]+".location='"+args[i+1]+"'");
}
</script>
</head>
```

\<body\>标签中会使用相关事件调用 MM_goToURL()函数，例如下面的代码，当鼠标指向文字上方时，调用 MM_goToURL()函数。

```html
<body>
<h1>跳转 URL 实例</h1>
<p onMouseOver="MM_goToURL('parent','index.html');return
document.MM_returnValue">跳转网页</p>
<p> </p>
</body>
```

12.2.3　调用 JavaScript

"调用 JavaScript"行为允许用户使用【行为】面板指定当发生某个事件时应该执行的自定义函数或 JavaScript 代码行。

使用 Dreamweaver 在网页中设置"调用 JavaScript"行为的具体方法如下。

(1) 选中网页中的按钮后，选择【窗口】|【行为】命令，打开【行为】面板。单击【+】按钮，在弹出的列表框中选择【调用 JavaScript】选项，打开【调用 JavaScript】对话框。

(2) 在【调用 JavaScript】对话框中的 JavaScript 文本框中输入以下代码，如图 12-9 所示。

```
window.close()
```

(3) 单击【确定】按钮关闭【调用 JavaScript】对话框。按下 F12 键预览网页，单击网页中的图片，在打开的对话框中单击【是】按钮，可以关闭当前网页，如图 12-10 所示。

为网页中的对象添加"调用 JavaScript"行为后，在【文档】工具栏中单击【代码】按钮查看网页源代码可以发现，在使用"调用 JavaScript"行为后，\<head\>中添加了代码 MM_callJS()函数，返回函数值。

```
<head>
<meta charset="utf-8">
<title>调用 JavaScript</title>
<script type="text/javascript">
function MM_callJS(jsStr) { //v2.0
    return eval(jsStr)
}
</script>
</head>
```

在代码视图<body>中会使用相关事件调用 MM_callJS()函数，例如下面的代码表示当鼠标单击【关闭网页】按钮时，调用 MM_callJS()函数。

```
<input name="button" type="button" id="button" onClick="MM_callJS('window.close()')" value="关闭网页">
```

图 12-9 【调用 JavaScript】对话框

图 12-10 单击按钮关闭网页

事件是浏览器响应用户操作的机制，JavaScript 的事件处理功能可改变浏览器标准工作方式，这样就可以开发更具交互性、响应性和更易使用的 Web 页面。为了理解 JavaScript 的事件处理模型，可以设想一下网页页面可能会遇到的访问事件，如引起页面之间跳转的事件(链接)；浏览器自身引起的事件(网页加载、表单提交)；表单内部同界面对象的交互，包括界面对象的选定、改变等。

12.3 应用图像

图像是网页设计中必不可少的元素。在 Dreamweaver 中，用户可以通过使用行为，以各种各样的方式在网页中应用图像元素，从而制作出富有动感的网页效果。

12.3.1 交换与恢复交换图像

在 Dreamweaver 中，应用"交换图像"行为和"恢复交换图像"行为，设置拖动鼠标经过图像时的效果或使用导航条菜单，可以轻易制作出光标移动到图像上方时图像更换为其他图像，而光标离开时再返回到原来图像的效果，如图 12-11 所示。

"交换图像"行为和"恢复交换图像"行为并不是只有在 onMouseOver 事件中可以使用。如果单击菜单时需要替换其他图像，也可以使用 onClicks 事件。同样，也可以使用其他多种事件。

1. 交换图像

在 Dreamweaver 文档窗口中选中一个图像后，按下 Shift+F4 组合键，打开【行为】面板。单击【+】按钮，在弹出的列表中选择【交换图像】选项，即可打开如图 12-12 所示的【交换图像】对话框。

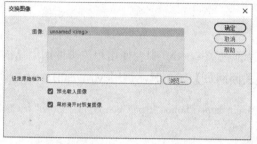

图 12-11　交换图像效果　　　　　　图 12-12　【交换图像】对话框

在【交换图像】对话框中，通过设置可以将指定图像替换为其他图像。该对话框中各个选项的功能说明如下。

▽ 【图像】列表框：列出了插入当前文档中的图像名称。"unnamed<img>"是没有另外赋予名称的图像，赋予了名称后才可以在多个图像中选择应用"交换图像"行为替换图像。

▽ 【设定原始档为】文本框：用于指定替换图像的文件名。

▽ 【预先载入图像】复选框：在网页服务器中读取网页文件时，选中该复选框，可以预先读取要替换的图像。如果用户不选中该复选框，则需要重新到网页服务器上读取图像。

下面用一个简单的实例，介绍"交换图像"行为的具体设置方法。

【例 12-1】 在网页中设置"交换图像"行为。　　视频

(1) 按下 Ctrl+Shift+N 组合键创建一个空白网页，按下 Ctrl+Alt+I 组合键在网页中插入如图 12-11 左图所示的图像，并在【属性】面板的 ID 文本框中将图像的名称命名为 Image1。

(2) 选中页面中的图像，按下 Shift+F4 组合键打开【行为】面板，单击【+】按钮，在弹出的列表中选择【交换图像】选项。

(3) 打开【交换图像】对话框，单击【设定原始档为】文本框后的【浏览】按钮，在打开的【选择图像源文件】对话框中选中如图 12-11 右图所示的图像文件。

(4) 返回【交换图像】对话框后，单击该对话框中的【确定】按钮，即可在【行为】面板中为 Image1 图像添加"交换图像"行为。

2. 恢复交换图像

在创建"交换图像"行为的同时将自动创建"恢复交换图像"行为。利用"恢复交换图像"行为，可以将所有被替换显示的图像恢复为原始图像。在【行为】面板中双击【恢复交换图像】

选项，将打开如图 12-13 所示的对话框，提示"恢复交换图像"行为的作用。

图 12-13　打开【恢复交换图像】对话框

3. 预先载入图像

在【行为】面板中单击【+】按钮，在弹出的列表中选择【预先载入图像】选项，可以打开如图 12-14 所示的对话框，在网页中创建"预先载入图像"行为。该对话框中各个选项的功能说明如下。

▽　【预先载入图像】列表框：该列表框中列出了所有需要预先载入的图像。

▽　【图像源文件】文本框：用于设置要预先载入的图像文件。

使用"预先载入图像"行为可以更快地将页面中的图像显示在浏览者的计算机上。例如，为了使光标移动到 a.gif 图片上方时将其变成 b.gif，假设使用了"交换图像"行为而没有使用"预先载入图像"行为，当光标移动至 a.gif 图像上时，浏览器要到网页服务器中去读取 b.gif 图像；而如果利用"预先载入图像"行为预先载入了 b.gif 图像，则可以在光标移动到 a.gif 图像上方时立即更换图像。

在创建"交换图像"行为时，如果用户在【交换图像】对话框中选中了【预先载入图像】复选框，就不需要在【行为】面板中设置"预先载入图像"行为了，但如果用户没有在【交换图像】对话框中选中【预先载入图像】复选框，则可以参考下面介绍的方法，通过【行为】面板，设置"预先载入图像"行为。

(1) 选中页面中添加"交换图像"行为的图像，在【行为】面板中单击【+】按钮，在弹出的列表中选中【预先载入图像】选项。

(2) 在打开的【预先载入图像】对话框中单击【浏览】按钮，如图 12-14 所示。

(3) 在【选择图像源文件】对话框中选中需要预先载入的图像后，单击【确定】按钮，如图 12-15 所示。

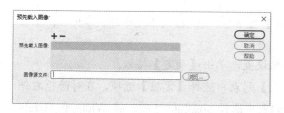

图 12-14　【预先载入图像】对话框

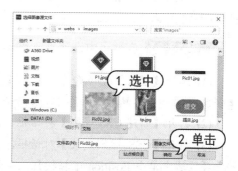

图 12-15　选择预先载入的图像

(4) 返回【预先载入图像】对话框，在该对话框中单击【确定】按钮即可。

在对网页中的图像设置了"交换图像"行为后，在代码视图中 Dreamweaver 将在<head>标签中自动生成代码，分别定义 MM_preloadImages()、MM_swapImgRestore()和 MM_swapImage()这 3 个函数。

▽ 声明 MM_preloadImages()函数的代码如下：

```
<script type="text/javascript">
function MM_preloadImages() { //v3.0
    var d=document; if(d.images){ if(!d.MM_p) d.MM_p=new Array();
        var i,j=d.MM_p.length,a=MM_preloadImages.arguments; for(i=0; i<a.length; i++)
        if (a[i].indexOf("#")!=0){ d.MM_p[j]=new Image; d.MM_p[j++].src=a[i];}}
}
```

▽ 声明 MM_swapImgRestore()函数的详细代码如下：

```
function MM_swapImgRestore() { //v3.0
    var i,x,a=document.MM_sr; for(i=0;a&&i<a.length&&(x=a[i])&&x.oSrc;i++) x.src=x.oSrc;
}
```

▽ 声明 MM_swapImage()函数的详细代码如下：

```
function MM_swapImage() { //v3.0
    var i,j=0,x,a=MM_swapImage.arguments; document.MM_sr=new Array; for(i=0;i<(a.length-2);i+=3)
    if ((x=MM_findObj(a[i]))!=null){document.MM_sr[j++]=x; if(!x.oSrc) x.oSrc=x.src; x.src=a[i+2];}
}
```

在<body>标签中会使用相关的事件调用上述 3 个函数，当网页被载入时，调用 MM_preloadImages()函数，载入 P2.jpg 图像。

```
<body onLoad="MM_preloadImages('images/P2.jpg')">
```

12.3.2 拖动 AP 元素

在网页中使用"拖动 AP 元素"行为，可以在浏览器页面中通过拖动将设置的 AP 元素移动到所需的位置上。

【例 12-2】 在网页中设置"拖动 AP 元素"行为。 视频

(1) 选择【插入】| Div 命令，打开【插入 Div】对话框。在 ID 文本框中输入 AP 后，单击【新建 CSS 规则】按钮，如图 12-16 所示。

(2) 打开【新建 CSS 规则】对话框，保持默认设置，单击【确定】按钮。

(3) 打开【CSS 规则定义】对话框，在【分类】列表中选择【定位】选项，在对话框右侧的选项区域中单击 Position 下拉按钮，在弹出的列表中选择 absolute 选项，将 Width 和 Height 参数设置为 200px，如图 12-17 所示。

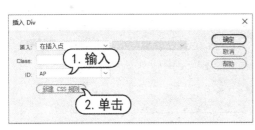

图 12-16　【插入 Div】对话框

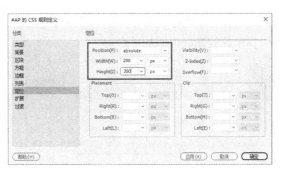

图 12-17　设置【定位】选项区域

(4) 返回【插入 Div】对话框单击【确定】按钮，在网页中插入一个 ID 为 AP 的 Div 标签。

(5) 将鼠标指针插入 Div 标签中，按下 Ctrl+Alt+I 组合键，在其中插入一个如图 12-18 所示的二维码图像。

(6) 在代码视图中将鼠标指针置于<body>标签之后，按下 Shift+F4 组合键，打开【行为】面板，单击其中的【+】按钮，在弹出的列表中选择【拖动 AP 元素】命令，如图 12-19 所示。

图 12-18　在 Div 标签中插入图像

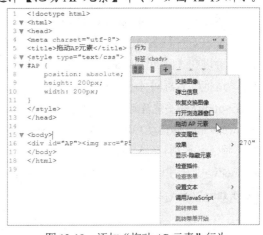

图 12-19　添加 "拖动 AP 元素" 行为

(8) 打开【拖动 AP 元素】对话框，单击【基本】选项卡，再单击【AP 元素】下拉按钮，在弹出的列表中选择【Div"AP"】选项，如图 12-20 所示，然后单击【确定】按钮，即可创建 "拖动 AP 元素" 行为。

　　【拖动 AP 元素】对话框中包含【基本】和【高级】两个选项卡，如图 12-20 所示为【基本】选项卡，其中各选项的功能说明如下。

▽　【AP 元素】文本框：用于设置移动的 AP 元素。

▽　【移动】下拉列表：用于设置 AP 元素的移动方式，包括【不限制】和【限制】两个选项。

▽　【放下目标】选项区域：用于指定 AP 元素对象正确进入的最终坐标值。

▽　【靠齐距离】文本框：用于设定拖动的层与目标位置的距离在此范围内时，自动将层对齐到目标位置上。

在【拖动 AP 元素】对话框中选择【高级】选项卡后，将显示如图 12-21 所示的设置界面，其中各选项的功能说明如下。

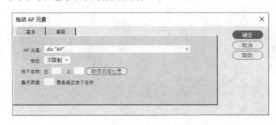
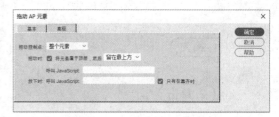

图 12-20 【拖动 AP 元素】对话框　　　　　　图 12-21 【高级】选项卡

▽ 【拖动控制点】下拉列表：用于选择鼠标对 AP 元素进行拖动时的位置。当选择其中的【整个元素】选项时，单击 AP 元素的任意位置即可进行拖动，而当选择【元素内的区域】选项时，只有光标在指定范围内，才可以拖动 AP 元素。

▽ 【拖动时】选项区域：选中【将元素置于顶层】复选框后，拖动 AP 元素的过程中经过其他 AP 元素上时，可以选择显示在其他 AP 元素的上方还是下方。如果拖动期间有需要运行的 JavaScript 函数，则将其输入在【呼叫 JavaScript】文本框中即可。

▽ 【放下时】选项区域：如果在正确位置上放置了 AP 元素后，需要发出效果音或消息，可以在【呼叫 JavaScript】文本框中输入运行的 JavaScript 函数。如果只有在 AP 元素到达拖动目标时才执行该 JavaScript 函数，则需要选中【只有在靠齐时】复选框。

在<body>标签之中设置了"拖动 AP 元素"行为之后，切换到"代码"视图可以看到 Dreamweaver 软件自动声明了 MM_scanStyles()、MM_getPorop()、MM_dragLayer()等函数(这里不具体阐述其作用)。

<body>中会使用相关事件调用 MM_dragLayer()函数，以下代码表示当页面被载入时，调用 MM_dragLayer()函数。

```
<body onmousedown="MM_dragLayer('AP','',0,0,0,0,true,false,-1,-1,-1,-1,0,0,0,'',false,'')">
```

12.4 显示文本

文本作为网页文件中最基本的元素，比图像或其他多媒体元素具有更快的传输速度，因此网页文件中的大部分信息都是用文本来表示的。本节将通过实例介绍在网页中利用行为显示特殊位置上文本的方法。

12.4.1 弹出信息

当需要设置从一个网页跳转到另一个网页或特定的链接时，可以使用"弹出信息"行为，设置网页弹出消息框。消息框是具有文本消息的小窗口，在登录信息错误或即将关闭网页等情况下，使用消息框能够快速、醒目地实现信息提示。

在 Dreamweaver 中，对网页中的元素设置"弹出信息"行为的具体方法如下。

(1) 选中网页中需要设置"弹出信息"行为的对象，按下 Shift+F4 组合键，打开【行为】面板。单击【+】按钮，在弹出的列表中选择【弹出信息】选项。

(2) 打开【弹出信息】对话框，在【消息】文本区域中输入弹出信息文本，然后单击【确定】按钮，如图 12-22 所示。

(3) 此时，即可在【行为】面板中添加"弹出信息"行为。

(4) 按下 Ctrl+S 组合键保存网页，再按下 F12 键预览网页。单击页面中设置"弹出信息"行为的网页对象，将弹出如图 12-23 所示的提示对话框，显示弹出信息内容。

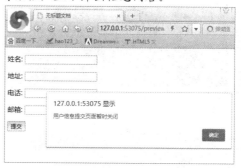

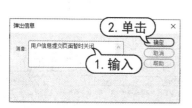

图 12-22 【弹出信息】对话框

图 12-23 弹出信息效果

在代码视图中查看网页源代码，<head>标签中添加的代码声明了 MM_popupMsg()函数，使用 alert()函数定义了弹出信息功能。

```
<head>
<meta charset="utf-8">
<title>弹出信息</title>
<script type="text/javascript">
function MM_popupMsg(msg) { //v1.0
    alert(msg);
}
</script>
</head>
```

同时，<input>标签中会使用相关事件调用 MM_popupMsg()函数，以下代码表示当网页被载入时，调用 MM_popupMsg()函数。

```
<input name="submit" type="submit" id="submit" onClick="MM_popupMsg('用户信息提交页面暂时关闭')"
value="提交">
```

12.4.2 设置状态栏文本

浏览器的状态栏可以作为传达文档状态的空间，用户可以直接指定画面中的状态栏是否显示。要在浏览器中显示状态栏(以 IE 浏览器为例)，在浏览器窗口中选择【查看】|【工具】|【状态栏】命令即可。

【例 12-3】 通过设置"设置状态栏文本"行为，在浏览器状态栏中显示信息。 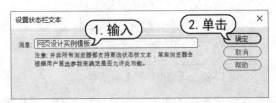 视频

(1) 打开网页文档后，在状态栏中的标签选择器中选中<body>标签，如图 12-24 所示。按下 Shift+F4 组合键打开【行为】面板。

(2) 单击【行为】面板中的【+】按钮，在弹出的列表中选择【设置文本】|【设置状态栏文本】选项。在打开的对话框的【消息】文本框中输入需要显示在浏览器状态栏中的文本，如图 12-25 所示。

图 12-24 选中<body>标签

图 12-25 【设置状态栏文本】对话框

(3) 单击【确定】按钮，即可在【行为】面板中添加"设置状态栏文本"行为。单击该行为前的【事件】下拉按钮，从弹出的列表中选择 onLoad 选项，如图 12-26 所示。按下 F12 键预览网页，效果如图 12-27 所示。

图 12-26 设置事件

图 12-27 网页预览效果

在代码视图中查看网页源代码，<head>标签中添加的代码定义了 MM_displayStatusMsg() 函数，将在文档的状态栏中显示信息。

```
<script type="text/javascript">
function MM_displayStatusMsg(msgStr) { //v1.0
```

```
    window.status=msgStr;
    document.MM_returnValue = true;
  }
</script>
```

同样，<body>标签中会使用相关事件调用 MM_displayStatusMsg()函数，以下代码表示载入网页后调用 MM_displayStatusMsg()函数。

```
<body onLoad="MM_displayStatusMsg('网页设计实例模板');return document.MM_returnValue">
```

在制作网页时，用户可以使用不同的鼠标事件制作不同的状态栏下触发不同动作的效果。例如，可以设置状态栏文本动作，使页面在浏览器左下方的状态栏上显示一些信息，如提示链接内容、显示欢迎信息等。

12.4.3　设置容器的文本

"设置容器的文本"行为将以用户指定的内容替换网页上现有层的内容和格式设置(该内容可以包括任何有效的 HTML 源代码)。

在 Dreamweaver 中设置"设置容器的文本"行为的具体操作方法如下。

(1) 选中页面中的 Div 标签内的图像，按下 Shift+F4 组合键打开【行为】面板。

(2) 单击【行为】面板中的【+】按钮，在弹出的列表中选择【设置文本】|【设置容器的文本】选项，如图 12-28 左图所示。

(3) 打开【设置容器的文本】对话框，在【新建 HTML】文本框中输入需要替换层显示的文本内容，单击【确定】按钮，如图 12-28 右图所示。

(4) 此时，即可在【行为】面板中添加"设置容器的文本"行为。

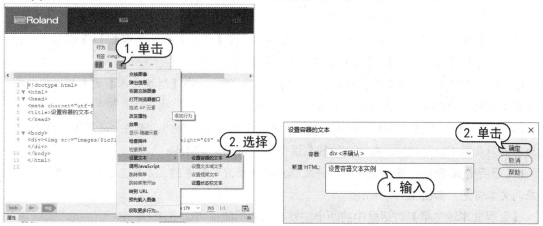

图 12-28　设置容器的文本

【设置容器的文本】对话框中的两个主要选项的功能说明如下。

▽　【容器】下拉列表：用于从网页中所有的容器对象中选择要进行操作的对象。

▽ 【新建 HTML】文本区域：用于输入要替换内容的 HTML 代码。

在网页中设定了"设置容器的文本"行为后，在 Dreamweaver 代码视图中的\<head>标签中将定义 MM_setTextOfLayer()函数。

```
<head>
<meta charset="utf-8">
<title>设置容器的文本</title>
<script type="text/javascript">
function MM_setTextOfLayer(objId,x,newText) { //v9.0
  with (document) if (getElementById && ((obj=getElementById(objId))!=null))
    with (obj) innerHTML = unescape(newText);
}
</script>
</head>
```

同时，\<body>标签中会使用相关事件调用 MM_setTextOfLayer()函数。例如，下面的代码表示当光标经过图像后调用函数。

```
<body>
<div id="Div1" onfocus="MM_setTextOfLayer('Div1','','设置容器文本实例')"><img src="images/Pic01.jpg"
width="749" height="69" alt=""/></div>
</body>
```

12.4.4　设置文本域文本

在 Dreamweaver 中，使用"设置文本域文本"行为能够让用户在页面中动态地更新任何文本或文本区域。在 Dreamweaver 中设置"设置文本域文本"行为的具体操作方法如下。

(1) 打开网页后，选中页面表单中的一个文本域，在【行为】面板中单击【+】按钮，在弹出的列表中选择【设置文本】|【设置文本域文本】选项。

(2) 打开【设置文本域文字】对话框，如图 12-29 所示，在【新建文本】文本框中输入要显示在文本域上的文字，单击【确定】按钮。

(3) 此时，即可在【行为】面板中添加"设置文本域文本"行为。单击"设置文本域文本"行为前的列表框下拉按钮 ∨，在弹出的列表框中选中 onMouseMove 选项。

(4) 保存并按下 F12 键预览网页，将鼠标指针移动至页面中的文本域上，即可在其中显示相应的文本信息，如图 12-30 所示。

【设置文本域文字】对话框中的两个主要选项的功能说明如下。

▽ 【文本域】下拉列表：用于选择要改变内容显示的文本域名称。

▽ 【新建文本】文本区域：用于输入将显示在文本域中的文字。

在网页中设定了"设置文本域文本"行为后，在 Dreamweaver 代码视图中的\<head>标签中将定义 MM_setTextOfLayer()函数。

```
<head>
<meta charset="utf-8">
<title>设置文本域文本</title>
<script type="text/javascript">
function MM_setTextOfTextfield(objId,x,newText) { //v9.0
  with (document){ if (getElementById){
    var obj = getElementById(objId);} if (obj) obj.value = newText;
  }
}
</script>
</head>
```

图 12-29　【文本域文字】对话框

图 12-30　文本域文本效果

同时，\<body\>标签中会使用相关事件调用 MM_setTextOfTextfield()函数。例如，以下代码表示当鼠标光标放置在文本框上时，调用 MM_setTextOfTextfield()函数。

```
<input name="textfield" type="text" id="textfield" onMouseOver="MM_setTextOfTextfield('textfield',',' 王先生')">
```

12.5 加载多媒体

在 Dreamweaver 中，用户可以利用行为控制网页中的多媒体，包括确认多媒体插件程序是否安装、显示隐藏元素、改变属性等。

12.5.1 检查插件

插件程序是为了实现 IE 浏览器自身不能支持的功能而与 IE 浏览器连接在一起使用的程序，通常简称为插件。具有代表性的程序是 Flash 播放器，IE 浏览器没有播放 Flash 动画的功能，初次进入含有 Flash 动画的网页时，会出现需要安装 Flash 播放器的警告信息。访问者可以检查自己是否已经安装了播放 Flash 动画的插件，如果安装了该插件，就可以显示带有 Flash 动画对象的网页；如果没有安装该插件，则将显示信息提示网页(该网页中包含一幅 Flash 内容替代图像)。

计算机基础与实训教材系列

安装好 Flash 播放器后，每当遇到 Flash 动画时 IE 浏览器会运行 Flash 播放器。IE 浏览器的插件除了 Flash 播放器以外，还有 Shockwave 播放软件、QuickTime 播放软件等。在网络中遇到 IE 浏览器不能显示的多媒体时，用户可以查找适当的插件来进行播放。

在 Dreamweaver 中可以确认的插件程序包括 Shockwave、Flash、Windows Media Player、Live Audio、Quick Time 等。若想确认是否安装了插件程序，则可以应用"检查插件"行为。

【例 12-4】在网页中添加"检查插件"行为。🎬视频

(1) 打开【例 8-10】中创建的网页，按下 Shift+F4 组合键打开【行为】面板，单击【+】按钮，在弹出的列表中选择【检查插件】选项。

(2) 打开【检查插件】对话框，选中【选择】单选按钮，单击其后的下拉按钮，在弹出的下拉列表中选中 Flash 选项，如图 12-31 所示。

(3) 在【如果有，转到 URL】文本框中输入在浏览器中已安装 Flash 插件，要链接的网页；在【否则，转到 URL】文本框中输入在浏览器中未安装 Flash 插件，要链接的网页；选中【如果无法检测，则始终转到第一个 URL】复选框。

(4) 在【检查插件】对话框中单击【确定】按钮，即可在【行为】面板中添加"检查插件"行为，如图 12-32 所示。

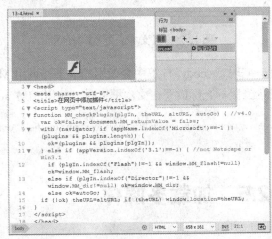

图 12-31　【检查插件】对话框　　　　　　图 12-32　添加"检查插件"行为

在【检查插件】对话框中，比较重要的选项的功能说明如下。

▽ 【插件】选项区域：该选项区域中包括【选择】单选按钮和【插入】单选按钮。单击【选择】单选按钮，可以在其后的下拉列表中选择插件的类型；单击【插入】单选按钮，可以直接在文本框中输入要检查的插件类型。

▽ 【如果有，转到 URL】文本框：用于设置在选择的插件已经被安装的情况下，要链接的网页文件或网址。

▽ 【否则，转到 URL】文本框：用于设置在选择的插件尚未被安装的情况下，要链接的网页文件或网址。可以输入可下载相关插件的网址，也可以链接另外制作的网页文件。

▽ 【如果无法检测，则始终转到第一个 URL】复选框：选中该复选框后，如果浏览器不支持对该插件的检查特性，则直接跳转到上面设置的第一个 URL 地址中。

在网页中添加"检查插件"行为后，在代码视图中查看网页源代码，<head>标签中将添加 MM_checkPlugin()函数(该函数的语法较为复杂，这里不多做解释)。同时，<body>标签中会用相关事件调用 MM_checkPlugin()函数。

12.5.2 显示-隐藏元素

"显示-隐藏元素"行为可以显示、隐藏或恢复一个或多个 Div 元素的默认可见性。该行为用于在访问者与网页进行交互时显示信息。例如，当网页访问者将光标滑过栏目图像时，可以显示一个 Div 元素，提示有关当前栏目的信息。

【例 12-5】 在网页中添加"显示-隐藏元素"行为。 视频

(1) 打开网页文档后，按下 Shift+F4 组合键打开【行为】面板。单击【+】按钮，在弹出的列表中选择【显示-隐藏元素】选项。

(2) 打开【显示-隐藏元素】对话框，在【元素】列表框中选中一个网页中的元素，如【div"AP"】，单击【隐藏】按钮，如图 12-33 所示。

(3) 单击【确定】按钮，在【行为】面板中单击"显示-隐藏元素"行为前的下拉按钮✓，在弹出的列表框中选中 onClick 选项。

(4) 按下 F12 键预览网页，在浏览器中单击 Div 标签对象可将其隐藏，如图 12-34 所示。

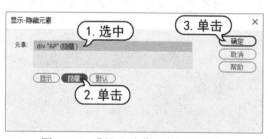

图 12-33 【显示-隐藏元素】对话框

图 12-34 网页效果

查看网页源代码，<head>标签中添加的代码定义了 MM_showHideLayers()函数。

```
<script type="text/javascript">
function MM_showHideLayers() { //v9.0
  var i,p,v,obj,args=MM_showHideLayers.arguments;
  for (i=0; i<(args.length-2); i+=3)
  with (document) if (getElementById && ((obj=getElementById(args[i]))!=null)) { v=args[i+2];
    if (obj.style) { obj=obj.style; v=(v=='show')?'visible':(v=='hide')?'hidden':v; }
      obj.visibility=v; }
```

```
}
</script>
```

同时，<body>标签中会使用相关事件调用 MM_showHideLayers()函数。

```
<body onclick="MM_showHideLayers('AP','','hide')">
```

12.5.3　改变属性

使用"改变属性"行为，可以动态改变对象的属性值，如改变层的背景颜色或图像的大小等。这些改变实际上是改变对象的相应属性值(是否允许改变属性值，取决于浏览器的类型)。

在 Dreamweaver 中添加"改变属性"行为的具体操作方法如下。

(1) 在网页中插入一个名为 Div18 的层，并在其中输入文本内容。

(2) 按下 Shift+F4 组合键，打开【行为】面板。在【行为】面板中单击【+】按钮，在弹出的列表中选择【改变属性】选项。

(3) 在打开的【改变属性】对话框中单击【元素类型】下拉列表按钮，在弹出的下拉列表中选中 DIV 选项。

(4) 单击【元素 ID】按钮，在弹出的下拉列表中选择【DIV"DIV18"】选项，选中【选择】单选按钮，然后单击其后的下拉按钮，在弹出的下拉列表中选择 color 选项，如图 12-35 所示，并在【新的值】文本框中输入#FF000。

(5) 在【改变属性】对话框中单击【确定】按钮，在【行为】面板中单击"改变属性"行为前的下拉按钮，在弹出的列表框中选中 onClick 选项。

(6) 完成以上操作后，保存并按下 F12 键预览网页，当用户单击页面中 Div18 层中的文字时，其颜色将发生变化，如图 12-36 所示。

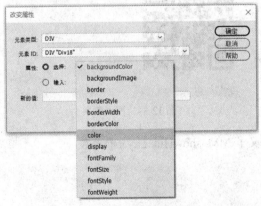

图 12-35　【改变属性】对话框

图 12-36　改变页面中文字的颜色

【改变属性】对话框中比较重要的选项的功能说明如下。

▽　【元素类型】下拉列表：用于设置要更改的属性对象的类型。

▽　【元素 ID】下拉列表：用于设置要改变的对象的名称。

▽ 【属性】选项区域：该选项区域包括【选择】单选按钮和【输入】单选按钮。选择【属性】单选按钮，可以使用其后的下拉列表选择一个属性；选择【输入】单选按钮，可以在其后的文本框中输入具体的属性类型名称。

▽ 【新的值】文本框：用于设定需要改变属性的新值。

查看网页源代码，<head>标签中添加的代码定义 MM_change Prop()函数。

```
<script type="text/javascript">
function MM_changeProp(objId,x,theProp,theValue) { //v9.0
    var obj = null; with (document){ if (getElementById)
    obj = getElementById(objId); }
    if (obj){
        if (theValue == true || theValue == false)
            eval("obj.style."+theProp+"="+theValue);
        else eval("obj.style."+theProp+"="+theValue+"");
    }
}
</script>
```

<body>标签中会使用相关事件调用 MM_changeProp()函数。例如，以下代码表示光标移动到 Div 标签上后单击，调用 MM_changeProp()函数，将 Div18 标签中的文字颜色改变为红色。

```
<div id="Div18">
    <h1 onClick="MM_changeProp('Div18',",'color','#FF0000','DIV')">改变属性实例</h1>
</div>
```

12.6 控制表单

使用行为可以控制表单元素，如常用的菜单、验证等。用户在 Dreamweaver 中制作表单后，在提交前首先应确认是否在必填域上按照要求的格式输入了信息。

12.6.1 跳转菜单、跳转菜单开始

在网页中应用"跳转菜单"行为，可以编辑表单中的菜单对象。具体操作如下。

(1) 打开一个网页文档，选中页面中表单内的【选择】对象。

(2) 按下 Shift+F4 组合键，打开【行为】面板，并单击该面板中的【+】按钮，在弹出的列表框中选择【跳转菜单】选项。

(3) 在打开的【跳转菜单】对话框中的【菜单项】列表中选择【上海(city2)】选项，然后在【选择时，转到 URL】文本框中输入一个网址，如图 12-37 所示。

(4) 在【跳转菜单】对话框中单击【确定】按钮，即可设置"跳转菜单"行为。按下 F12

键预览网页，单击网页中的下拉列表，从弹出的列表中选择【上海】选项，将跳转至指定的网页，如图 12-38 所示。

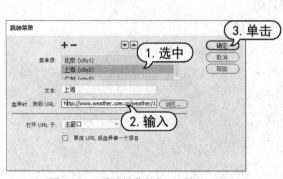

图 12-37　【跳转菜单】对话框

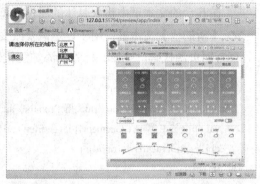

图 12-38　跳转菜单效果

在【跳转菜单】对话框中，比较重要的选项的功能说明如下。

▽　【菜单项】列表框：根据【文本】栏和【选择时，转到 URL】栏的输入内容，显示菜单项目。

▽　【文本】文本框：输入显示在跳转菜单中的菜单名称，可以使用中文或空格。

▽　【选择时，转到 URL】文本框：输入链接到菜单项目的文件路径(输入本地站点的文件或网址即可)。

▽　【打开 URL 于】下拉列表：若当前网页文档由框架组成，选择显示链接文件的框架名称即可。若网页文档没有使用框架，则只能选择【主窗口】选项。

▽　【更改 URL 后选择第一个项目】复选框：即使在跳转菜单中单击菜单，跳转到链接的网页中，跳转菜单中也依然显示指定为基本项目的菜单。

在代码视图中查看网页源代码，<head>标签中添加的代码定义了 MM_jumpMenu()函数。

```
<head>
<meta charset="utf-8">
<title>转换菜单</title>
<script type="text/javascript">
function MM_jumpMenu(targ,selObj,restore){ //v3.0
    eval(targ+".location='"+selObj.options[selObj.selectedIndex].value+"'");
    if (restore) selObj.selectedIndex=0;
}
</script>
</head>
```

<body>标签中会使用相关事件调用 MM_jumpMenu()函数。例如，以下代码表示在下拉列表菜单中调用 MM_jumpMenu()函数，用于实现跳转。

```
<body>
```

```
<form id="form1" name="form1" method="post">
  <p>
    <label for="select">请选择你所在的城市:</label>
    <select name="select" id="select" onChange="MM_jumpMenu('parent',this,0)">
      <option value="city1" selected="SELECTED">北京</option>
      <option value="http://www.weather.com.cn/weather/101020100.shtml">上海</option>
      <option value="city3">广州</option>
    </select>
  </p>
  <p>
    <input type="submit" name="submit" id="submit" value="提交">
  </p>
</form>
</body>
```

"跳转菜单开始"行为与"跳转菜单"行为密切关联，"跳转菜单开始"行为允许网页浏览者将一个按钮和一个跳转菜单关联起来，当单击按钮时则打开在该跳转菜单中选择的链接。通常情况下设置"跳转菜单"行为的对象不需要这样一个执行按钮，直接从跳转菜单中选择一个选项一般会触发 URL 的载入，不需要任何进一步的其他操作。但是，如果访问者选择了跳转菜单中当前被选中的选项，则不会发生跳转。

此时，如果需要设置"跳转菜单开始"行为，可以参考以下方法。

(1) 选中表单中的【选择】控件，在【属性】面板的 Name 文本框中输入 select，如图 12-39 所示。

(2) 选中表单中的【转到】按钮，按下 Shift+F4 组合键显示【行为】面板，单击其中的【+】，在弹出的列表框中选择【跳转菜单开始】命令。

(3) 在打开的【跳转菜单开始】对话框中单击【选择跳转菜单】下拉按钮，在弹出的下拉列表中选择 select 选项，然后单击【确定】按钮，如图 12-40 所示。

图 12-39 【属性】面板

图 12-40 【跳转菜单开始】对话框

(4) 此时，将在【行为】面板中添加"跳转菜单开始"行为。

(5) 按下 F12 键预览网页，在页面中的下拉列表中选择一个选项后，单击【跳转】按钮将跳转至设置的跳转页面，如图 12-41 所示。

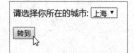

图 12-41 "跳转菜单开始"行为的效果

在代码视图中查看网页源代码，<head>标签中添加的代码定义了 MM_jumpMenuGo()函数，用于定义菜单的调整功能。

```
<head>
<meta charset="utf-8">
<title>跳转菜单开始</title>
<script type="text/javascript">
function MM_jumpMenu(targ,selObj,restore){ //v3.0
    eval(targ+".location='"+selObj.options[selObj.selectedIndex].value+"'");
    if (restore) selObj.selectedIndex=0;
}
function MM_jumpMenuGo(objId,targ,restore){ //v9.0
    var selObj = null;    with (document) {
    if (getElementById) selObj = getElementById(objId);
    if (selObj) eval(targ+".location='"+selObj.options[selObj.selectedIndex].value+"'");
    if (restore) selObj.selectedIndex=0; }
}
</script>
</head>
```

<body>标签中也会使用相关事件调用 MM_jumpMenuGo ()函数。例如，下面的代码表示在【转到】按钮中调用 MM_jumpMenuGo()函数，用于实现跳转。

```
<input name="button" type="button" id="button" onClick="MM_jumpMenuGo('select','parent',0)" value="转到">
```

12.6.2 检查表单

在 Dreamweaver 中使用"检查表单"行为，可以为文本域设置有效性规则，检查文本域中的内容是否有效，以确保输入数据的正确。一般来说，可以将该动作附加到表单对象上，并将触发事件设置为 onSubmit。当单击【提交】按钮提交数据时会自动检查表单域中所有的文本域内容是否有效。

(1) 打开一个包含表单的网页后，在状态栏的标签选择器中选中<form>标签，如图 12-42 所示。

(2) 按下 Shift+F4 组合键显示【行为】面板，单击【+】按钮，在弹出的列表框中选择【检查表单】命令。

(3) 在打开的【检查表单】对话框中的【域】列表框中选择【input"name"(R)】选项后，选中【必需的】复选框和【任何东西】单选按钮，如图 12-43 所示。

图 12-42　表单网页

图 12-43　设置检查"姓名"文本框

(4) 在【检查表单】对话框的【域】列表框中选择【input"telephone"(RisNum)】选项，选中【必需的】复选框和【数字】单选按钮，如图 12-44 所示。

(5) 在【检查表单】对话框的【域】列表框中选择【input"email"(RisEmail)】选项，选中【必需的】复选框和【电子邮件地址】单选按钮，如图 12-45 所示。

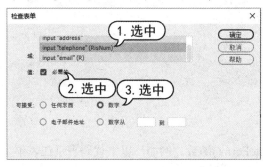

图 12-44　设置检查"电话"文本框

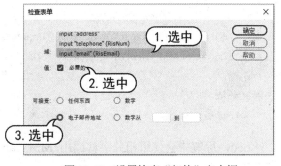

图 12-45　设置检查"邮件"文本框

(6) 在【检查表单】对话框中单击【确定】按钮。保存网页后，按下 F12 键预览页面。如果用户在页面中的【用户名称】和【用户密码】文本框中未输入任何内容就单击【提交】按钮，浏览器将提示错误。

在【检查表单】对话框中，比较重要的选项的功能说明如下。

▽ 【域】列表框：用于选择要检查数据有效性的表单对象。

▽ 【值】复选框：用于设置该文本域中是否使用必填文本域。

▽ 【可接受】选项区域：用于设置文本域中可填数据的类型，可以选择 4 种类型。选择【任何东西】选项表明文本域中可以输入任意类型的数据；选择【数字】选项表明文本域中只能输入数字数据；选择【电子邮件地址】选项表明文本域中只能输入电子邮件地址；

计算机基础与实训教材系列

选择【数字从】选项可以设置可输入数字的范围，这时可在右边的文本框中从左至右分别输入最小数值和最大数值。

在代码视图中查看网页源代码，<head>标签中添加的代码定义了 MM_validateForm()函数。

```
<head>
<meta charset="utf-8">
<title>检查表单</title>
<script type="text/javascript">
function MM_validateForm() { //v4.0
  if (document.getElementById){
    var i,p,q,nm,test,num,min,max,errors='',args=MM_validateForm.arguments;
    for (i=0; i<(args.length-2); i+=3) { test=args[i+2]; val=document.getElementById(args[i]);
      if (val) { nm=val.name; if ((val=val.value)!="") {
        if (test.indexOf('isEmail')!=-1) { p=val.indexOf('@');
          if (p<1 || p==(val.length-1)) errors+='- '+nm+' must contain an e-mail address.\n';
        } else if (test!='R') { num = parseFloat(val);
          if (isNaN(val)) errors+='- '+nm+' must contain a number.\n';
          if (test.indexOf('inRange') != -1) { p=test.indexOf(':');
            min=test.substring(8,p); max=test.substring(p+1);
            if (num<min || max<num) errors+='- '+nm+' must contain a number between '+min+' and '+max+'.\n';
        } } } else if (test.charAt(0) == 'R') errors += '- '+nm+' is required.\n'; }
    } if (errors) alert('The following error(s) occurred:\n'+errors);
    document.MM_returnValue = (errors == '');
} }
</script>
</head>
```

<body>标签中会使用相关事件调用 MM_validateForm()函数。例如，以下代码表示在表单中调用 MM_validateForm()函数。

```
<form method="post" name="form1" id="form1"
onSubmit="MM_validateForm('name','','R','telephone','','RisNum','email','','RisEmail');return
document.MM_returnValue">
  …
</form>
```

12.7 实例演练

本章的实例演练将指导用户在网页中使用行为控制表单，制作用户注册确认效果。

【例 12-6】为用户注册页面设置"检查表单"行为。　视频

(1) 打开用户注册的网页后,选中页面中的表单,按下 Ctrl+F3 组合键,显示【属性】面板。在【属性】面板的 ID 文本框中输入 form1,设置表单的名称,如图 12-46 所示。

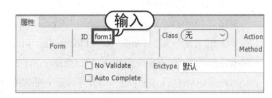

图 12-46　设置表单名称

(2) 选中表单中的【输入用户名称】文本域,在【属性】面板中的 Name 文本框中输入 name,为文本域命名。

(3) 使用同样的方法,将【输入用户密码】和【再次输入密码】密码域命名为 password1 和 password2。

(4) 选中页面中的【马上申请入驻】按钮,按下 Shift+F4 组合键,显示【行为】面板,单击【+】按钮,在弹出的列表中选择【检查表单】命令。

(5) 打开【检查表单】对话框,在【域】列表框中选中【input"name"(R)】选项,选中【必需的】复选框和【任何东西】单选按钮,如图 12-47 所示。

(7) 使用同样的方法设置【域】列表框中的【input"password1"】和【input"password2"】选项。

(8) 单击【确定】按钮,在【行为】面板中添加"检查表单"行为。

(9) 按下 F12 键预览网页。如果用户没有在表单中填写用户名称并输入两次密码,单击【马上申请入驻】按钮,网页将弹出如图 12-48 所示的提示。

图 12-47　【检查表单】对话框　　　　　　图 12-48　检查网页表单效果

(10) 返回 Dreamweaver,在【文档】工具栏中单击【代码】按钮,切换至代码视图,找到以下代码。

```
<script type="text/javascript">
function MM_validateForm() { //v4.0
if (document.getElementById){
    var i,p,q,nm,test,num,min,max,errors='',args=MM_validateForm.arguments;
for (i=0; i<(args.length-2); i+=3) { test=args[i+2]; val=document.getElementById(args[i]);
if (val) { nm=val.name; if ((val=val.value)!="") {
if (test.indexOf('isEmail')!=-1) { p=val.indexOf('@');
if (p<1 || p==(val.length-1)) errors+='- '+nm+' must contain an e-mail address.\n';
} else if (test!='R') { num = parseFloat(val);
if (isNaN(val)) errors+='- '+nm+' must contain a number.\n';
if (test.indexOf('inRange') != -1) { p=test.indexOf(':');           min=test.substring(8,p);
max=test.substring(p+1);
if (num<min || max<num) errors+='- '+nm+' must contain a number between '+min+' and '+max+'.\n';
    } } } else if (test.charAt(0) == 'R') errors += '- '+nm+' is required.\n'; }
} if (errors) alert('The following error(s) occurred:\n'+errors);
document.MM_returnValue = (errors == ");
} }
```

修改其中的一些内容,将:

```
errors += '- '+nm+' is required.\n';
```

改为:

```
errors += '- '+nm+' 请输入用户名和密码.\n';
```

将:

```
if (errors) alert('The following error(s) occurred:\n'+errors);
```

改为:

```
if (errors) alert('没有输入用户名或密码:\n'+errors);
```

(11) 按下 Ctrl+S 组合键保存网页,按下 F12 键预览网页。单击【马上申请入驻】按钮后,网页将打开提示对话框,在错误提示内容中显示中文提示。

12.8 习题

1. 简述 Dreamweaver 中可以使用哪些常用的 JavaScript 事件。

2. 尝试使用 Dreamweaver 为网页中的图片添加"增大/缩小""挤压"和"晃动"等行为效果。

3. 通过 Dreamweaver 练习在网页中应用"行为",制作高亮、弹跳、抖动等网页图文特效。

本套教材涵盖了计算机各个应用领域，包括计算机硬件知识、操作系统、数据库、编程语言、文字录入和排版、办公软件、计算机网络、图形图像、三维动画、网页制作以及多媒体制作等。众多的图书品种可以满足各类院校相关课程设置的需要。已出版的图书书目如下表所示。

图 书 书 名	图 书 书 名
《中文版 Photoshop CC 2018 图像处理实用教程》	《中文版 Office 2016 实用教程》
《中文版 Animate CC 2018 动画制作实用教程》	《中文版 Word 2016 文档处理实用教程》
《中文版 Dreamweaver CC 2018 网页制作实用教程》	《中文版 Excel 2016 电子表格实用教程》
《中文版 Illustrator CC 2018 平面设计实用教程》	《中文版 PowerPoint 2016 幻灯片制作实用教程》
《中文版 InDesign CC 2018 实用教程》	《中文版 Access 2016 数据库应用实用教程》
《中文版 CorelDRAW X8 平面设计实用教程》	《中文版 Project 2016 项目管理实用教程》
《中文版 AutoCAD 2019 实用教程》	《中文版 AutoCAD 2018 实用教程》
《中文版 AutoCAD 2017 实用教程》	《中文版 AutoCAD 2016 实用教程》
《电脑入门实用教程(第三版)》	《电脑办公自动化实用教程(第三版)》
《计算机基础实用教程(第三版)》	《计算机组装与维护实用教程(第三版)》
《新编计算机基础教程(Windows 7+Office 2010 版)》	《中文版 After Effects CC 2017 影视特效实用教程》
《Excel 财务会计实战应用(第五版)》	《Excel 财务会计实战应用(第四版)》
《Photoshop CC 2018 基础教程》	《Access 2016 数据库应用基础教程》
《AutoCAD 2018 中文版基础教程》	《AutoCAD 2017 中文版基础教程》
《AutoCAD 2016 中文版基础教程》	《Excel 财务会计实战应用(第三版)》
《Photoshop CC 2015 基础教程》	《Office 2010 办公软件实用教程》
《Word+Excel+PowerPoint 2010 实用教程》	《AutoCAD 2015 中文版基础教程》
《Access 2013 数据库应用基础教程》	《Office 2013 办公软件实用教程》
《中文版 Photoshop CC 2015 图像处理实用教程》	《中文版 Office 2013 实用教程》
《中文版 Flash CC 2015 动画制作实用教程》	《中文版 Word 2013 文档处理实用教程》
《中文版 Dreamweaver CC 2015 网页制作实用教程》	《中文版 Excel 2013 电子表格实用教程》
《中文版 Illustrator CC 2015 平面设计实用教程》	《中文版 PowerPoint 2013 幻灯片制作实用教程》
《中文版 InDesign CC 2015 实用教程》	《中文版 Access 2013 数据库应用实用教程》
《中文版 CorelDRAW X7 平面设计实用教程》	《中文版 Project 2013 实用教程》

(续表)

图 书 书 名	图 书 书 名
《电脑入门实用教程(第二版)》	《电脑办公自动化实用教程(第二版)》
《计算机基础实用教程(第二版)》	《计算机组装与维护实用教程(第二版)》
《中文版 Photoshop CC 图像处理实用教程》	《中文版 Office 2010 实用教程》
《中文版 Flash CC 动画制作实用教程》	《中文版 Word 2010 文档处理实用教程》
《中文版 Dreamweaver CC 网页制作实用教程》	《中文版 Excel 2010 电子表格实用教程》
《中文版 Illustrator CC 平面设计实用教程》	《中文版 PowerPoint 2010 幻灯片制作实用教程》
《中文版 InDesign CC 实用教程》	《中文版 Access 2010 数据库应用实用教程》
《中文版 CorelDRAW X6 平面设计实用教程》	《中文版 Project 2010 实用教程》
《中文版 AutoCAD 2015 实用教程》	《中文版 AutoCAD 2014 实用教程》
《中文版 Premiere Pro CC 视频编辑实例教程》	《电脑入门实用教程(Windows 7+Office 2010)》
《Oracle Database 12c 实用教程》	《ASP.NET 4.5 动态网站开发实用教程》
《AutoCAD 2014 中文版基础教程》	《Windows 8 实用教程》
《Mastercam X6 实用教程》	《C#程序设计实用教程》
《中文版 Photoshop CS6 图像处理实用教程》	《中文版 Office 2007 实用教程》
《中文版 Flash CS6 动画制作实用教程》	《中文版 Word 2007 文档处理实用教程》
《中文版 Dreamweaver CS6 网页制作实用教程》	《中文版 Excel 2007 电子表格实用教程》
《中文版 Illustrator CS6 平面设计实用教程》	《中文版 PowerPoint 2007 幻灯片制作实用教程》
《中文版 InDesign CS6 实用教程》	《中文版 Access 2007 数据库应用实用教程》
《中文版 Premiere Pro CS6 多媒体制作实用教程》	《中文版 Project 2007 实用教程》
《网页设计与制作(Dreamweaver+Flash+Photoshop)》	《AutoCAD 机械制图实用教程(2018 版)》
《Access 2010 数据库应用基础教程》	《计算机基础实用教程(Windows 7+Office 2010 版)》
《ASP.NET 4.0 动态网站开发实用教程》	《中文版 3ds Max 2012 三维动画创作实用教程》
《AutoCAD 机械制图实用教程(2012 版)》	《Windows 7 实用教程》
《多媒体技术及应用》	《Visual C#2010 程序设计实用教程》
《AutoCAD 机械制图实用教程(2011 版)》	《AutoCAD 机械制图实用教程(2010 版)》